B. Bruns · P. Gajewski

Multimediales Lernen im Netz, 3. Aufl.

Springer

Berlin
Heidelberg
New York
Barcelona
Hongkong
London
Mailand
Paris
Tokio

Beate Bruns · Petra Gajewski

Multimediales Lernen im Netz

Leitfaden für Entscheider und Planer

3., vollständig überarbeitete Auflage

mit 28 Abbildungen

Springer

Beate Bruns
time4you GmbH
communication & learning
Maximilianstraße 4
76133 Karlsruhe
bruns@time4you.de

Petra Gajewski
Erbprinzenhof 24
76133 Karlsruhe

ISBN 3-540-42477-6 3. Aufl. Springer-Verlag Berlin Heidelberg New York
ISBN 3-540-66911-6 2. Aufl. Springer-Verlag Berlin Heidelberg New York

Die Deutsche Bibliothek - CIP-Einheitsaufnahme
Bruns Beate: Multimediales Lernen im Netz: Leitfaden für Entscheider und Planer / Beate Bruns ; Petra Gajewski. 3., vollst. überarb. Aufl.- Berlin ; Heidelberg ; New York ; Barcelona ; Hongkong ; London ; Mailand ; Paris ; Tokio : Springer, 2002
ISBN 3-540-42477-6

Springer-Verlag Berlin Heidelberg New York
ein Unternehmen der BertelsmannSpringer Science + Business Media GmbH

http://www.springer.de

Satz: MEDIO, Berlin
Einband: de'blik, Berlin
Gedruckt auf säurefreiem Papier SPIN: 10849341 62/3020/hu- 5 4 3 2 1 0 -

Vorwort zur 3. Auflage

„Wir müssen uns aber auch so nachgiebig machen, damit wir dem, was wir uns vorgenommen, nicht allzu sehr nachhängen; gehen wir leicht zu dem über, wozu das Geschick uns hinführt, und seien wir nicht in Furcht vor Veränderungen unserer Pläne oder unserer Lage, nur dass nicht Wankelmut, der größte Feind unserer Ruhe, uns befalle."

(SENECA, VON DER GEMÜTSRUHE)

Multimediales Lernen im Netz, E-Learning und E-Collaboration haben sich in den letzten Jahren mit Riesenschritten weiter entwickelt. Dieser Entwicklung tragen wir mit der vorliegenden Ausgabe Rechnung. Unser Ziel ist es darüberhinaus, die sich abzeichnenden Trends der nächsten fünf Jahre zu skizzieren und Ihnen, liebe Leserin, lieber Leser, ein umfassendes Standardwerk zu E-Learning für den deutschsprachigen Raum vorzulegen.

Nutzen Sie das Buch als Leitfaden bei der Planung und Umsetzung Ihrer eigenen E-Learning-Projekte. Erwarten Sie eine umfassende und doch kompakte Orientierungshilfe. Profitieren Sie von unseren Analysen, Checklisten, Hintergrundinformationen und den zahlreichen praktischen Beispielen. Und: sprechen Sie uns, Ihre Autorinnen, auch direkt an, wenn Sie weiterführende Fragen stellen wollen. Wir freuen uns auf Ihre Anregungen und Gedanken!

Wir danken allen unseren Gesprächspartnern, unseren Freunden, Kollegen und Geschäftspartnern für Förderung, Kritik, Unterstützung und Begleitung. Unser besonderer Dank gilt Sven Dörr, Christina Neuhoff, Andreas Lotz, Thomas Göttsche, Sabine Koch, Norbert Seel, Patrick Blumschein, Bettina Kunert, Andreas

Eckert und Kurt Saar und weiteren für die vielen Anregungen und Ideen, die wir gemeinsam entwickelt und umgesetzt haben.

Karlsruhe, im Herbst 2001

Beate Bruns
und Petra Gajewski

Vorwort zur ersten Auflage

Ist multimediales Lernen im Netz eine für mein Unternehmen, meine Organisation sinnvolle Erweiterung des herkömmlichen Bildungswesens?

Wenn Sie sich diese Frage stellen, finden Sie im vorliegenden Band eine umfassende und zugleich kompakte Orientierungshilfe. Analysen, Checklisten, Hintergrundinformationen und praktische Beispiele zeigen Ihnen darüber hinaus, wie Sie ganz konkret netzbasiertes Lehren und Lernen in Ihrem Haus einführen und verankern können. Wir haben viel aus eigenen und fremden Erfahrungen in Pilotprojekten für dieses Buch gelernt – die Erfahrungen führen hin zu einer nüchternen Betrachtung und Einschätzung der neuen Lehr- und Lernform. Wir sind überzeugt, dass Ihnen, liebe Leserin, lieber Leser, der unverstellte Blick nur nützen kann und die Chancen dennoch deutlich werden.

Die acht Kapitel des Buches sind in sich abgeschlossen und als solche weitgehend unabhängig von den anderen zu lesen. Literaturhinweise und Internet-Adressen stehen jeweils am Ende eines Kapitels. Im Glossar sind wichtige Begriffe kurz erläutert.

Wir danken allen unseren Gesprächspartnern, unseren Freunden, Kollegen und Geschäftspartnern für Förderung, Kritik, Unterstützung und Begleitung. Ohne sie hätten wir unser Buch nicht schreiben können.

Karlsruhe, im Dezember 1998

Beate Bruns und Petra Gajewski
(via bruns@time4you.de)

Inhalt

1 Multimediales Lernen im Netz – Chancen für die Weiterbildung

Das Internet ist zu dem Symbol der Informationsgesellschaft geworden. Doch was bedeutet in der „Turing-Galaxis" des Universalmediums Computer der Umgang mit dem Tauschmedium Information?[...] Es sind dabei die Kategorien von Wissen und Lernen, von Kommunikation und Information selbst, die betroffen sind (Bickenbach und Maye 1997).

1.1 Fragmente – online

Waren Sie schon einmal in ein Online-Gespräch verwickelt? Tatsächlich? Dann dürfen Sie jetzt schmunzeln... und wieder erkennen. Nein? Dann bereiten Sie sich besser rechtzeitig auf das vor, was Sie im virtuellen Raum erwarten kann! Lesen Sie in sieben Szenen, welche Probleme Sie mit multimedialem Lernen im Netz (nicht!) lösen können... Die Szenen sind Fragmente eines fiktiven Gesprächs im Internet. Ähnlichkeiten mit realen Ereignissen und Personen sind rein zufällig.

Virtuelle Kommunikation – Die Stimme aus dem Off
Stellen Sie sich vor, Sie öffnen die Tür zum Besprechungsraum und treten ins Dunkle. Sie schließen hinter sich die Tür. Sie können nichts sehen und bleiben erst einmal stehen. Sie suchen nach dem Lichtschalter, doch Ihre Hand greift ins Leere. Unsicher geworden, ob die Besprechung auch wirklich stattfindet oder ob Sie im richtigen Raum sind, versuchen Sie herauszufinden,

wer in diesem dunklen Raum außer Ihnen vielleicht schon da ist. Ganz ähnlich ist die Situation in einer Online-Konferenz:

„Hallo, ist da jemand?“
„Ja, hier ist jemand!“
„Ja!“
„Nein!“
„Und jetzt?“
„Melde mich auch noch...“
„2-mal ist besser als 1-mal.“
„Ha ha, es spricht jemand mit mir! Erfolgserlebnis! Erfolgserlebnis!“
„Das ist ja das perfekte Chaos.“

Bei Bedienungsproblemen – Online-Hilfe!
Zwei Teilnehmer an einem Kurs im Internet begegnen sich im virtuellen Raum. Der eine sitzt am PC und will dem anderen einen Tipp geben, wie er sich die Bedienung der Software vereinfachen kann:

„Mit einem Klick der rechten Maustaste auf dem Link kannst du das Link in einem neuen Fenster öffnen.“

„Hm, da habe ich ein Problem, denn ich habe einen Mac und deshalb nur eine Maustaste.“

Virtuelle Kommunikation – Allein in der Online-Konferenz
Auch im Internet mit Millionen Anwendern können Sie sehr allein sein:

„Es ist einfach frustrierend, wenn keine Resonanz kommt. Dann ist es einfach schwer, den Motivationslevel zu halten. Oder sollte man sich dann bei den Zielen umorientieren?“

„Ist denn keiner hier? Warum meldet sich niemand außer uns dreien? Wenn wir nur zu dritt sind, finden wir sicher auch ein Thema. Wir brauchen euch nicht.“

Ganz reale Ziele
„Mich interessiert eben, wie wir online zu einer Gruppe finden, wie sich unser Wissen in „kollektives Wissen“

verwandelt, welche Instrumente zur Verfügung gestellt werden müssen, wie Teamprozesse „körperlos" ablaufen, wie Online-Lernen der Zukunft ausschaut..."

„Ich möchte lernen und erfahren, was Online-Lernen ist, wie es funktioniert, welche Möglichkeiten es bietet und ob es Grenzen hat, wenn ja, welche."

Lernen am Arbeitplatz?

„Ich sitze in meinem Büro, habe das Telefon umgestellt, aber gerade kommt mein Kollege herein und meint, er müsse jetzt unbedingt etwas klären..."

„Genau das sind „neue" Umstände, die zu berücksichtigen sind."

„Das finde ich schon recht schwer. Gerade wenn ich im Chat bin, möchte ich hier aber auch nicht vor meinen Kollegen unhöflich wirken. Ich teile mir das Büro mit mehreren und irgendwie kämpfe ich darum, dass meine Online-Lernaktivitäten ernst genommen werden. Aber dazu muss ich zumindest nach außen hin dokumentieren, was ich hier mache..."

„Lassen Sie doch die anderen am Chat teilnehmen..."

„Wenn ich ehrlich bin, würde ich einen solchen Chat viel lieber abends zu Hause in aller Ruhe durchführen."

Virtuelle Kommunikation – Parallelität der Ereignisse!

„Ich komme mir zurzeit vor, wie in einem Raum, in dem mehrere Gespräche zur gleichen Zeit geführt werden. Es fällt mir schwer, den Gesprächsfäden zu folgen."

Und auch das gibt es – virtuelle Blumen

„Die Blumen müssen wir vorläufig virtuell austauschen!"

„Virtuelle Blumen verwelken immerhin nicht."

1.2 Ausgangssituation

Der Übergang von der Industrie- zur Informations- oder gar Wissensgesellschaft verändert Wirtschaftsstrukturen und Arbeitswelten. Nahezu jeder Arbeitsplatz ist mit Informationstechnologien ausgestattet. Neue Software-Versionen und Hardware-Komponenten, moderne Bürokommunikationsmittel und zunehmende Informationsangebote erfordern eine ständige Anpassung eingespielter Arbeitsmethoden. Unternehmen verändern ihre Organisation und die internen Arbeitsabläufe parallel zu den Anforderungen der Märkte, in denen sie sich bewegen.

Lebenslanges Lernen

Angesichts dieser Entwicklung ist es kein Wunder, dass das Schlagwort vom lebenslangen Lernen immer häufiger verwendet wird. Eine solide Ausbildung und die traditionellen Weiterbildungsformen allein vermögen den Qualifizierungsbedarf nicht mehr zu decken.

Wie sind die steigenden Anforderungen an die betriebliche Weiterbildung zu bewältigen? Bieten die neuen Bildungsmedien eine Lösung? Und wie sieht diese Lösung konkret aus?

Die Notwendigkeit einer berufsbegleitenden Weiterbildung wird von keiner Seite ernsthaft bestritten. Zwischen der Erkenntnis und ihrer Umsetzung liegt aber bekanntermaßen ein weiter Weg. Das belegt eine Erhebung von Eurostat, der zufolge nur 2,7 % (1996) der Erwerbstätigen über 30 Jahre ständig weitergebildet werden. Die Gründe hierfür sind schnell ausgemacht: Weiterbildung ist teuer, und in der Regel fehlt die Arbeitskraft für die Dauer der Maßnahme. Gerade mittlere und kleine Unternehmen können diese Ausfallzeiten nur schwer kompensieren. Das passende Weiterbildungsangebot sollte deshalb aus Sicht der Unternehmen folgende Kriterien erfüllen:

- Treten Wissenslücken auf, sollen diese schnell geschlossen werden. Langes Warten auf Seminartermine verzögert die Problemlösung und damit die reibungslose Bewältigung anfallender Aufgaben. Genauso wirkungslos ist es, Wissen auf Vorrat zu erwerben, da sich der Mitarbeiter zu einem späteren Zeitpunkt an viele Lerninhalte nicht mehr erinnert. Just-in-time-Lernen ist gefragt.
- Das Kursangebot sollte auf die spezifischen Anforderungen des Unternehmens zugeschnitten und anpassbar sein.
- Das Lernen sollte so effizient sein, dass sich die Ausfallzeiten verkürzen. Idealerweise entfernt sich der

Arbeitnehmer zum Lernen nicht vom Arbeitsplatz oder bleibt zumindest in dessen Nähe, um bei Fragen auch kurzfristig erreichbar zu sein. Von Just-in-place-Lernen ist hier die Rede.

- Die Weiterbildung sollte praxisnah sein, sodass die Arbeitssituation und neue Aufgaben besser bewältigt werden.
- Und natürlich darf das Weiterbildungsangebot nicht zu viel kosten.

Computergestütztes Training ist in größeren Unternehmen seit Anfang der 80er-Jahre eine der Antworten auf diese Anforderungen. Und diese Antwort erreicht mit der technologischen Entwicklung heute ganz neue Dimensionen.

1.3 Trends des technologiebasierten Lernens

Technologiebasiertes Lernen oder Training ist der Oberbegriff für alle Trainingsformen, die mithilfe technischer Geräte und Komponenten den Lehr-/Lernprozess gestalten. Dazu gehört die CD-ROM mit einem Lernprogramm für Englisch genauso wie die Videokamera zur Aufnahme einer Produktdemonstration oder des Vortrags eines berühmten Redners.

Wohin entwickelt sich technologiebasiertes Lernen in den nächsten 5–10 Jahren?

Schnelle Netze und Internet

Technologiebasiertes Lernen wird netzwerkfähig. Dieser Prozess begann Anfang der 80er-Jahre mit der Produktion der ersten PC und dem Aufbau der ersten Computernetze in den Unternehmen. Die Großrechner bekamen Konkurrenz in Forschungseinrichtungen und Betrieben. Anfang der 90er-Jahre gab der Beginn der kommerziellen Nutzung des Internet dieser Entwicklung einen zusätzlichen Impuls. Die Vernetzung erreicht mittlerweile auch die privaten Haushalte. Die Liberalisierung des Telekommunikationsmarktes in Europa in den vergangenen Jahren hat ihren Teil dazu beigetragen. Um die höheren Nutzungsgrade und auch Nutzungsanforderungen bedienen zu können, müssen leistungsfähigere Netze, die so genannten „Daten-Highways“ mit hoher Übertragungskapazität aufgebaut werden. Die aktuell leistungsfähigsten Netzwerke, die im Einsatz sind, gestatten es, 100–150 Mio. Bit/s zu übertragen. Doch den Standard-Arbeitsplatz erreicht davon nur maximal ein Zehntel, und der PC im privaten Haushalt ist vielleicht mit einem Hundertstel dieser Leistung an das öffentliche Netz angeschlossen. Trotz der noch geringen Kapazität werden heute schon die ersten Lernprogramme über Netzwerke zum Anwender transportiert! Die Entwicklung geht dahin, dass Internet-Technologien wie der Browser als Benutzeroberfläche am Arbeitsplatz zum Standard werden. Lernprogramme werden bereits heute meist nur noch über den Browser aufgerufen. Und in spätestens zwei bis drei Jahren, diese Prognose sei hier gewagt, sind alle Lernprogramme selbst auf der Basis von Internet-Technologien wie XML entwickelt.

Wissen und Informationen

Die Vernetzung auf der technischen Ebene fördert eine neue Sicht auf die Inhalte, um die es im Lernprozess geht. Bisher getrennte Informationen lassen sich virtuell zusammenführen, um real eine breitere Informationsbasis zu schaffen. Aus- und Weiterbildungsprozesse begegnen Informations- und Kommunikationsprozessen, um gemeinsam dafür zu sorgen, das vorhandene, aber verstreute Wissen (human capital) synergetisch zu nutzen. Neue Fragen tauchen auf:

- Welches Wissen ist überhaupt da?
- Was brauchen wir davon für unsere Ziele und Prozesse?
- Wie strukturieren wir das verfügbare Wissen mit Blick auf unsere Geschäftsprozesse?

Und ganz wichtig:
- Wie sorgen wir dafür, dass die Wissensbasis möglichst aktuell ist?

Diese Fragen berühren informationstechnische Aspekte auf der einen Seite und Aspekte der Organisations- und Personalentwicklung auf der anderen. Der Anlageberater benötigt tages- und stundenaktuelle Informationen, um seine Kunden kompetent zu beraten. Und er möchte parallel dazu sein Wissen auffrischen, wie die passende Renditeformel aussieht. Beide Informationen aus einer Datenbank in einer Benutzerumgebung zu gewinnen, ist heute noch nicht möglich. Informationsquellen müssen dafür neu strukturiert und verbunden werden, und neuartige Informationssysteme sind aufzubauen. Hypertext- und Hypermediasysteme lösen in den nächsten fünf Jahren konventionelle Datenstrukturen vollständig ab.

Selbstorganisiert lernen

Diese sich teilweise selbst organisierenden Wissenssysteme verlangen in wesentlich höherem Maße auch selbstorganisierte und ihr Lernen selbst organisierende Anwender. Über selbstorganisiertes Lernen wird seit der Einführung computergestützter Lernprogramme gesprochen. Hier ging es vor allem darum, dass der Lernende selbstständig Zeit und Ort seines Lernens festlegte und die Lernprogramme auswählte, die seinem Qualifizierungsbedarf entsprachen. Andere Wissenssysteme, die per se vollkommen in die Arbeitsumgebung integriert sind, erfordern einen weiteren Schritt in der Selbstorganisation. Der Lernende kann und muss teilweise auch die Inhalte zusammenstellen und die Methode wählen, die seinen Lernprozess bestimmt. Er wird sich fragen müssen, wie er am besten lernt, und was er tun soll, wenn er vieles tun darf, da das System zusätzliche Freiheitsgrade bietet. Und sich nicht zuletzt die alte Frage nach der Motivation oder dem Willen stellen: Wer sorgt dafür, dass ich lernen will?

Alles ist Design!

Motivation lässt sich fördern durch Gestaltung. Durch die Gestaltung des Mediums und durch die Gestaltung der Lehr-/Lernprozesse selbst. Im medialen Design erleben wir gerade im Internet, wie sich jährlich Generationswechsel im Web-Design vollziehen. Diese Design-Entwicklungen sind einerseits marketing- und vertriebsorientiert – andererseits finden wir das sehr technisch und an Anforderungen des Wissenschaftsbetriebs orientierte Design von Web-Seiten. Beide Varianten haben mit Lernprozessen relativ wenig zu tun. Hier gilt es herauszufinden, wie ein Design für browser-gestützte Lernumgebungen aussehen kann, das die Einsichten und Erfahrungen aus zehn Jahren

Gestaltung computergestützter Lernsoftware aufgreift. Im didaktisch-methodischen Feld sprechen wir ebenfalls zunehmend von Design. Das Instruktionsdesign der zweiten Generation (s. hierzu ausführlich Kap. 2) etabliert sich gerade als pragmatisches Modell für die Gestaltung von Lehr-/Lernprozessen. Methodisch werden unserer Einschätzung nach zwei Formen die netzgestützten Lernangebote prägen: das ganz und gar selbst gesteuerte Lernen im Zugriff auf ein Wissenssystem wie zum Beispiel einen Lernsoftware-Server und das von einem räumlich entfernten Tutor begleitete und sanft geführte Lernen wie z.B. in einem Online-Kurs.

E-Learning und E-Collaboration

Und damit kommen wir zum letzten Trend. Wir wissen alle schon lange, dass Lernen als sozialer Prozess stark durch kommunikative und kooperative Elemente geprägt wird. Die soeben skizzierten Entwicklungen führen neue Kommunikations- und Kooperationsformen in die Lehr-/Lernprozesse ein. Diese wollen analysiert und in ihrer Wirkung erkannt und erfahren sein, um im Lehr-/Lernprozess an der richtigen Stelle eingesetzt zu werden. Aber nicht nur neue Kommunikationsformen und -mittel beeinflussen die Prozesse, sondern auch und insbesondere neuartige Kommunikations- und Kooperationsbeziehungen. Kommunikationspartner sind nicht mehr nur Lehrende und Lernende, sondern zunehmend auch Kollegen und Experten. Lehrende wie auch Lernende suchen und erhalten mithilfe der erweiterten Kommunikationsmittel Hinweise und Tipps von diesen neuen Lernpartnern: ein Lern- und Arbeitsnetzwerk entsteht. Der Blick auf Internet-Communities ist in diesem Zusammenhang durchaus anregend (Gräf 1997; Wehner 1997).

Zusammenfassung

Wir diagnostizieren also folgende Trends:

- Technologiegestütztes Lernen und klassisches personales Lernen treten in neuartigen Lernprozessen kombiniert auf.
- Global verfügbares Wissen und elektronisch gestützte Kommunikations- und Kooperationsformen werden in Lernprozesse integriert – damit nähern sich Lern- und Arbeitsprozesse weiter an.

- In der Didaktik wird ein System mit vielen Freiheitsgraden und zugleich Führungsangeboten zum Standard.
- Technologiegestützte Lehr-/Lernumgebungen werden in organisationsweite Informationsmanagementsysteme integriert. Intelligente Agenten unterstützen die Informationssuche und das Lernen in wissensbasierten Umgebungen.
- Die Anforderungen an die Fähigkeit des Lernenden, sich selbst im Lernprozess zu organisieren, nehmen zu.
- Organisationen bauen gemeinsam virtuelle Lernwelten auf. Diese Lernwelten besitzen organisationsspezifische Lernlandschaften und solche, die von allen Partnern geteilt werden.

Prognosen sind immer riskant. Es deuten jedoch übereinstimmend alle wichtigen Studien (DELPHI, IDC, ASTD, BIBB) derzeit darauf hin, dass technologiebasiertes Lernen im Kontext der Kommunikationstechnologie innerhalb der nächsten fünf Jahre einen nicht zu vernachlässigenden Anteil am Weiterbildungsvolumen erreichen wird. Dabei liegen die Schätzwerte zwischen 15 und 50 %.

1.4 Literatur

Über die Virtualität im Kontext technologischer Innovationen denkt nach:

Cadoz C (1998), Die virtuelle Realität, Verlagsgruppe Lübbe, Bergisch Gladbach; (erschien 1994 in der französischen Originalausgabe Les Réalités Virtuelles)

Eine aktuelle Übersicht über technologiebasierte Entwicklungen in Wirtschaft und Gesellschaft bietet:

DELPHI ´98 Umfrage, Studie zur globalen Entwicklung von Wissenschaft und Technik, Fraunhofer Institut Systemtechnik und Innovationsforschung im Auftrag des Bundesministeriums für Bildung, Wissenschaft, Forschung und Technologie, Bonn 1998

Interessante Kurzbeiträge zu Analysen, Lernorten, Organisation und Fortbildung im Kontext technologiebasierten Ler-

nens finden Sie in zwei Bänden des Deutschen Instituts für Erwachsenenbildung (DIE):
Nispel A et al. (1998), Hg., Pädagogische Innovation mit Multimedia, Band 1 und Band 2, Deutsches Institut für Erwachsenenbildung, Frankfurt/M.

Eurostat, Statistical Office of the European Communities 1996, Arbeitskräfteerhebung 1996, Brüssel

Soziologische Interpretationen des Internet liefern:
Gräf L und Krajewski M (1997), Hg., Soziologie des Internet, Campus Verlag, Frankfurt/M., New York

Auf drei Aufsätze haben wir uns in diesem Kapitel bezogen:
Bickenbach M und Maye H, Zwischen fest und flüssig, Das Medium Internet und die Entdeckung seiner Metaphern
Gräf L, Locker verknüpft im Cyberspace, Einige Thesen zur Änderung sozialer Netzwerke durch die Nutzung des Internet
Wehner J, Medien als Kommunikationspartner, Zur Entstehung elektronischer Schriftlichkeit im Internet

2 Didaktisch-methodisches Design

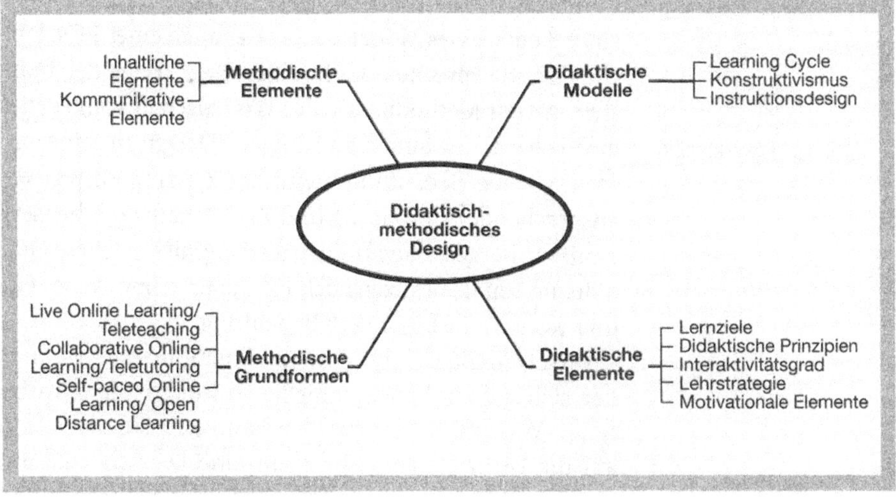

Abb.2.1 Didaktisch-methodisches Design

Kapitelübersicht

Wenn Sie die didaktische Konzeption für ein Lernangebot entwickeln, verlassen Sie sich auf Ihre Intuition und Erfahrung oder Sie richten sich nach einem didaktischen Modell oder besser noch: Sie füllen und ergänzen ein Modell mit Ihren Erfahrungen. Gerade bei der sehr komplexen Realisierung eines Online-Kurses ist es hilfreich, wenn nicht unerlässlich, sich an einem Modell zu orientieren.

Einige interessante, aktuell diskutierte Modelle stellen wir Ihnen in diesem Kapitel vor. Zudem lernen Sie die didaktischen und methodischen Elemente kennen, mit denen Sie ein Online-Lernangebot planen, und Sie erfahren, was die einzelnen Elemente bewirken und wie Sie sie zweckmäßig einsetzen. Die wichtigsten Kriterien für ein didaktisch gelungenes Lernangebot sind im letzten Abschnitt des Kapitels zusammengetragen. Den Anfang aber macht die Erläuterung des Begriffs didaktisch-methodisches Design.

2.1 Didaktisch-methodisches Design – Begriffsbestimmung

Schön und zweckmäßig

Üblicherweise bewundern oder kritisieren Sie das Design eines Autos, eines Möbelstücks oder auch eines PCs. Welche Gründe sprechen dafür, einen Begriff aus der Industrie mit der Methodik und der Wissenschaft vom Lernen und Lehren zusammen zu bringen? Design in seiner ursprünglichen Bedeutung meint das Zusammenspiel von ansprechender Gestaltung und Zweckmäßigkeit bei serienmäßig hergestellten Industrieerzeugnissen. Diese Qualitätsmerkmale besitzen auch für die Erstellung eines Online-Kurses eine besondere Bedeutung.

Versetzen Sie sich bitte in die Situation eines Trainers, der sich auf ein konventionelles Präsenzseminar vorbereitet. Was tun Sie? Vermutlich stimmen Sie die Inhalte auf die Lernziele ab, entwickeln eine Lehrstrategie und machen sich über die Aufbereitung des Stoffes und die Wahl der geeigneten Methoden Gedanken. Die Vorbereitung für ein Online-Seminar sieht anders aus. Hier sind neben dem Tutor (wenn es ihn denn gibt) vor allem die Benutzungsoberfläche und die dahinter abgelegte Struktur des Kurses von zentraler Bedeutung: Der Kursteilnehmer gelangt über sie an seine Lerninhalte, sie stellt die Werkzeuge zur Bearbeitung der Kursmaterialien bereit, bietet ihm unterschiedliche Zugriffsmöglichkeiten auf die gewünschten Informationen, macht ihn auf Anwendungsfehler aufmerksam und koordiniert die Kommunikation mit dem Lehrenden und den anderen Teilnehmern. Der Kursteilnehmer soll sich nicht nur mühelos auf der Benutzungsoberfläche zurechtfinden, sondern durch sie auch zum Lernen ermuntert werden. Sie sehen, die Oberfläche (samt dahinter liegender Struktur) übernimmt viele wichtige Funktionen im Lernprozess. Damit

Bedeutung der Benutzerfreundlichkeit

sie ihn positiv beeinflusst, muss sie zweckmäßig, d.h. intuitiv handhabbar, und ansprechend gestaltet sein. Eine diesen Kriterien entsprechende Gestaltung hängt von der fruchtbaren Zusammenarbeit verschiedener Fachleute ab. Hier besteht eine weitere Parallele zum Industriedesign: So wie in diesem Bereich der Designer auf die Zusammenarbeit mit den Konstrukteuren, Fertigungsingenieuren und Werbefachleuten angewiesen ist, erfordert auch die Erstellung eines Online-Kurses das Zusammenwirken von Screen-Designer, Fachexperte, Fachdidaktiker, Programmierer und dem Produzenten der Einzelmedien. Die besondere Bedeutung, die der Gestaltung der Benutzeroberfläche eines Online-Kurses zukommt und die Kriterien, an denen sie gemessen wird, legen deshalb die Bezeichnung didaktisch-methodisches Design nahe.

Didaktisches Design

An dieser Stelle sei auf den Begriff didaktisches Design hingewiesen (erstmals Kurt Flechsig 1987). Mit dem Begriff ist eine bestimmte Auffassung von didaktischem Handeln verbunden. Sie löst sich von traditionellen Vorstellungen, nach denen es möglich ist, direkt auf den Lernprozess einzuwirken. Flechsig betont, dass der Wissenserwerb nur indirekt und zwar über die Gestaltung der Lernumgebung beeinflusst werden kann. Im Gegensatz dazu beinhaltet der von uns hier verwendete Begriff didaktisch-methodisches Design keine Aussage über die Möglichkeiten didaktischen Handelns.

2.2 Didaktische Modelle

Didaktische Modelle beschreiben den Lernprozess. Von diesen Modellen lassen sich Kriterien für die Gestaltung einer Lehr-/Lernumgebung – des Campus –[1] ableiten. Didaktische Modelle liefern dabei keine konkreten Handlungsanweisungen, sondern unterstützen

1) Der Campus ist die gesamte Lehr-/Lernumgebung mit ihren öffentlichen und ihren geschützten Bereichen. Dazu gehören beispielsweise öffentliche Informations- und Kommunikationsbereiche, Bibliotheken und Shops wie auch die passwortgeschützten administrativen Arbeitsbereiche und natürlich die virtuellen Lernräume selbst.

den „Designer" lediglich bei seinen didaktischen Entscheidungen.

Übersicht

Eröffnet wird die Vorstellungsrunde der Modelle mit der konstruktivistischen Auffassung vom Lernen und den daraus resultierenden Anforderungen an die Gestaltung eines Online-Kurses. Dieser Ansatz beeinflusst in großem Maß die Entwicklung und Gestaltung neuer Bildungsmedien. In Auseinandersetzung mit dem Konstruktivismus wurde das so genannte Instruktionsdesign der zweiten Generation entwickelt (Abschn. 2.2.2) und auch im Learning Cycle Modell (Abschn. 2.2.3) treffen wir auf konstruktivistische Elemente.

2.2.1 Konstruktivismus

Entscheidende Impulse für die Gestaltung neuer Bildungsmedien liefert seit Ende der 80er-Jahre die konstruktivistische Auffassung vom Lernen. Zentrale These des Konstruktivismus ist,

„dass Wahrnehmung Konstruktion und Interpretation ist ... und Objektivität, subjektunabhängiges Denken und Verstehen unmöglich sind" (Gerstenmaier/Mandl 1994, p 868)

Mit anderen Worten: jeder Mensch konstruiert sich aktiv seine eigene Welt. Entsprechend wird von den Vertretern des Konstruktivismus das Lernen als individueller Prozess verstanden: jeder lernt auf seine eigene Art und Weise. Das optimale Lehrverfahren, das jeden Lernenden zum Lernerfolg führt, gibt es demnach nicht. Ziel kann es nur sein, den Lernprozess in Gang zu setzen, indem der Lernende angeregt wird, sein Wissen eigenständig zu konstruieren.

Lernender als aktiver Konstrukteur

Auch wenn sich aus konstruktivistischer Sicht keine Regeln für die Gestaltung und die Abfolge von Lehrmaßnahmen aufstellen lassen, so existiert doch eine sehr genaue Vorstellung darüber, unter welchen Bedingungen der Wissenserwerb erfolgt. Stellen Sie sich dazu bitte folgende Situation vor:

Sie befinden sich auf Geschäftsreise in London. Auf den Termin haben Sie sich gut vorbereitet, Sie haben in den Wochen zuvor jeden Abend Vokabeln wiederholt.

„Träges" Wissen

Vor Ort müssen Sie feststellen, dass Ihnen trotz Ihrer Vorbereitung nicht immer die richtigen Vokabeln einfallen. Die Konstruktivisten erklären dieses ärgerliche Phänomen des „trägen Wissens" damit, dass das Wissen in der Anwendungssituation nicht abgerufen werden kann, weil es in der falschen „Schublade" steckt. Hätten Sie sich zu Übungszwecken mit einem englischen Kollegen unterhalten, via Chat mit einem Native Speaker kommuniziert und zusätzlich noch den Economist oder die New York Times gelesen, wäre es Ihnen leichter gefallen, Ihren aufgefrischten Wortschatz während des Geschäftstermins anzuwenden.

Die Konstruktivisten gehen aufgrund des Phänomens vom „trägen Wissen" davon aus, dass der Wissenserwerb mit der jeweiligen Lernsituation verknüpft ist. Der Lernstoff muss deshalb ihrer Ansicht nach in seiner ganzen Komplexität in möglichst authentischen Situationen vermittelt werden. Damit die Übertragung des Gelernten gelingt, ist es zudem wichtig, dem Lernenden den Lehrstoff in unterschiedlichen Zusammenhängen und aus unterschiedlichen Perspektiven vorzustellen.

Halten wir fest: Aus konstruktivistischer Sicht lässt sich Lernen als aktiver, situativer und sozialer Prozess beschreiben, bei dem Wissen selbstgesteuert konstruiert wird. Ein Online-Kurs wird demnach den Anforderungen des Konstruktivismus gerecht, wenn er

- den Lernenden so motiviert, dass er sich aktiv mit dem Lehrstoff auseinander setzt,
- das Wissen in authentischen Situationen anbietet,
- den Lehrstoff in verschiedenen Zusammenhängen und aus unterschiedlichen Perspektiven darstellt,
- die Zusammenarbeit und den Austausch der Lernenden untereinander stimuliert und die individuelle Betreuung durch einen Lehrenden ermöglicht,
- dem Lernenden keinen Lernweg vorschreibt, sondern unterschiedliche Möglichkeiten bereitstellt, sich mit dem Lehrstoff zu beschäftigen und
- dem Lernenden erlaubt, Lernzeit, Lerndauer und Lerntempo eigenständig zu bestimmen.

Aus konstruktivistischer Sicht besitzt das Lernen in Gruppen besondere Bedeutung, da es den für den Wissenserwerb notwendigen gegenseitigen Austausch der Lerner und den Perspektiven- und Rollenwechsel ermöglicht. Interessant ist in diesem Zusammenhang der Ansatz von Karsten Wolf (Universität Bamberg). Er rückt die Möglichkeiten, die das Online-Lernen für das Lernen in Gruppen eröffnet, in den Mittelpunkt seiner 1998 postulierten 'Fünf Ks im Handlungsraum Online-Lernen'. Demnach sollte eine Gruppe von räumlich getrennt Lernenden

1. ihre eigenen, subjektiv bedeutungsvollen Artefakte in Form von Dokumenten erstellen – Kreation
2. miteinander über ihre Arbeit, ihre Lernprozesse, aber auch über alle anderen Dinge kommunizieren – Kommunikation
3. sich gegenseitig unterstützen, wenn jemand Hilfe, Feedback oder Ratschläge braucht – Kooperation
4. eine eigene Struktur des Informationsraums erstellen, indem sie eigene, kommentierte Links in eigene oder fremde Dokumente einfügen – Konstruktion
5. zusammen Dokumente (und somit den Informationsraum) erstellen, in voller (Noten-)Verantwortung für das Gruppenergebnis – Kollaboration (Wolf K 1998)

Der Lehrende spielt in diesem Szenario nur eine untergeordnete Rolle: Der Lernprozess wird nicht durch ihn, sondern durch die Kursteilnehmer selbst gesteuert. Damit wird auch die klassische Trennung zwischen Lehrenden und Lernenden aufgehoben. Der Lehrende übernimmt zwar beratende und moderierende Funktionen, entwickelt sich im Idealfall aber selbst zum Mitlernenden. Aus diesem Grund ist das Lernangebot so anzulegen, dass die Lernenden sich auf einigen Gebieten Expertenwissen aneignen und damit selbst beratend und unterstützend tätig werden.

Auch Wolf ist der Überzeugung, dass es den optimalen Lernweg nicht gibt. Der Lernende soll deshalb zwischen verschiedenen Repräsentationen desselben Inhalts wählen können. Da die Bereitstellung multipler Repräsentationen sehr zeit- und folglich kostenintensiv ist, schlägt er vor, die von den Lernenden während ihres Lernprozesses angefertigten Arbeiten in das Lernangebot zu integrieren.

Eine Lernumgebung nach seinen Vorstellungen könnte demnach folgendermaßen aussehen:

- Die Lerninhalte werden unterschiedlich repräsentiert.
- Der Lernende bestimmt seinen Lernweg, Lerndauer, Lerntempo und Lernzeit eigenständig.
- Der Lehrende hat beratende und moderierende Funktionen.
- Lehrende und Lernende profitieren wechselseitig voneinander, indem sie ihre Rollen tauschen.
- Die Kursteilnehmer erstellen Dokumente und stellen sie für die anderen Teilnehmer ins Netz, damit diese sie kommentieren und bearbeiten können.
- Die Lernenden erstellen gemeinsam Dokumente.
- Die Lernenden kommunizieren miteinander und mit dem Betreuer.

2.2.2 Instruktionsdesign der zweiten Generation

Der Instruktionsdesigner der zweiten Generation zeigt wenig Respekt gegenüber didaktischen Theorien und Modellen. So stimmt er in vielen Punkten mit der konstruktivistischen Auffassung vom Lernen überein und hat gleichzeitig keine Scheu, diese mit kognitivistischen Positionen[2] in Verbindung zu bringen. Zu Recht gilt der Instruktionsdesigner als der Pragmatiker unter den Didaktikern.

Der Pragmatiker

Bevor Sie mehr über das Verhältnis des Instruktionsdesigners zu den Vertretern der wichtigsten Lerntheorien erfahren, soll zunächst einmal geklärt werden, wie der Begriff Instruktion verwendet wird. Instruktion meint

---

2) Der Kognitivismus begreift Lernen als aktiven, dynamischen Prozess, bei dem neue Inhalte in die vorhandenen Wissenstrukturen eingebaut werden, und entwickelt Lehrverfahren, die die Integration der neuen Inhalte unterstützen.

„... die geplante Bereitstellung von Lernmöglichkeiten, um es bestimmten Personen zu ermöglichen, mehr oder weniger festgelegte Ziele zu erreichen." (Scholz et al. 1995, p 179)

In Übereinstimmung mit den Konstruktivisten hält der Instruktionsdesigner es für sinnvoll, den Lehrstoff in authentischen und komplexen Situationen zu vermitteln. Aber er ist dagegen, den Lernenden in dieser Situation allein zu lassen. Denn seiner Auffassung nach – und hier wendet er sich dem Kognitivismus zu – gibt es sehr wohl Lehrmaßnahmen, die den Wissenserwerb erleichtern. Er schlägt deshalb vor, dem Lernenden zusätzlich eine geführte Unterweisung anzubieten, die den Lehrstoff nach den Erkenntnissen der Unterrichtspsychologie aufbereitet. Entsprechend steht der Instruktionsdesigner auch einer Zurückführung komplexer Sachverhalte auf einfache Grundmuster aufgeschlossen gegenüber. Während die Konstruktivisten befürchten, durch eine solche Vereinfachung den Wissenstransfer in der Anwendungssituation zu erschweren, ist der Instruktionsdesigner der Ansicht, dass gerade das Abstrahieren einer Problemstellung deren Übertragung in andere Kontexte begünstigt.

Auch einem anderen Prinzip der konstruktivistischen Lerntheorie fühlt sich der Instruktionsdesigner nur in Maßen verpflichtet – dem Gruppenlernen. Für den Konstruktivisten ist das Lernen in der Gruppe unabdingbarer Bestandteil des Lernprozesses, da sich die Lernenden auf diese Weise mit den unterschiedlichen Auffassungen der Teilnehmer auseinander setzen und dadurch ihre eigene Sichtweise entwickeln. Das sieht der Instruktionsdesigner genauso – aber mit der Einschränkung, dass manche Lerninhalte effektiver alleine gelernt werden. Und er gibt zu bedenken, dass nicht jede Anschauung der anderen Lernenden gleich fruchtbar und bedeutsam für den persönlichen Wissenserwerb ist.

Konsequenzen für die Kursgestaltung

Was folgt daraus nun für die Kurserstellung?

- Die Lernumgebung ist möglichst authentisch zu gestalten.
- Ein Sachverhalt wird in seiner ganzen Komplexität dargestellt.

- Der Lernende hat die Möglichkeit, selbstständig Erfahrungen zu sammeln. Er kann seine Lernziele und den Lernweg eigenständig und problemorientiert bestimmen.
- Das Lernangebot bietet zusätzlich einen Lernweg an, der den Stoff strukturiert aufbereitet. Der Lernende kann sich auf diese Weise zum Lernziel führen lassen. Dieses Element wird in Lernangeboten im Allgemeinen als geführte Unterweisung oder Guided Tour bezeichnet.
- Zur Erarbeitung des Stoffes wird handelndes Lernen vom Kursteilnehmer eingefordert.
- Komplexe Sachverhalte können zur leichteren Erarbeitung auch in abstrahierter oder vereinfachter Form präsentiert werden.
- Die Lernumgebung ermöglicht das Lernen in der Gruppe und die individuelle Betreuung durch den Lehrenden. Aber es ist nicht notwendig, jede Problemstellung in Gruppenarbeit zu behandeln. Manche Inhalte sind sinnvollerweise alleine zu erarbeiten.

„Guiding" statt „directing"

Zusammenfassend lässt sich sagen, dass der Instruktionsdesigner der zweiten Generation den Mittelweg sucht zwischen freier Exploration des Lernangebots und strikter Außensteuerung durch die Lernumgebung. Sein Motto lautet: „guiding" statt „directing".

2.2.3 Learning Cycle

Beim Modell des Learning Cycle wird von drei aufeinander folgenden Phasen beim Wissenserwerb ausgegangen. T. Mayes, Coventry, Thomson & Mason (1994), auf die dieses Modell zurückgeht, nennen sie die Phasen

- der Konzeptionalisierung,
- der Konstruktion und
- des Dialogs.

Sie unterscheiden sich durch die unterschiedlich stark eingeforderte Aktivität der Lernenden.

Lernphasen

Die Phase der Konzeptualisierung
In dieser Phase erhält der Kursteilnehmer einen Überblick über den Lehrstoff. Beziehungen zu seinem

Vorwissen werden aufgebaut und so ein erster Interpretationsprozess angeregt.

Die Phase der Konstruktion
Nun ist der Lernende aufgefordert, das neue Wissen anzuwenden. Mit Blick auf seine Lernziele wählt er die für ihn bedeutsamen Lerninhalte aus, setzt sie in Beziehung zu seinen Gedächtnisinhalten und nimmt eine eigenständige Klassifizierung der Lerninhalte vor. Die Auseinandersetzung mit sinnvollen Problemstellungen bewirkt die Vertiefung des Wissens.

Die Phase des Dialogs
Die Vertreter des Learning Cycle betonen die Wichtigkeit der sozialen Komponente im Lernprozess. Im Austausch mit anderen Kursteilnehmern werden die individuell erarbeiteten Standpunkte diskutiert und reflektiert und dadurch das Wissen gefestigt.

Die Lernumgebung

Für die Gestaltung der Lernumgebung hat das Modell folgende Konsequenzen:

- Dem Lernenden wird ein Überblick über das Sachgebiet angeboten, ohne dass ihm ein Lernweg vorgezeichnet wird.
- Die Inhalte sind dabei so aufzubereiten, dass sie am vermuteten Vorwissen der Lernenden anknüpfen.
- Vorteilhaft ist es, eine Simulation in diese erste Phase der Konzeptualisierung einzubinden. Der Lernende kann auf diese Weise mit den neuen Informationen experimentieren.
- Damit der Lernende sein neu erworbenes Wissen anwenden kann, sind ihm sinnvolle Problemstellungen vorzugeben, die die Wissensanwendung in Richtung Lernziele steuern.
- Die Lernende besitzt die Möglichkeit, sich mit anderen Kursteilnehmern und einem Betreuer auszutauschen.
- Der Betreuer kann sich in den Austausch der Kursteilnehmer einschalten und dabei moderierende Funktionen ausüben (moderierte Konferenz).

Die Umsetzung des Learning-Cycles erfolgte beispielsweise für das didaktische Konzept der Virtuellen Hochschule Oberrhein (VIROR). VIROR ist ein Gemeinschaftsprojekt der Universitäten Mannheim, Heidelberg, Freiburg und Karlsruhe zur Entwicklung eines multimedialen Lehrangebots für die Studierenden. Unter www.viror.de erhalten Sie weitere Informationen zum Projekt und können sich die Umsetzung anschauen.

Zusammenfassung

Sie haben eine Auswahl didaktischer Modelle und deren Anforderungen an die Gestaltung einer Lernumgebung kennen gelernt. Der Fokus lag dabei auf denjenigen Modellen, die dem Konstruktivismus nahe stehen, da sie in der Diskussion um neue Bildungsmedien eine vergleichsweise große Rolle spielen.

2.3 Didaktische Elemente

Die didaktischen Modelle liefern das grobe Gerüst für die didaktische Gestaltung eines Online-Kurses. Für eine ausgereifte didaktische Konzeption sind nach der Entscheidung für ein Modell noch eine Reihe weiterer Fragen zu klären:

- Welche Lernziele soll der Kursteilnehmer erreichen?
- Welche Lerninhalte führen ihn zum Lernziel? Wie werden die Inhalte ausgewählt und aufbereitet?
- Mit welchen Lehrmaßnahmen unterstützen Sie den Lernprozess? Welche Lehrstrategie verfolgen Sie?
- Welche Schwierigkeiten treten typischerweise beim Online-Lernen auf? Wie können Sie mit einer entsprechend gestalteten Lernumgebung den Lernenden in diesen Situationen unterstützen?

Übersicht

Die Antworten auf diese Fragen werden wesentlich beeinflusst von den so genannten didaktischen Prinzipien. Sie werden deshalb zu Beginn des Kapitels erläutert.

Selbstverständlich spiegelt die Lernumgebung nicht nur die didaktische Konzeption wider. Sie wird ebenfalls bestimmt durch technische und finanzielle Vorgaben, die Merkmale der Zielgruppe, den institutionellen Rahmen usw. Diese Punkte werden in Kap. 5-8 ausführlich behandelt.

2.3.1 Didaktische Prinzipien

Beispiel

Sie sitzen in einem Seminar über Kommunikationsprozesse im Unternehmen. Der Dozent skizziert verschiedene theoretische Modelle, eine Folien-Präsentation unterstützt seinen Vortrag. Es ist warm, es ist dunkel, und Sie bemühen sich, den Faden nicht zu verlieren. Da unterbricht der Trainer seinen theorielastigen Vortrag, um einen Fall aus der Praxis zu beschreiben – eine sehr ähnliche Situation haben Sie vorige Woche selbst erlebt: Ihre Aufmerksamkeit ist blitzartig geweckt. Den darauf folgenden Erläuterungen können Sie sehr viel leichter folgen.

Solche oder ähnliche Erfahrungen machen alle an einem Lernprozess Beteiligten. Sie haben zur Ausbildung von Grundsätzen geführt, die man als didaktische Prinzipien bezeichnet. Bewusst oder auch unbewusst fließen sie in sämtliche didaktische Entscheidungen mit ein. Sie leiten den Lehrenden bei der Wahl der Lehrmethode und der einzusetzenden Medien, der Auswahl der Lerninhalte usw.

Didaktische Prinzipien sind Praxisnähe oder Anschaulichkeit – wie im obigen Beispiel – oder beispielsweise Handlungsorientierung, Interaktivität, Situiertheit, selbstständiges Lernen, Wissenschaftlichkeit und Teilnehmerorientierung.

Da diese Grundsätze aus praktischer Lehrerfahrung gewonnen wurden und dem gesunden Menschenverstand entsprechen, werden sie in der Wissenschaft manchmal mit Skepsis betrachtet. Man unterstellt denjenigen, die ihre didaktischen Entscheidungen mit ihnen begründen, sie scheuten die theoretische Auseinandersetzung mit den didaktischen Fragen. Den Kursgestalter wird dieser Vorwurf nicht treffen. Für die Entwicklung der didaktischen Konzeption ist es hingegen hilfreich, wenn er sich der Prinzipien und ihrer Wirkungsweise bewusst ist.

Für die neuen Bildungsmedien und damit für die Gestaltung eines Online-Kurses sind die didaktischen Prinzipien selbstständiges Lernen, Adaptivität bzw. Adaptierbarkeit und Interaktivität von besonderer Bedeutung. Der Teilnehmer eines Online-Kurses ist ein selbstständig Lernender. Er sucht sich in vielen Fällen Lernangebot und Lerninhalte selbst aus und bestimmt sein Lerntempo, Lernzeit und Lernort, um nur einige Punkte zu nennen. Adaptivität bzw. Adaptierbarkeit und Interaktivität sind wiederum didaktische Prinzipien, die zentrale Eigenschaften softwaregestützter Lernumgebungen beschreiben. Betrachten wir diese Prinzipien deshalb im Folgenden etwas genauer.

Selbstständiges Lernen

Wen würden Sie als selbstständig Lernenden bezeichnen?

Den Mitarbeiter, der seine Schwierigkeiten im Umgang mit einer neuen Software erkennt und nach einem entsprechendem Lernangebot sucht?

Die Kursteilnehmer, die mit ihrem Seminarleiter den Ablauf und die Inhalte der Veranstaltung festlegen?

Den Nutzer eines Lernprogramms, der sich zur Erarbeitung einer Problemstellung zwischen einer Videosequenz oder einem darstellenden Text mit Grafik entscheidet?

Die Teilnehmer eines Fernstudiengangs, die ihre Lernzeiten, das Lerntempo und die Art der Lernzielkontrolle selbst bestimmen?

Freiheiten beim Lernen

Vermutlich würden Sie alle als selbstständig Lernende bezeichnen. Diese Lernenden besitzen sehr viele Freiheiten, die motivierend wirken und den Lernprozess positiv anregen. Wird jedoch ein zu hohes Maß an Selbstständigkeit eingefordert – wobei sich natürlich das Maß von Lerner zu Lerner unterscheidet – kann das wiederum negative Auswirkungen auf den Lernprozess haben: der Lerner fühlt sich beispielsweise vom Kursangebot oder der Auswahl zwischen möglichen Lerninhalten überfordert. Eine entsprechend gestaltete Lehr-/Lernumgebung gibt den Lernenden in diesen Situationen die notwendigen Informationen. Eine Übersicht darüber, welche Informationen der Lernende zu einem bestimmen Zeitpunkt des Lernprozesses benötigt, finden Sie im Abschnitt 2.3.5.

Adaptierbarkeit/Adaptivität

Von Adaptierbarkeit spricht man, wenn ein Lernprogramm

„... durch externe Eingriffe an veränderte Bedingungen angepasst werden kann." (Leutner D 1995, p 142)

Anpassen an eigene Bedürfnisse

Sie kennen diese Eigenschaft vermutlich aus eigener Erfahrung. Viele Anwendungsprogramme können Sie als Benutzer bzw. Benutzerin Ihren eigenen Bedürfnissen anpassen: Sie können über die Zusammensetzung der Menüleiste bestimmen, sich für oder gegen die Anzeige des Kontextmenüs entscheiden, sich von einem Assistenten durch das Programm führen lassen oder auf seine Hilfe verzichten. Ein Lernangebot ist beispielsweise adaptierbar, wenn Sie zwischen verschiedenen Lernerniveaus oder unterschiedlichen Darstellungsweisen wählen. Die Einstellung wird von außen vorgenommen und hat Bestand bis zur nächsten Anpassung.

Ein Lernprogramm ist adaptiv, wenn

„... es sich selbständig an veränderte Bedingungen anzupassen vermag." (Leutner D 1995, p 143)

Konkret heißt das beispielsweise, dass ein adaptives Lernprogramm den Nutzer entsprechend seiner letzten Eingabe zu einer tiefer gehenden Darstellung, einer schwierigeren Aufgabe oder zu einer Wiederholungssequenz verzweigt. Eine Adaptivität, von der alle Kursteilnehmer profitieren, wären interindividuelle Nutzungsrückmeldungen wie sie Wolf (1998) vorschlägt: Wird z.B. unter mehreren Repräsentationen eines Inhalts von den Kursteilnehmern eine Präsentationsform besonders häufig gewählt, kennzeichnet sie das System nach einer bestimmten Anzahl von Zugriffen als Standardrepräsentation. Ebenso können oft benutzte Wege durch einen Informationsraum als Touren angeboten und Links entsprechend ihren Zugriffszahlen markiert werden.

Benutzerfreundlichkeit vs. Kosten

Die Entwicklung einer adaptiven Lernumgebung ist aufwändig, bedeutet aber eine wesentlich größere Benutzerfreundlichkeit. In der Forschung geht man davon aus, dass eine solche Lernumgebung einen erhöhten Lernerfolg erwarten lässt, und gibt gleichzeitig zu bedenken:

„Ob dieser erzielbare Nutzen sich in Relation zum Implementationsaufwand allerdings lohnt, muss betriebswirtschaftlichen Überlegungen überlassen bleiben.“ (Leutner D 1995, p 146)

Interaktivität

Die Interaktivität wird im Zusammenhang mit neuen Bildungsmedien immer wieder als wichtiges Qualitätsmerkmal genannt. Eine häufig zitierte Definition liefert Haack (1995):

Definition

„Der Begriff „Interaktivität“ lässt sich als abgeleiteter Begriff verstehen, der in Bezug auf Computersysteme die Eigenschaften von Software beschreibt, dem Benutzer eine Reihe von Eingriffs- und Steuermöglichkeiten zu eröffnen.“ (Haack J 1995, p 152)

Für Lernprogramme unterscheidet Haack (1995) verschiedene Stufen des Interaktionsniveaus:

Interaktionsniveaus

- *„Passives Rezipieren, Lesen, Zuhören, Anschauen von Lernstoffen (...);*
- *Zugreifen auf bestimmte Informationen, Auswählen, Umblättern;*
- *Ja/Nein- und Multiple-Choice-Antwortmöglichkeiten und Verzweigen auf entsprechende Zusatzinformationen;*
- *Markieren bestimmter Informationsteile und Aktivierung entsprechender Zusatzinformationen;*
- *freier Eintrag komplexer Antworten auf komplexe Fragestellungen mit intelligentem tutoriellem Feedback (Sokratischer Dialog);*
- *freier ungebundener Dialog mit einem Tutor oder mit Lernpartnern (...)“ (Haack J 1995, p 153).*

Motivation

Der Interaktivität kommt in der Kursentwicklung eine große Bedeutung zu, da sie entscheidenden Einfluss auf die Motivation der Lernenden besitzt. Wenn der Kursteilnehmer die Möglichkeit hat, auf interessante Zusatzinformationen zuzugreifen, diese für sich zu markieren und eventuell sogar mit Notizen zu versehen und bereits abgearbeitete oder besonders wichtig erscheinende Seiten mit einem Lesezeichen kenntlich zu machen, wird aus der standardisierten seine persönliche Lernumgebung. Das Gefühl der Verantwortlichkeit für den Lernprozess steigt und damit auch die Motivation.

Zusammenfassung

Die didaktischen Prinzipien sind nicht klar voneinander zu trennen, sie beeinflussen sich wechselseitig: Eine Lernumgebung, die das selbstständige Lernen fördert, räumt gleichzeitig dem Lernenden vielfältige Steuerungsmöglichkeiten ein und besitzt ein hohes Maß an Interaktivität. Die didaktischen Prinzipien fließen in alle didaktischen Entscheidungen mit ein und bestimmen zusammen mit den Vorgaben von Auftraggeberseite und den technischen und organisatorischen Rahmenbedingungen die Gestaltung eines Lernangebots.

2.3.2 Lerninhalte

Die Aufgabe des Kursentwicklers ist es, unter vielen möglichen Inhalten zu einem Thema die geeigneten auszuwählen und sie so zu strukturieren und aufzubereiten, dass sie den Lernerfolg sicher stellen. Dabei ist der Kursentwickler auf die Zusammenarbeit mit zwei Experten angewiesen: der Fachexperte garantiert die sachliche Richtigkeit der Inhalte und der Fachdidaktiker behält bei ihrer Aufbereitung die Lernfreundlichkeit und Lerneffektivität im Auge.

Die Grundlage bildet eine umfassende Materialsammlung, aus der die Inhalte für den Kurs ausgewählt werden. Hier kommen die didaktischen Prinzipien zum Tragen. Wenn Sie einen Schwerpunkt auf Praxisnähe und Teilnehmerorientierung legen, werden Sie – im Fall einer beruflichen Weiterbildung – Inhalte aufbereiten, die den Lernenden von ihrer Arbeit her vertraut sind oder die ihren Erwartungen entsprechen. Vielleicht aber erweist es sich bei einer sehr komplexen und schwer vermittelbaren Thematik als sinnvoller, auf die Praxisnähe zugunsten der Anschaulichkeit zu verzichten. Häufig müssen didaktische Prinzipien aber auch hinter inhaltlichen Vorgaben des Auftraggebers oder der stimmigen Integration des Kurses in ein Bildungsprogramm zurückstehen.

Nachdem die Inhalte feststehen, werden sie in eine bestimmte Ordnung gebracht oder – wenn es sich um eine konstruktivistische, offene Lernumgebung handelt – assoziativ miteinander verknüpft. Navigationshilfen, die dem Lernenden anzeigen, an welcher Stelle innerhalb des Informationsraumes er sich befindet, beugen Orientierungsschwierigkeiten vor.[3]

Funktionen der Inhalte

Mit der Anordnung der Inhalte ist auch deren didaktische Funktion im Lernprozess bestimmt. Sie können informieren, motivieren, bei der Verarbeitung der neuen Information helfen, die Wissenspeicherung unterstützen oder den Transfer erleichtern. Wie müssen die Inhalte medial repräsentiert werden, damit sie diese Funktion erfüllen? Die psychologische Wirkungsforschung beschäftigt sich mit dieser Fragestellung seit den 40er-Jahren. Nennenswerte Resultate sind nicht zu verzeichnen:

„Man musste feststellen, dass die Frage nach dem „besten Medium" falsch gestellt ist, weil nicht das Medium für sich allein eine Wirkung erzeugt: Entscheidend ist, wie der Lehrer durch ein Medium den Stoff „an den Mann" bringt und wodurch eine mediale Botschaft eine bestimmte Wirkung erzielt." (Schmitz G 1998, p 206)

Unstrittig ist jedoch, dass einige Darstellungsformen einen bestimmten Sachverhalt besser transportieren als andere. So demonstriert ein Kurvenverlauf die Preissteigerung des vergangenen Jahres wesentlich anschaulicher als ein Text es vermag, Mengenverhältnisse lassen sich mit Kreisdiagrammen viel schneller erfassen als in tabellarischer Form usw.[4]

2.3.3 Lernziele

Definition

Die Lernziele beschreiben den Umgang des Lernenden mit den Lerninhalten nach dem erfolgreichen Wissens-

3) Näheres zu den Themen Navigation und Hypermedia als offene Lernumgebung finden Sie in Abschn. 3.1. – Komposition und Abschn. 3.4 – Integration der medialen Elemente

4) Auf diese Zusammenhänge geht Abschn. 3.3 – Mediale Elemente ausführlich ein.

erwerb, das so genannte „Zielverhalten". Sie kennen Lernziele aus Prüfungsordnungen, Lehrplänen oder als Ergebnis der Bildungsbedarfsermittlung im Unternehmen. In der Erwachsenenbildung ist es schon länger üblich, dem Lernenden mehrere Lernziele zur Auswahl anzubieten. Mit den multifunktionalen Lernangeboten werden Bildungsanbieter den unterschiedlichen Bedürfnissen der Kursteilnehmer gerecht.

Kritik an der Lernzielvorgabe

Die Formulierung von Lernzielen ist in der Didaktik ein viel diskutiertes Thema. Nach einer „Blütezeit" in den 70er-Jahren wurde in der Folgezeit vor allem kritisiert, dass mit der Vorgabe der Lernziele das selbstbestimmte Lernen eingeschränkt wird: Der Lernende betrachtet den Lernstoff nur im Hinblick auf das Lernziel und verliert dadurch andere mögliche Lernziele aus dem Auge.

Bedeutung von Lernzielen

Wir sind jedoch der Ansicht, dass die genaue Beschreibung von Lernzielen – insbesondere in einem Online-Kurs – wichtig ist:

- Sie ermöglicht dem Lernenden, die Bedeutung des Kursangebots für seine Weiterbildung zu beurteilen.
- Sie erleichtert die Lernerfolgskontrolle: Je genauer das erwartete Zielverhalten beschrieben ist, desto leichter lässt sich der Lernfortschritt überprüfen.
- Sie ist ein wichtiges Planungsinstrument für den Kursentwickler, denn unterschiedliche Lernziele erfordern unterschiedliche Lehrmethoden.
- Lernziele werden im Hinblick auf Prüfungsordnungen und Anforderungsanalysen ermittelt. Aber nicht nur: Bei der Formulierung von Lernzielen denkt der Kursentwickler auch an mögliche Fragen, die ein Lernender zu dem Themengebiet haben könnte. Je umfassender der Entwickler diese Fragen antizipiert, desto hochwertiger ist die didaktische Qualität seines Kurses.

Aus diesen Gründen ist es wichtig, möglichst genaue und aussagekräftige Lernziele zu formulieren.

Welche Vorgehensweisen zur Ermittlung und Formulierung von Lernzielen werden diskutiert?

Mager (1969), Bloom (1975) und Gagne (1975) verdanken wir wertvolle Hilfestellungen für die Bestimmung von Lernzielen. Reduziert man ihre Ergebnisse auf das – aus der Sicht des Kursgestalters – „Wesentliche“ und akzeptiert die damit verbundenen Vereinfachungen, dann erhält man ein brauchbares Instrument zur Lernzielbestimmung. Die vereinfachte Lernzielbestimmung stellen wir am Ende dieses Abschnitts vor. Zunächst die Ergebnisse der Wissenschaftler in einem kurzen Überblick:

Operationalisierung

Mager (1969) führte die Operationalisierung der Lernziele ein. Er fordert, das Lernziel als *beobachtbares Verhalten* zu beschreiben und gleichzeitig die *Bedingungen* anzugeben, unter denen das Verhalten gezeigt werden soll.

Ein Beispiel:

Der Lernende ermittelt aus einer Vielzahl vorgegebener Lösungsansätze den richtigen.

Mager grenzt mit seiner Forderung, nur beobachtbares Verhalten zu beschreiben, die affektiven Lernziele (z.B. Einstellungsänderungen) aus – sie sind nicht beobachtbar. Es empfiehlt sich, diese Einschränkung aufzuheben.

Lernzieltaxonomien

Bloom und seinen Mitarbeitern (1975) verdanken wir eine Typologie von Lernzielen, die diese nach ihrer Komplexität ordnet. Die Lernzieltypen nach Bloom sind – in ansteigender Komplexität: Kenntnisse/Wissen, Verstehen, Anwenden, Analyse, Synthese und Evaluation/Bewerten (bloomsche Lernzieltaxonomie)[5]. Je komplexer das Lernziel, desto intensiver muss sich der Lernende mit dem Lerninhalt auseinander setzen. Da die unterschiedlichen Lernziele unterschiedliche Vermittlungswege erfordern, unterstützt ihre Einordnung in die Typologie den Kursentwickler bei der Planung der Lehrstrategie.

Die sechs Hauptgruppen wurden von Bloom et al. weiter differenziert, sodass sie für die Kursentwicklung wenig praktikabel sind. Hilfreich und weit verbreitet ist die Reduktion auf drei Lernzieltypen:

---

5) Die bloomsche Lernzieltaxonomie erfasst nur kognitive Lernziele. Für die affektiven und psychomotorischen Lernziele wurden aber gleichfalls Taxonomien entwickelt.

- Begriffe richtig verwenden und mit eigenen Worten erklären
- abstraktes Wissen auf reale Situationen anwenden
- Sachverhalte kritisch reflektieren und sie in einen größeren Zusammenhang einordnen und bewerten

Lernzielhierarchie

R. Gagne[6] lenkt die Aufmerksamkeit auf die Zwischenschritte, die zur Erreichung eines Lernziels notwendig sind. Die Zwischenschritte sind gleichfalls mit Lernzielen verbunden, die der Lernende auf seinem Lernweg bewältigen muss. Diese Lernziele sind als Voraussetzung für das Erreichen des eigentlichen Lernziels zu erfassen. Dazu wird der Lernweg in kleine Etappen zerlegt, die in direkter Abhängigkeit zueinander stehen. Das Ergebnis ist eine Hierarchie der Lernziele. Dieses Vorgehen ist sehr zeitintensiv, unterstützt aber den Kursentwickler dabei, alle notwendigen Zwischenschritte zu berücksichtigen und den Lernweg auf das Vorwissen der Lernenden abzustimmen. Um den Zeitaufwand zu reduzieren, reicht es aus, die Abhängigkeiten der aufeinander folgenden Lernschritte zu erarbeiten und auf die Ausformulierung der jeweils damit verbundenen Lernziele zu verzichten.

Vereinfachte Lernzielbestimmung

Folgendes Vorgehen hat sich für die Formulierung von Lernzielen bewährt:

- Einordnung nach affektiven, kognitiven oder psychomotorischen Lernzielen
- Klassifizierung des Lernziels mithilfe der reduzierten Lernzieltaxonomie
- Beschreibung des gewünschten Endverhaltens und der Bedingungen, unter denen es gezeigt wird
- Skizzierung der Zwischenschritte, die zum Lernziel führen.

Die Arbeit an den Lernzielen gestaltet sich auch in dieser Form zeitaufwändig. Da sie aber über die Qualität

---

6) Gagne entwickelte ebenfalls eine Klassifikation der Lernziele; ein kurzer Abriss seiner Klassifikation findet sich bei Kerres M 1998, p 163.

des Endprodukts mitentscheidet, sollten Sie an dieser Stelle Zeit und Mühe nicht scheuen.

2.3.4 Lehrstrategie

Mit der Lehrstrategie legt der Kursentwickler die Abfolge unterrichtlicher Maßnahmen fest, mit deren Hilfe der Lernende ein bestimmtes Lernziel erreichen soll. Die älteste und noch heute populäre Lehrstrategie perfektionierte der Athener Sokrates (um 470-399 v. Chr.). Die Dialoge Platons, des wohl berühmtesten Schülers des Sokrates, geben uns auch heute noch eine gute Vorstellung davon, wie Sokrates seine Gesprächspartner zu neuen Einsichten führte. Ein Gespräch zwischen Sokrates und Ihnen hätte in etwa folgenden Verlauf nehmen können:

Im Gespräch mit Sokrates

Sokrates stellt Ihnen eine Frage zu einem bestimmten Thema. Anfangs fühlen Sie sich noch recht sicher, der Sachverhalt ist Ihnen vertraut. Aber Sokrates hakt nach … und bald sind Sie so verwirrt, dass Sie keinen klaren Gedanken mehr fassen können. Ein unangenehmer Zustand. (Nur zum Trost: Das Wissen um das eigene Nichtwissen gilt als Zeichen von Weisheit!) An diesem Punkt angelangt – Sie möchten das Gespräch am liebsten beenden – blüht Sokrates erst richtig auf und bedrängt Sie mit weiteren Fragen. Erst widerwillig, dann immer neugieriger entwickeln Sie mit Ihren Antworten eine neue Sichtweise. Sokrates hat natürlich Einwände: So könne man das nun wirklich nicht sehen!, und: Was passiert, wenn dieser oder jener Fall eintritt? Dennoch spüren Sie, Sie sind der Lösung schon ganz nahe. Der Einwand des Sokrates ist freilich berechtigt, Sie suchen und finden eine Alternative und nun liegt sie offen vor Ihnen – die Lösung: Eine schwere Geburt? Das berühmte Verfahren wird Mäeutik, griechisch: Hebammenkunst, genannt und findet noch heute in Seminaren Anwendung.

Nach Sokrates suchten noch viele Gelehrte und Wissenschaftler nach Wegen, auf denen die Aktivitäten der Lernenden am sichersten zum Lernziel führen. Zwei grundsätzlich verschiedene Ansichten darüber, wie Wissen vermittelt wird, bestimmen die Lehrstrategien:

- das Instruktionsparadigma und
- das Problemlöseparadigma.

Diesen zwei Paradigmen lassen sich nahezu alle Lehrstrategien zuordnen.

Das Instruktionsparadigma

Das Lernende als Rezipient

Im Instruktionsparadigma übernehmen Sie als Lernender eine passive, deswegen aber nicht weniger anspruchsvolle Rolle: Sie rezipieren und verarbeiten diejenigen Inhalte, die Ihr Tutor, Dozent oder das Lernprogramm ausgewählt haben. Aber nur zu Ihrem Besten: Experten haben sich mit den Lerninhalten auseinander gesetzt, sie in kleine, aufeinander aufbauende Lerneinheiten unterteilt und Ihren Vorkenntnissen gemäß aufbereitet. Nach jeder erfolgreich bearbeiteten Lerneinheit erhalten Sie ein positives Feedback, das Sie zum Weiterlernen ermuntert.[7]

Problemlöseparadigma

Lernen als aktiver Prozess

Für die Vertreter dieser Auffassung ist nicht die Wissensvermittlung – gemäß dem Instruktionsparadigma –, sondern die Wissenserarbeitung zentrales Anliegen. Lernen wird verstanden als aktiver, dynamischer Prozess. Als Lernender erarbeiten Sie sich den Lernstoff selbstständig und bauen ihn so in Ihre kognitive Struktur ein. Der Lernprozess vollzieht sich in einer offenen Lernumgebung, in der Sie sich Ihre Inhalte selbst zusammenstellen, oder anhand aufbereiteter Inhalte, die Ihr Engagement herausfordern und Sie zur eigenständigen Wissenskonstruktion provozieren. Nicht die Wissensvermittlung (Instruktionsparadigma), sondern die Wissenserarbeitung sind Grundlage des Problemlöseparadigmas.

---

7) Dem Ansatz liegt die behaviouristische Auffassung vom Lernen zugrunde, die entscheidend vom dem Verhaltenspsychologen B.F. Skinner geprägt wurde. Die Behaviouristen verstehen den Menschen als durch Umweltverstärkungen gesteuertes Wesen.

Der klassische Dreischritt

Die Lehrstrategien beider Paradigmen lassen sich auf ein einfaches Grundschema zurückführen, den klassischen Dreischritt, bestehend aus

- Vorbereitung,
- Aneignung und
- Nachbereitung.

In der Vorbereitungsphase werden der Kursablauf erläutert, die vorhandenen Vorkenntnisse aktiviert, die neuen Inhalte mit bereits Bekanntem in Beziehung gesetzt und die Lernbereitschaft hergestellt. In der Aneignungsphase werden die Inhalte vermittelt. Dazu bieten sich verschiedene Lehrmethoden an, die in Abschn. 2.5 – Methodische Elemente – besprochen werden. In der Nachbereitungsphase wird der Lernende angeleitet, das neu erworbene Wissen in verschiedenen Situationen anzuwenden. Gleichzeitig dient diese Phase der Lernzielkontrolle und der Ergebnissicherung. Das Schema kann beliebig variiert und innerhalb eines Lernprozesses verzahnt werden. Trotz oder gerade aufgrund seiner Schlichtheit ist das Schema bei der Kursentwicklung ein sinnvolles Werkzeug – unabhängig davon, welches didaktische Modell Sie bevorzugen.

Die folgende Übersicht nennt Beispiele, wie Sie die Vor- und Nachbereitungsphase eines Online-Kurses gestalten können. Hinweise zur Gestaltung der Aneignungsphase erhalten Sie in Abschn. 2.5 – Methodische Elemente.

Die Vorbereitungsphase

- Bieten Sie – wenn möglich und sinnvoll (z.B. bei einem Kurs mit festen Terminen) – eine Kickoff-Veranstaltung an. Die Teilnehmer lernen sich kennen und finden sich eventuell bereits für Gruppenarbeiten zusammen. Es entstehen persönliche Bindungen, die in schwierigen Lernphasen die Motivation aufrecht erhalten helfen. Die Anonymität eines Fernlehrganges, die oft zum Kursabbruch führt, wird abgebaut. Zudem lassen sich während der Präsenzphase organisatorische und technische Fragen besprechen und klären. Denken Sie daran: mit einem Online-Kurs betreten Sie und Ihre Teilnehmer in der Regel Neuland: viele Fragen und viel Neugierde erwarten Sie.

- Ausformulierte Lernziele informieren den Lernenden über den Nutzen, den er aus dem Kursangebot zieht. Beispielhaft demonstriert ein kurzer Film, eine Simulation oder auch ein Bild, wie die neuen Kenntnisse den Arbeitsalltag besser bewältigen helfen.
- Ist der direkte Nutzen klar ersichtlich, dann wecken Sie die Neugierde und positive Grundeinstellung Ihrer Teilnehmer, indem Sie sie provozieren, verblüffen oder zum Lächeln bringen.
- Mit einem Eingangstest ermitteln Sie das Vorwissen der Kursteilnehmer und können Tipps für die Kursplanung geben, je nach Interaktivitätsgrad (s. Abschn. 2.3.1 – Didaktische Prinzipien) die Schwierigkeitsstufe bestimmen usw.
- Das Vorwissen der Lernenden aktivieren Sie beispielsweise mithilfe eines Advance Organizer, den Sie der Lerneinheit voranstellen. Der Advance Organizer stellt in wenigen Sätzen einen Bezug zur Erfahrungswelt des Lernenden her, setzt sie in Beziehung zum neuen Stoff und motiviert dadurch zur Auseinandersetzung mit den zu erlernenden Inhalten.

Die Nachbereitungsphase

- Regelmäßig eingestreute kleine Aufgaben und Arbeitsanweisungen unterstützen die aktive Erarbeitung des Stoffes.
- Umfassende Lernkontrollen am Ende einer Lerneinheit verlangen eine konzentrierte Auseinandersetzung mit dem Lernstoff in seiner ganzen Komplexität.
- Wichtig sind sowohl bei kleinen Aufgaben als auch bei umfassenden Tests aussagekräftige Rückmeldungen. Richtig/Falsch-Meldungen wirken wenig motivierend. Kommentierte Feedbacks und Tipps für den richtigen Lösungsweg werden engagiert gelesen und helfen bei der Ergebnissicherung.
- Wiederholungen sollten mit kleinen Varianten angeboten werden.
- Fallbeispiele demonstrieren den Nutzen des neu erworbenen Wissens für den Alltag und können unterschiedliche Sichtweisen zum Thema darstellen.

- Zusammenfassungen helfen beim Aufbau einer Makrostruktur, mit deren Hilfe sich der Lernende leichter an den Stoff erinnern kann (Abrufhilfe).
- Linklisten, Literaturhinweise, Tipps und Tricks: über die Lernzeit hinaus beschäftigt sich der Lernende mit der Thematik – die beste Voraussetzung für den Lernerfolg.
- Kommunikationsangebote wie z.B. ein ständiges Online-Forum begleiten bei der Umsetzung und bilden die Grundlage für Erfahrungsaustausch.

Einen anderen Weg zur richtigen Lehrstrategie gehen Götz/Häfner (1992). Sie unterscheiden zwischen vier Lernzielkategorien:

- Ziele im Bereich Faktenwissen und Wissen um komplexe Zusammenhänge
- Ziele im Bereich intellektuelle Fähigkeiten und Fertigkeiten
- Ziele im pragmatischen Bereich
- Ziele im affektiven Bereich

Götz/Häfner ordnen das Lernziel einer der folgenden vier Kategorien zu und bereiten die Inhalte entsprechend der dargestellten Lehrstrategie auf. Die anschließende Übersicht folgt Götz/Häfner:

Strategien zur Erreichung der Ziele im Bereich des Faktenwissens und des Wissens um komplexe Zusammenhänge

- Lineare Kursstrukturen, aufgebaut nach dem Schema Information, Übung, Zusammenfassung, Test sind für den Erwerb von Faktenwissen geeignet.
- Bei guter Benutzerführung befürworten Götz/Häfner eine offene Lehr-/Lernumgebung, die das freie Explorieren der Inhalte ermöglicht und damit unterschiedlichen Lerntypen gerecht wird. Wichtig ist nur, dass der Lernende jederzeit weiß, wo er sich innerhalb der Lehr-/Lernumgebung befindet.
- Ein Glossar verschafft dem Lernenden einen schnellen Überblick und verlinkt den Nutzer bei Wunsch auf die entsprechenden Inhaltsseiten.

Strategien zur Erreichung der Ziele im Bereich der intellektuellen Fähigkeiten und Fertigkeiten

- Dem Lernenden werden differenzierte und problemorientierte Lernwege angeboten.
- Informationen werden z.B. als Fallbeispiele dargestellt. Nach Demonstration des Prinzips wird der Lernende zunehmend an das selbstständige Arbeiten herangeführt.
- Eine andere Möglichkeit der Wissensvermittlung stellen Planspiele und Simulationen dar. Auf der Grundlage vorgegebener Informationen trifft der Lernende Entscheidungen und trägt deren Konsequenzen.
- Der Lernende kann jederzeit auf Zusatzinformationen zugreifen (Lexikon, Glossar usw.).

Strategien zur Erreichung der Ziele im pragmatischen Bereich

- Der Lernende führt handelnde und lernzielbezogene Aktivitäten durch. Lernprogramme rund um den Computer (Software, Maschineschreiben, Programmierung) bieten sich hier an, da die zu erlernenden Fähigkeiten im passenden Umfeld eingeübt werden.
- Schwieriger gestaltet sich das Einüben von Handlungsfähigkeiten aus anderen Bereichen. In diesen Fällen schlagen Götz/Häfner vor, Simulationen einzusetzen oder an den entsprechenden Geräten begleitend zu üben.

Strategien zur Erreichung der Ziele im affektiven Bereich

- Diskussion und Rollenspiel sind die klassischen Verfahren, um affektive Lernziele zu erreichen. Im Gespräch mit dem Tutor via Chat können Rollenspiele zum Kommunikationstraining, zur Verkaufsschulung (Telesales) aber auch zur Mitarbeiterführung durchgeführt werden. Trainiert werden auf diese Weise „nur" die verbalen Fähigkeiten.
- Der Lernende steuert einen Gesprächsverlauf, indem er die Abfolge von Videosequenzen bestimmt und die Konsequenzen für seine Entscheidungen verfolgen kann. Zum Erreichen der affektiven Lernziele

kann der emotionale Bereich auch über Bilder, Comics oder Karikaturen angesprochen werden.

2.3.5 Typische – und vermeidbare! – Schwierigkeiten beim Online-Lernen

Der Lerner eines Online-Kurses muss viele Fragen beantworten – und längst nicht alle beziehen sich auf die Lerninhalte. Häufig werden ihn Fragen wie diese beschäftigen: Wie findet er heraus, welches Lernangebot für ihn das Richtige ist? Woran erkennt er, welche Lerninhalte für ihn wichtig sind, wenn ein bestimmtes Lernziel erreicht werden soll? Woher nimmt er die Sicherheit, sich mit einem Videolehrfilm die neuen Inhalte schneller anzueignen als durch einen darstellenden Text? Und was macht er, wenn er die Lust am Online-Kurs verliert? Probleme beim Online-Lernen tauchen vor allem in der Lernorganisation, im Lernprozess als solchen und in der Aufrechterhaltung der Motivation auf. Eine entsprechend gestaltete Lernumgebung kann diese Probleme auffangen. Die folgende Übersicht stellt Ihnen exemplarisch mögliche Lösungen für häufig auftretende Probleme vor.

Probleme bei der Planung und Organisation des Lernprozesses

- Anhand einer genauen Beschreibung der Lernziele kann der Lernwillige die Relevanz des jeweiligen Kurses für seinen Bildungsbedarf einschätzen.
- Dabei hilft ihm auch eine Übersicht über die Lerninhalte und eine kurze Zusammenfassung derselben.
- Vorteilhaft ist die Angabe der voraussichtlichen Bearbeitungsdauer. Der Lernende kann dadurch seinen Lernprozess gut planen und mit seinen anderen Terminen abstimmen.

Probleme während des Lernprozesses

Abhängig von seiner lerntheoretischen Überzeugung wird der Gestalter der Lernumgebung den Lernenden wie folgt unterstützen:

- Die Eingaben des Anwenders, insbesondere die Antworten auf Fragestellungen, werden vom System kommentiert und unterstützen so den Wissenserwerb.
- Zusammenfassungen am Ende einer Lerneinheit helfen dem Lernenden beim Aufbau einer Makrostruktur (Abrufhilfe).
- Vielfältige Aufgaben und Aufgabentypen fördern die Verarbeitung der neuen Inhalte.
- Eine Guided Tour führt den Lernenden durch die lernzielrelevanten Inhalte.

Motivationsprobleme

- Mit dem Lernen am PC verknüpft ist häufig die Vorstellung eines leichteren, weil medial z.T. aufwändig unterstützten Lernens. Aber wie in jeder anderen Lernsituation auch sind unabdingbare Voraussetzungen für den Lernerfolg Disziplin und Konzentration. Weisen Sie die Lernenden in der Einführung Ihres Kursangebots ausdrücklich darauf hin und beugen Sie so möglicher Frustration vor. Betonen Sie zudem die Notwendigkeit eines ruhigen, störungsfreien Lernplatzes.
- Technische Probleme und Orientierungsschwierigkeiten innerhalb der Lernumgebung wirken sich lähmend auf den Lernprozess aus. Der intuitive Umgang mit dem Online-Kurs auch für computerunerfahrene Nutzer ist deshalb sehr wichtig.
- Idealerweise stehen die Inhalte in Beziehung zur Erlebnis- und Erfahrungswelt der Kursteilnehmer und sind abwechslungsreich aufbereitet. Der persönliche Bezug und der direkt erkennbare Nutzen durch die Bearbeitung der Inhalte begünstigt den Wissenserwerb und sollte für den Lernenden klar ersichtlich sein (Angabe von Zielsetzung und Nutzen zu jeder Lerneinheit).
- Die Möglichkeit, mit einem Tutor einen kompetenten Ansprechpartner zur Verfügung zu haben, wirkt ebenso motivierend wie der Austausch mit den anderen Teilnehmern. Die Lernenden bauen Beziehungen auf und werden stärker an den Kurs gebunden.

- Aktuelle Hinweise und Tipps zum Thema sorgen für eine Beschäftigung mit den Inhalten über die Lernzeit hinaus. Es kann sich dabei um Veranstaltungstipps, Buchempfehlungen, Hinweise auf Vorträge, Fernsehberichte oder Radiobeiträge handeln.

Nicht alle Probleme können die Entwickler einer Kursumgebung antizipieren und bei der Gestaltung berücksichtigen. Das große Potenzial einer Online-Lernumgebung liegt darin, dass für diese Probleme den Teilnehmern ein Tutor zur Seite steht. Mit ihm können sie zu fest vereinbarten Terminen synchron (via Video- oder Audiokonferenz oder via Chat) oder asynchron (E-Mail) nach Lösungen bei Lernproblemen suchen. Die Schwierigkeiten, die mit selbstständigen Lernformen potenziell einhergehen, lassen sich in einem Online-Tutorial auffangen, sodass sich die positive Wirkung des selbstständigen Lernens für den Lernprozess optimal entfalten kann.

Varianten

2.4 Methodische Grundformen – Lernszenarios

In den vergangenen Jahren hat sich im Kontext des multimedialen netzbasierten Lernens eine eigene Terminologie herausgebildet. Diese Terminologie ist in vielen Aspekten noch zu präzisieren. Wir unterscheiden im folgenden immer:

Begriff	Funktion
Campus	Der Campus ist die gesamte Lehr-/Lernumgebung mit ihren öffentlichen und ihren geschützten Bereichen. Dazu gehören beispielsweise öffentliche Informations- und Kommunikationsbereiche, Bibliotheken und Shops wie auch die passwortgeschützten administrativen Arbeitsbereiche und natürlich die virtuellen Lernräume selbst.
Kurs	Der Kurs oder die Kursumgebung ist der virtuelle Lernraum für einzelne Lernende oder Lerngruppen. Der Kurs ist mit den Lernmedien ausgestattet, die für die jeweiligen Lernprozesse benötigt werden. Das kann der spezifische Lerninhalt sein oder ein Zugriff auf die öffentliche Bibliothek. Darüber

Fortsetzung:

Begriff	Funktion
Kurs (Fortsetzung)	hinaus finden Sie in der Kursumgebung typischerweise auch die Galerie mit der Anzeige aller anderen Lern-Kollegen und -Kolleginnen, den Konferenzraum und den Dokumente-Pool.
Community	Die Community ist ähnlich aufgebaut wie der Kurs. Sie ist der virtuelle Treffpunkt für alle ihre Mitglieder. Da die Community jedoch weniger anbietergesteuert ist, sondern vielmehr von der Beteiligung ihrer Mitglieder lebt, suchen Sie hier in der Regel vergeblich nach vorproduzierten Lerninhalten.
Content	Der Content ist der Überbegriff für jede Form des (Lern-) Inhalts. Häufig hören Sie den Ausdruck Content als Synonym für WBT (= Web Based Training) oder Lernsoftware. Im weiteren Sinne umfasst der Begriff Content jedoch auch von den Lernenden selbst erzeugte Inhalte.

Technologiebasiertes Lernen findet in einer definierten Ausprägung statt. In der Praxis haben sich drei Grundformen herausgebildet, denen die Varianten des technologiebasierten Lernens im Netz zugeordnet werden können. Es sind dies:

- Self-paced Online Learning (auch: Open Distance Learning oder selbstorganisiertes Online-Lernen)
- Collaborative Online Learning (auch: Teletutoring)
- Live Online Learning (auch: Teleteaching)

Die drei Formen unterscheiden sich in erster Linie durch die Art und Weise, in der die Beteiligten interagieren und miteinander kommunizieren.

2.4.1 Self-paced Online Learning

Unterstützung durch Experten

Im Fall des Self-paced Online Learning unterstützt ein Experte oder ein gegebenenfalls auch weltweit verteiltes Expertenteam die Lernenden. Der Experte kann dem Lernenden nicht nur als Person, sondern auch in Form einer Bibliothek, Datenbank oder Mediathek oder auch eines intelligenten Agenten[8] begegnen. Der Experte reagiert auf konkrete Anfragen und hilft bei der Problemlösung. Diese Situation ist in den informellen Strukturen der Newsgroups und Diskussionsforen des Internet sowie in den Mailbox-Organisationen der Support-Netzwerke bereits vorgebildet. Im Falle des intelligenten Agenten unterstützen interaktive wissensbasierte Systeme als Chat-Bot oder Expert-Bot[9] den Lernenden.

Ein entsprechendes Lernangebot richtet sich an einzelne Personen – im Gegensatz zu einer Abteilung oder den Verwaltungsangestellten einer Firma –, die Lerninhalte und Lernziele selbst auswählen und Lernzeitpunkt (just-in-time), Lerndauer und Lernweg eigenständig bestimmen möchten. Das bedeutet, dass die Inhalte modular aufbereitet jederzeit abrufbar sein müssen.

Varianten

Folgende Varianten sind möglich (s. Abschn 4.3.2 – Methodische Klassifikation der Produkte):

- Selbstlernen offline via WBT (Web Based Training)-Distribution. Der Lernende wählt aus einer Vielzahl von WBTs das geeignete aus, lädt sich die Daten auf seine Festplatte und bearbeitet die Inhalte offline.
- Selbstlernen online via WBT (Web Based Training). Der Lernende bearbeitet online in einer web- bzw. netzbasierten Lernumgebung interaktive Inhalte und kann per E-Mail Kontakt mit dem Bildungsanbieter aufnehmen. (Die Varianten offline und online sind in einigen Lernarrangements auch verknüpft: diese Variante wird hybrid genannt.)
- Selbstlernen via Informations- bzw. Wissensdatenbank. Der Lernende besucht die Website eines Bildungsanbieters, der verschiedene Informationen, Inhalte und Hinweise zu einem oder mehreren Themen anbietet.

---

8) Der intelligente Agent ist ein Programm, das Informationsquellen (Archive, Datenbanken, Internet) nach einem vorgegebenen Thema durchsucht.

9) Ein Programm, das ebenso wie der intelligente Agent Websites und Newsgroups nach bestimmten Informationen durchsucht und diese in einer Datenbank oder z.B. in einer Newsgroup ablegt.

In diesem Lernszenario findet nur eine sehr eingeschränkte Kommunikation mit den Bildungsanbietern statt. Auf soziale Lernformen wird ganz verzichtet.

2.4.2 Collaborative Online Learning (Teletutoring)

Der Lehrende als Moderator

Beim Teletutoring übernimmt der Lehrende die Rolle des Moderators, der ganze Gruppen von Lernenden im Lernprozess unterstützt. Er greift auch eigeninitiativ in den Lernprozess ein und hilft dabei, Blockaden zu überwinden. Der Lernende befasst sich mit den multimedial aufbereiteten Inhalten und kann über webbasierte Kommunikationstools (E-Mail, Chat usw.) mit dem Lehrenden in Kontakt treten. Auch das Lernen in Gruppen wird realisiert.

Folgende Varianten sind möglich:

Varianten

- Der Lernende arbeitet eine Vorlesung online anhand eines Skripts durch und diskutiert Fragen und Problemstellungen mit anderen Teilnehmern oder dem Tutor bzw. dem Autor der Vorlesung (webbasierte Kommunikationstools).
- Videokonferenzgestützte Gruppensitzung: Die räumlich entfernt sitzenden Lernenden können sich über den Bildschirm ihres PC sehen und zeitgleich miteinander kommunizieren. Die Sitzung kann durch den Lehrenden moderiert werden.
- Der Lernende bearbeitet in einer web- bzw. netzbasierten Lernumgebung interaktive Inhalte und hat im Unterschied zum Self-paced Learning mehr Möglichkeiten, mit Kursteilnehmern und Tutor zu kommunizieren (E-Mail, Chat usw.). Die Gruppenarbeit ist wichtiger Bestandteil dieser Lernform.
- Das Online-Seminar findet in einem virtuellen Seminarraum zu festen Zeiten statt. Die klassische Präsenzveranstaltung wird virtuell abgebildet: dem Lehrenden stehen dazu die konventionellen Lehrmittel wie Overhead-Projektor, Tafel, Flip-Chart usw. als virtuelle Simulationen zur Verfügung. Die Kursteilnehmer können sich durch virtuelles Handheben be-

merkbar machen und eigene Beiträge einbringen. Eine Kommunikation der Teilnehmer untereinander ist in vielen Fällen gleichfalls möglich[10].

2.4.3 Live Online Learning (Teleteaching)

Klassische Rollenverteilung

Das Live Online Learning oder auch Teleteaching entspricht am stärksten der klassischen Rollenverteilung zwischen Dozent und (Seminar-)Teilnehmer. Das Lernszenario ist dem Vorlesungsbetrieb an Hochschulen nachempfunden und war Vorbild für die ersten Online-Kurse, die im Internet angeboten wurden. Die Rolle des Teilnehmers ist weitgehend rezeptiv und auf den Dozenten ausgerichtet. Eine Kommunikation der Teilnehmer untereinander ist zunächst nicht vorgesehen. Es besteht aber die Möglichkeit, mit dem Dozenten in Verbindung zu treten.

Folgende Varianten sind möglich:

Varianten

- Eine Vorlesung wird via Videokonferenz in verschiedene Seminarräume übertragen.
- Die Lernenden bearbeiten eine Vorlesung, die ins Netz gestellt wird.
- Im virtuellen Seminarraum präsentiert ein Fachmann Produktneuheiten via Folienvortrag und Audiokonferenz. Die verteilten Zuhörer geben ihr Feedback durch virtuelles Handheben oder Abstimmen.

Das Live Online Learning besitzt zunächst größere Ähnlichkeit mit Präsenzseminaren und -unterricht. Ein weiterer Vorteil ist darin zu sehen, dass der Teleteacher mit den vorhandenen Seminarunterlagen arbeitet und kein

---

10) Abhängig von der eingesetzten Software erfolgt die Kommunikation der Teilnehmer untereinander über schriftliche Nachrichten (Messages) oder über den Audiokanal. Einige der gängigen Produkte erlauben beispielsweise, dass sich die Teilnehmer in Gruppenarbeit zusammenfinden, um eine Aufgabenstellung zu erarbeiten und das Ergebnis anschließend allen Kursteilnehmern zu präsentieren.

medienspezifischer Content erstellt werden muss. In der Praxis erweist sich das Live Online Learning jedoch oft als schwerfällig:

- die Nutzer sind an einen festen Termin gebunden (die Live-Komponente)
- die technischen Anforderungen an Audio- und Videoausstattung sowie an die Übertragungskapazitäten der dazwischenliegenden Datennetze sind eher hoch.

Zusammenfassung

Die besonderen Chancen des netzbasierten Lernens lassen sich im Self-paced Online Learning und Teletutoring verwirklichen. Hier kann eine zentrale Zielsetzung der beruflichen Weiterbildung, das arbeitsplatznahe und prozessorientierte Lernen, realisiert werden. Über die WBT-Lösung (am Arbeitsplatz oder im Lernstudio) hinaus kommunizieren Lernende mit ihren Trainern, aber auch direkt mit anderen Lernenden, tauschen Informationen aus, klären offene Fragen im Dialog und helfen einander bei Problemen, die im Lernprozess oder beim Arbeiten aufgetaucht sind.

2.5 Methodische Elemente

Übersicht

Lehrmethoden sind Werkzeuge, die die Aktivitäten der Lernenden anregen und dadurch den Lernprozess steuern. Wir unterscheiden inhaltliche und kommunikativ-kooperative methodische Elemente. Die inhaltlichen Elemente beschreiben die verschiedenen Repräsentationen der Lerninhalte und die damit verbundenen Zugriffsmöglichkeiten. Zu den kommunikativen Elementen zählen die webbasierten und generell technologiegestützten Kommunikationsformen. Die online-typische Ausprägung der kommunikativen und inhaltlichen Elemente, die in den nächsten zwei Abschnitten vorgestellt werden, geben dem Online-Lernen sein unverwechselbares Profil. Ausgehend von den Lehrmethoden, die Sie aus der Präsenzveranstaltung kennen, zeigen wir Ihnen im letzten Abschnitt, in welcher Form eine Übertragung der Methoden in einen Online-Kurs möglich ist. Die Übertragung strebt keine 1:1 Abbildung an, sondern ist als Ausgangspunkt für die Ausbildung online-gerechter Lehrmethoden zu betrachten.

2.5.1 Inhaltliche methodische Elemente

In einem Online-Kurs werden die Inhalte vielfältig aufbereitet und den Teilnehmern zugänglich gemacht. Die typischen Repräsentationen und ihre Gestaltungsmöglichkeiten stellen wir Ihnen in einem kurzen Überblick (Abb. 2.2) vor.

Content

Der Content-Autor verknüpft die Lerninhalte assoziativ (z.B. Hypertext-/Hypermedia-Lernumgebung, s. Abschn. 3.5.2) oder einer bestimmten Ordnung folgend miteinander (z.B. Guided Tour, s. Abschn. 2.3.4. – Lehrstrategie). In der offenen Lernumgebung wechselt der Lernende beliebig zwischen den Informationseinheiten und wählt gezielt die seinen Anforderungen entsprechenden Inhalte aus. Das stärker führende Lernmodul

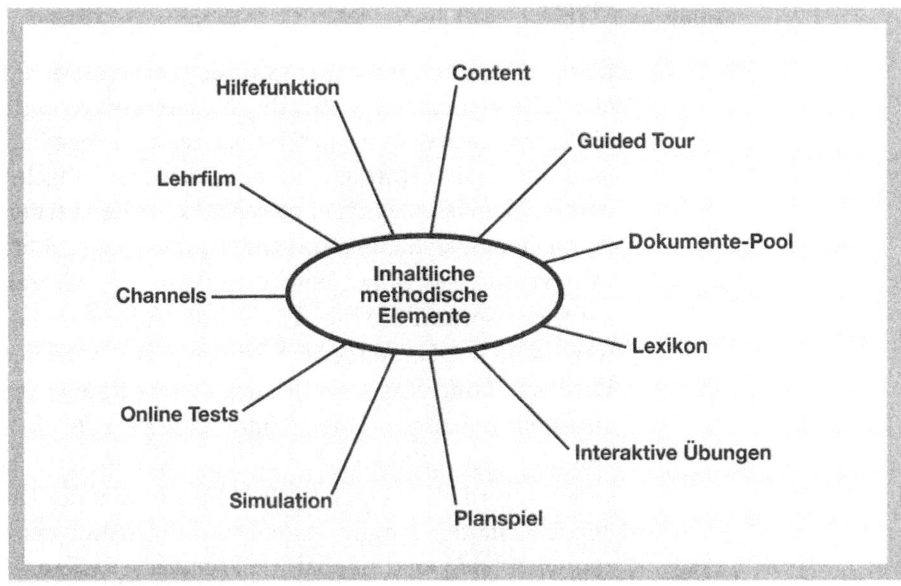

Abb.2.2 Inhaltliche Elemente

oder auch die Guided Tour präsentiert dahingegen die Informationseinheiten in einer vorab festgelegten Reihenfolge und stellt damit sicher, dass der Lernende alle zur Erreichung eines Lernziels notwendigen Inhalte durcharbeitet.

Dokumente-Pool

Im Dokumente-Pool legen Sie als Kursanbieter Lehrmaterialen von der einfachen Übung und kurzen Hinweisen über mehrseitige Dokumente bis zum Leitfaden oder der Kursunterlage ab. Der Teilnehmer kann jederzeit auf diese Inhalte zugreifen, sie auf seine Festplatte laden und dort bearbeiten.

In einer Variante des Dokumente-Pools bearbeitet der Lernende die Inhalte offline und stellt selbst erzeugte Dokumente in den Pool. Das im gesamten Kurs verfügbare Wissen wächst.

Ein Dokumente-Pool ist auch ohne Autorenkenntnisse leicht aktualisierbar. Dieses methodische Element wird – wie Umfragen in Online-Kursen stets belegen – sehr häufig genutzt.

Lexikon

Über das Lexikon informiert sich der Lernende gezielt über Themen und Begriffe, die ihn interessieren oder die er zur Bearbeitung der Kursmaterialien benötigt. Sind die Lexikoneinträge in einer Datenbank abgelegt und mit Schlüsselbegriffen versehen, kann der Lernende nicht nur alphabetisch, sondern auch nach Stichwörtern suchen. Durch eine Verlinkung des Eintrags auf die entsprechende Inhaltsseite oder auf andere Einträge kann der Lernende sein Wissen gezielt vertiefen. Wird eine Mind Map (wie sie auch diesem Kapitel vorangestellt ist) eingebunden, können die Begriffe ebenfalls mit dem Lexikon oder anderen Kursmaterialien verlinkt werden. In einem Online-Kurs besitzt der Lernende vielfältige Möglichkeiten, auf Informationen zuzugreifen und je nach Bedarf tiefer in das jeweilige Gebiet einzusteigen. Gegenüber einem Präsenzseminar besteht der Vorteil, dass schnell und zweckorientiert auf einen fundierten und aktuellen Wissensbestand zugegriffen wird, den ein Trainer in diesem Umfang nicht repräsentieren kann.

Interaktive Übungen, Simulation und Planspiel

Abwechslung

Mit interaktiven Übungen gestalten Sie die Wissensabfrage abwechslungsreich. Variieren Sie die Aufbereitung der Multiple-Choice-Tests und der Zuordnungsaufgaben. In einer Simulation oder einem Planspiel übernehmen die Lernenden wirklichkeitsnahe Rollen und betätigen sich in einer simulierten Umwelt, um vor allem Handlungs- und Entscheidungsfähigkeit in lebensnahen, komplexen Situationen zu trainieren. Häufig werden Simulationen und Planspiele zum Training des Verhaltens in ökologischen oder ökonomischen Kontexten eingesetzt. Vergleichsweise weniger aufwändig sind die in der Softwarebranche für das Anwendertraining eingesetzten Simulationsprogramme: Der Kursersteller zeichnet mit den entsprechenden Tools einen Vorgang im Programm Schritt für Schritt auf, beispielsweise das Anlegen einer Formatvorlage. Die einzelnen Bearbeitungsschritte verbindet er mit Aufgabenstellungen, Hinweisen und Zusatzinformationen. Der Lerner kann das Anlegen der Formatvorlage einüben, ohne dass die zu erlernende Software auf seinem Rechner installiert ist. Richtige und falsche Eingaben kommentiert das Simulationsprogramm. Diese Simulationen können Sie auch im Vertrieb einsetzen, um Kunden das Look-and-Feel des Programms anschaulich zu vermitteln.

Online-Tests/Assessments

Eine Spielart der interaktiven Übungen sind Online-Tests oder Assessments. Unterschiedliche Fragetypen und Aufgabenstellungen fordern vom Test-Kandidaten volle Konzentration. Viele Online-Tests sind mit einem Zeitlimit verknüpft: bearbeitet der Test-Kandidat nicht alle Fragen innerhalb der vorgegebenen Zeit, wird der Test automatisch auf dem erreichten Niveau beendet und ausgewertet. Die Auswertung zeigt dem Test-Kandidaten, wie er im Test abgeschnitten hat, wo seine Schwächen liegen und welche Lerninhalte oder Kurse empfohlen sind. Die Online-Tests lassen sich auch einsetzen, um die Zugangsberechtigung zu einer Präsenzveranstaltung zu überprüfen.

Hilfe

In einer Präsenzveranstaltung übernimmt es der Lehrende, offene Fragen (organisatorisch, technisch, inhaltlich) zu klären. In einem Online-Kurs steht nicht jederzeit ein Tutor zur Verfügung. Deshalb sind Hilfen notwendig, die die wichtigsten Fragen beantworten.

Intuitv

Da eine gute Hilfe viel zur Benutzungsfreundlichkeit beiträgt, sollte u.a. eine einfache, d.h. intuitive Zugriffsmöglichkeit auf die Hilfe bestehen. So können beispielsweise mit Klick auf einen Hilfebutton die wichtigsten Hilfethemen über einen Index abgerufen werden. Eine Hilfe dieser Art kann nicht alle Fragen beantworten. In einem Online-Kurs richtet der Teilnehmer in diesen Fällen via Mail eine Anfrage an den Tutor, die dieser innerhalb eines festgelegten Zeitrahmens (üblich sind 24 h) bearbeitet. Zusätzliche Informationen oder Hilfestellungen bezieht der Lernende von den anderen Kursteilnehmern über die Kommunikationsformen wie Pinnwand, Diskussionsforen oder Chat.

2.5.2 Kommunikativ-kooperative methodische Elemente

In einem Online-Kurs besitzen Sie vielfältige Möglichkeiten, mit dem Tutor und den anderen Teilnehmern in Kontakt zu treten und zu kommunizieren. Es wird zwischen den asynchronen und synchronen Kommunikationsformen unterschieden (Abb. 2.3).

Asynchrone Kommunikation

E-Mail
Über E-Mail lassen sich zu jedem beliebigen Thema Nachrichten versenden. Der Tutor sollte die Mails der Kursteilnehmer innerhalb eines vereinbarten Zeitraums

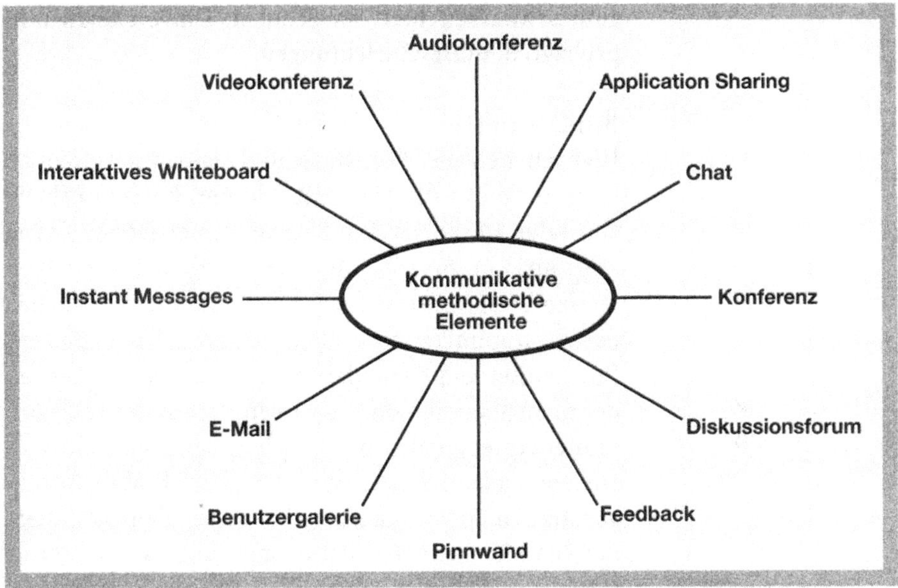

Abb. 2.3 Kommunikative Elemente

(z.B. innerhalb von 24 h) bearbeiten. Wir empfehlen, dem Lernenden bei Betreten der Lernumgebung durch das System eine Meldung zukommen zu lassen, die ihn auf die Antwort des Tutors hinweist. Auf diesem Weg können Fragen aller Art geklärt, ein Teil der Gruppenarbeit organisiert und frei beantwortete Aufgaben zur Korrektur an den Tutor geschickt werden.

Diskussionsforen
Die Diskussionsforen können themenbezogen, für eine Gruppenarbeit oder zum freien Austausch unabhängig vom Lernstoff gebildet werden. Eine Archivfunktion, die die Einträge sortiert – wahlweise nach Autor oder Datum – sorgt für die nötige Übersicht.

Pinnwand/Schwarzes Brett
An die Pinnwand heften Sie kurze Nachrichten für alle Teilnehmer, z.B. Hinweise auf eine interessante Fernsehsendung oder die Agenda für die nächste Konferenz im Chatroom. Der Blick auf das virtuelle schwarze Brett muss ebenso zur Routine werden wie der Gang

zum schwarzen Brett an Schulen, Universitäten oder privaten Bildungseinrichtungen.

Benutzergalerie
Hier tauchen alle Teilnehmer und Teilnehmerinnen auf – wenn sie es wünschen mit Bild und kurzem Lebenslauf oder Steckbrief. Ein Symbol hinter jedem Namen zeigt an, wer zurzeit online ist, damit sich die Betreffenden beispielsweise im Konferenzraum zur synchronen Kommunikation treffen können. Diese Anzeige führt außerdem dazu, dass Sie sich als Online-Lernender nicht allein fühlen: Sie wissen ja, dass der Kollege in Pinneberg ebenfalls im virtuellen Lernraum aktiv ist. Die ebenfalls in der Galerie anzeigbare E-Mail-Adresse verlinkt zu einem Mail-Server, sodass über die Galerie der Mail-Verkehr der Teilnehmer abgewickelt werden kann.

Feedback
Das Feedback spielt in einem Online-Kurs eine wichtige Rolle. Auf Antworteingaben erhält der Lernende idealerweise nicht nur Richtig-/Falsch-Meldungen, sondern ein informatives Feedback, das ihm bei Fehlern weiterhilft und bei korrekter Eingabe erläuternd bestätigt.

Auch das Feedback auf Anwendungs- oder Systemfehler sollte sich nicht auf die häufig unverständlichen Fehlerbenennungen beschränken, sondern eine Vorgehensweise zur Fehlerbehebung vorschlagen.

Synchrone Kommunikation

Video-/Audiokonferenz
Die Video-/Audiokonferenz wird vorwiegend eingesetzt, um Vorlesungen oder Vorträge zu übertragen oder Experten zusammenzubringen. Bei der Übertragung von Vorlesungen in den Vorlesungssaal einer anderen Universität hat sich allerdings gezeigt, dass die potenziell vorhandene bidirektionale Kommunikation zur unidirektionalen Ausstrahlung verkümmert.

Application Sharing
Der Lehrende hat nicht nur die Möglichkeit, auf den Bildschirm des Teilnehmers zu schauen (Glimpse), sondern auch von seinem Rechner aus auf den Rechner des Teilnehmers zuzugreifen, um beispielsweise den richtigen Umgang mit einer Software zu demonstrieren. Der Tutor kann dadurch gezielt bei Problemen helfen. Diese Variante der synchronen Kommunikation ist für Softwareschulung besonders geeignet und wird häufig von Softwarefirmen im Support eingesetzt. In einer anderen Variante des Application Sharing öffnet der Lehrenden auf seinem Rechner zu Demonstrationszwecken ein Programm, z.B. um eine neue Funktionalität eines Programms vorzustellen. Die Teilnehmer sehen auf ihren Bildschirmen die Aktionen des Lehrenden, ohne dass das Programm auf ihrem Rechner installiert ist. Wird Application Sharing mit einer Audiokonferenz kombiniert, kann der Lehrende seine „Eingriffe" erläutern und auf die Fragen der Teilnehmer eingehen.

Interaktives Whiteboard
Auf dem interaktiven Whiteboard erstellen Tutor und Teilnehmer gemeinsam ein Dokument oder eine Skizze. Die Beiträge erscheinen synchron auf den jeweiligen Teilnehmer-Bildschirmen und können dort bearbeitet werden. Wir empfehlen, die Arbeitsvorgänge zu koordinieren, indem beispielsweise eine Reihenfolge für die Bearbeitung festlegt wird. Der Tutor kann dieses Tool aber auch zu Demonstrationszwecken einsetzen.

Chat
Chat meint die synchrone Kommunikation auf Textbasis: Die Teilnehmerbeiträge sind durch Namen gekennzeichnet. Über verschiedene Schriftfarben können unterschiedliche Stimmungen ausgedrückt werden. Rot für nett gemeinte Ratschläge, Gelb für ironische Kommentare usw. Je nach Nutzungsart sind diese Varianten und „Spielereien" aber einzuschränken. Die Erfahrung zeigt, dass sich der Chat in größeren Gruppen weniger für die Diskussion von Problemstellungen, jedoch her-

vorragend für den spontanen, assoziativen und sehr direkten Austausch eignet. Dieses Potenzial kann für ein Brainstorming und für die soziale Komponente des Kursangebots genutzt werden.

2.5.3 Klassische Lehrmethoden im Online-Kurs?

Sie kennen aus dem Präsenztraining oder der Ausbildung in-put-orientierte und handlungsorientierte Lehrmethoden. In diesem Abschnitt greifen wir die gängigsten Unterrichtsmethoden auf und zeigen, wie Sie ihre Funktionen in Ihren Online-Kurs übernehmen und weiterentwickeln. Die Aufzählung dient der Anregung und ist selbstverständlich erweiterbar.

Input-orientierte Methoden (Vortrag, Kurzreferat, Lehrfilm)

Der Vortrag

Klassische Methode

Der Lernende rezipiert

Beim Vortrag gibt ein Experte in kurzer Zeit relativ viel Informationen an eine große Gruppe von Zuhörern weiter. Er ergänzt seinen Vortrag in der Regel durch Bilder (Dias, Schaubilder, Tabellen usw.), Experimente und Filmbeiträge. Der Lernende ist in der Rolle des passiven Zuhörers. Er steht nicht in Kontakt mit den anderen Teilnehmern und muss sich der Darstellungsart und der Vortragsgeschwindigkeit anpassen. Der Vortrag ist die geeignete Methode für die Einführung, als Übersicht über ein neues Themengebiet oder zur Ergebnispräsentation.

Online-Kurs

Ein Vortrag wird via Audio- oder Videokonferenz zu den Teilnehmern eines Online-Kurses übertragen. Dabei entgeht dem Vortragenden das nonverbale Feedback (Stühlerücken, interessierte oder müde Gesichter) seiner Zuhörer, auf das er als guter Redner zu reagieren gewohnt ist. Untersuchungen haben zudem gezeigt, dass sich die Teilnehmer bei einer Übertragung weniger stark angesprochen und eingebunden fühlen, sodass die Motivation geringer ist, den Vortrag bis zum Ende zu verfolgen. Die Übertragung ist sinnvoll, wenn die Lernenden auf diese Weise den Vortrag eines räumlich entfernten Experten verfolgen können. Befinden sich Vortragender und Teilnehmer in einem so genannten virtuellen Seminarraum, können die Teilnehmer durch ein elektronisches Handzeichen Sprechberechtigung erbitten und Fragen stellen. Die Erfahrung zeigt, dass durch die Möglichkeit des Feedbacks das Engagement auf Seiten des Vortragenden und der Teilnehmer höher ist. Da an einer Liveübertragung immer nur eine bestimmte Anzahl von Lernenden teilnehmen kann – aus zeitlichen, aber auch aus technischen Gründen (Bandbreite) –, sollte der Vortrag via Audio- oder Videokonferenz oder im virtuellen Seminarraum aufgezeichnet werden. Interessierte Nutzer können dann die aufgezeichneten Vorträge, die so genannten Recorded Sessions, rezipieren, wann immer sie Informationen zum Thema benötigen. Für die Einführung in ein Thema ist in einem Online-Kurs eine Guided Tour oder ein WBT sehr gut geeignet, da nach dessen Durcharbeitung die Lernenden nahezu den gleichen Kenntnissstand besitzen.

Kurzreferat

Klassische Methode

In einem Kurzreferat präsentiert eine Gruppe oder ein Einzelner das Ergebnis ihrer/seiner Arbeit. Der Referent bereitet den Inhalt strukturiert und zuhörerfreundlich auf und übt zusätzlich das Reden vor einer Gruppe.

Inhalte strukturieren

Online-Kurs

In diesem Fall ist eine Audio- oder Videoübertragung technisch zu aufwändig. Dagegen spricht auch die Bedeutung des Feedbacks, das der Vortragende nicht nur für seinen Präsentationsstil, sondern auch für die Ergebnisse erhält, die in der Teilnehmergruppe diskutiert werden sollen. Alternativ dazu machen die Teilnehmer ihre Referate in einem Diskussionsforum eventuell in Kombination mit einem Dokumente-Pool (s. Abschn. 2.5.1) den anderen Teilnehmern zugänglich. Dort werden sie gelesen und so kommentiert, dass auch alle anderen Teilnehmer die Kommentare lesen und ihrerseits kommentieren können. Eine Archivfunktion ordnet die Eingänge der Teilnehmer nach Zeit und nach Bezügen. Auf diese Weise dokumentieren Sie gleichzeitig den Diskussionsfortschritt und die Diskussionsergebnisse.

Im virtuellen Seminarraum können die Teilnehmer ihre Kurzreferate live präsentieren. Die anschließende Diskussion leitet der Trainer, da allein er den Teilnehmern die Sprechberechtigung erteilen kann. Spontane Redebeiträge bzw. Einwürfe oder Kommentare sind deshalb nicht möglich, dafür ein diszipliniertер und in der Regel sehr ergebnisorienierter Austausch.

Lehrfilm

Klassische Methode

Viele Informationen auf einmal

In einem Lehrfilm werden in der Regel viele Informationen sehr aufwändig und anschaulich aufbereitet. Allerdings neigt der Lernende dazu, den Lehrfilm zu konsumieren (Sehgewohnheiten) und ihn im Vergleich mit dem Buch als weniger ernsthaftes Lernmedium zu betrachten. Der Lehrfilm eignet sich deshalb zur Auflockerung, zur Motivation und zur Wiederholung bereits bekannter Inhalte.

Online-Kurs

Die Teilnehmer laden sich einen Lehrfilm herunter und betrachten ihn lokal von ihrer Festplatte, oder sie erhalten ihn zusammen mit anderen speicherintensiven Materialien auf einer CD-ROM. Mit dieser hybriden Form der Content-Repräsentation gewährleisten Sie eine einwandfreie Ton- und Bildqualität und vor allem kurze Ladezeiten. Gegenüber der klassischen Methode bietet der Online-Kurs weitere didaktische Aspekte. Sie können zum Beispiel dem Lernenden Steuerungsmöglichkeiten beim Abspielen der Sequenzen einräumen. Ein Verkaufsgespräch verläuft dann unterschiedlich – je nachdem, wie sich der Lernende entscheidet. Aus der input-orientierten Methode des Präsenzseminars wird im Online-Kurs eine handlungsorientierte, die eine intensive Auseinandersetzung mit dem Stoff erlaubt und fördert.

Handlungsorientierte Methoden (Unterrichtsgespräch, Diskussion, Gruppenarbeit, Brainstorming, offenes Lernmaterial, Rollenspiel)

Fragend-entwickelndes Unterrichtsgespräch

Klassische Methoden

Neue Einsichten

In dieser Variante des Frontalunterrichts baut der Lehrende auf dem Vorwissen der Lernenden auf und erarbeitet im Gespräch mit den Teilnehmern die neuen Inhalte. Das Lernziel ist vom Lehrenden vorgegeben, der mit entsprechender Fragetechnik die Lernenden zu den neuen Einsichten und Erkenntnissen führt. In einer Veranstaltung mit vielen Teilnehmern kann der Trainer jedoch nur wenig Rücksicht auf die individuellen Bedürfnisse nehmen.

Online-Kurs

Im Online-Kurs bieten Sie interessant und abwechslungsreich aufbereitete Content-Elemente, nach deren Durcharbeitung Ihre Lernenden die definierten Lernziele (im Idealfall!) erreicht haben. Darstellende Elemente und Übungen wechseln einander ab. Ziel ist es, den Endtest zu bestehen, der den erfolgreichen Wissenserwerb bestätigt. Ein Lernmodul ist allerdings immer nur so gut wie die Phantasie seines Autors. Nur diejenigen Probleme, Fragestellungen und möglichen Antworten, die er antizipiert, werden im Content erfasst und umgesetzt (in einem Seminar mit 20 Teilnehmern werden auch nicht alle Meinungen berücksichtigt). Darüberhinaus stellen Sie Ihren Nutzern kommunikativ-kooperative Elemente zur Verfügung wie zum Beispiel einen Diskussionsraum (Chatraum oder Diskussionsforum). Sie verstärken die soziale und interaktive Komponente der Kursumgebung noch, indem Sie Tutoren vorsehen, die der Lernende jederzeit per Mail oder zu festen Terminen im Chat gezielt befragen kann. Diese persönliche Interaktion ist ein wesentliches Element der Motivation der Nutzer und damit ihres Lernerfolges.

Wenn Sie sich mit Ihren Teilnehmern in den virtuellen Seminarraum begeben, können Sie dort wie in der Präsenzveranstaltung das fragend-entwickelnde Unterrichtsgespräch führen. Integrierte mündliche oder schriftliche Abfragen stellen sicher, dass alle Teilnehmer das Lernziel erreicht haben.

Diskussion

Klassische Methode

Argumentieren und urteilen

Nach festen Regeln werden zuvor erarbeitete Thesen von je einem oder mehreren Stellvertretern diskutiert. Idealerweise liegt den Teilnehmern ein Thesenpapier als Arbeitsgrundlage vor. Der Argumentationsphase schließt sich eine Bewertungsphase an, die in Form einer Abstimmung durchgeführt werden kann. Mit dieser Methode trainieren die Teilnehmer ihre Argumentations- und Urteilsfähigkeit.

Online-Kurs

Im Online-Kurs sollten die zuvor in Gruppenarbeit erstellten Thesenpapiere rechtzeitig vor dem anberaumten Diskussionstermin an die Teilnehmer geschickt werden (E-Mail). Zu einem bestimmten Termin treffen sich die zwei „Parteien" im Konferenzraum (Chatroom). Feste Regeln erleichtern die Kommunikation und machen den Chat deutlich effektiver. So wird zum Beispiel vereinbart, dass jeweils ein Teilnehmer stellvertretend für seine Gruppe die Position gegenüber dem Stellvertreter der anderen Gruppe vertritt. Gleichzeitig können sich durch die Einrichtung separater Chatzonen die Gruppen ungestört untereinander beraten. Der Tutor greift moderierend ein, wenn Spielregeln nicht eingehalten werden. Die Durchführung einer Online-Diskussion bedarf guter Vorbereitung. Entscheiden Sie sich für die Teilnahme aller Lernenden an der Diskussion, sind die oben angesprochenen Regeln noch wichtiger. Neben der Argumentations- und Urteilsfähigkeit trainieren Chat-Nutzer auch ihr Gesprächsverhalten. Erfahrene „Chatter" führen tatsächlich sehr effiziente und wirkungsvolle Diskussionen. Je größer die Teilnehmerzahl desto schwieriger wird es jedoch, einen fachbezogenen Chat zu führen. Eine gute

Gruppengröße sind vier bis zehn Personen. Alternativ zum Chat lässt sich bei größeren Gruppen auch das asynchrone Diskussionsforum für eine quasi-synchrone Fachdiskussion innerhalb eines Zeitfenster von beispielsweise zwei Stunden nutzen.

Die Diskussion im virtuellen Seminarraum mit Audio- und/oder Videokonferenz gleicht in Vorbereitung und Durchführung der eingangs beschriebenen Diskussion im Konferenzraum bzw. Chatroom. Während dort die Teilnehmer ihre Argumente schriftlich austauschen, können sie im Seminarraum ihre Thesen schriftlich und mündlich – sobald sie die Sprechberechtigung vom Tutor erhalten – vertreten.

Gruppenarbeit

Klassische Methode

Miteinander arbeiten

Hier findet ein intensiver Meinungsaustausch der Teilnehmer zur Erarbeitung von Informationen und Lösung umfangreicher Aufgaben statt. Die Vorgehensweise wird von den Gruppenmitgliedern selbstständig organisiert, die Aufgaben gemeinsam bearbeitet und zu einem präsentationsfähigen Ergebnis zusammengeführt. Die Gruppenarbeit ist für alle Themen geeignet, besonders interessant gestaltet sie sich jedoch, wenn die Lernenden ihre Meinungen, Einstellungen und Alltagserfahrungen diskutieren. Sie trainieren auf diese Weise ihre soziale Kompetenz und ihre Fähigkeit, Wissen und Gefühle anderen Teilnehmern verständlich mitzuteilen.

Online-Kurs

In einem Online-Kurs treffen sich die Gruppenmitglieder im Konferenzraum zur synchronen Kommunikation und Diskussion ihrer Aufgaben. Da sich der Chat für ein Brainstorming hervorragend eignet, für die konstruktive Arbeit aller Teilnehmer aber weniger, sollte er seinen Möglichkeiten entsprechend eingesetzt werden. Über E-Mail oder das für die Gruppe eingerichtete Diskussionsforum werden die individuell erarbeiteten Teilergebnisse den Mitgliedern zugänglich gemacht, damit diese die Beiträge kommentieren und mit ihren eigenen Stellungnahmen in Einklang bringen können. Voraussetzung einer fruchtbaren Gruppenarbeit sind feste Terminabsprachen und eine gute, von allen Teilnehmern getragene Koordination des Arbeitsablaufes. In einer gut gestalteten Kursumgebung findet jede Lerngruppe einen eigenen Teamraum mit Dokumente-Pool und den notwendigen kommunikativen und kooperativen Elementen.

Einige Programme für einen virtuellen Seminarraum bieten Gruppenarbeit ebenfalls als Lernform an: Der Trainer teilt die Teilnehmer in Gruppen ein, die sich in einen virtuellen Gruppenarbeitsraum zurückziehen, um eine Aufgabenstellung zu erarbeiten. In dieser Phase kommunizieren die Gruppenmitglieder nur untereinander. Der Trainer kann sich einer der Gruppen zuschalten, um Hilfestellung zu geben oder sich über den Bearbeitungsstand zu informieren. Die Gruppe selbst hat auch jederzeit die Möglichkeit, mit dem Trainer in Kontakt zu treten.

Brainstorming

Klassische Methode

Kreativität

Auf einer großen Plakatwand sammelt ein Kursteilnehmer oder eine ganze Gruppe von Lernenden Ideen zu einem bestimmten Problembereich. Wichtig sind Spontanität und freies Assoziieren.

Online-Kurs

Wie schon oben erwähnt, hat sich der Chat als ein Medium erwiesen, in dem die Teilnehmer sich spontan, assoziativ, ironisch, witzig oder nachdenklich und meist sehr offen und direkt äußern. Die Vielfalt und Spontanität der Äußerungen überrascht immer wieder Teilnehmer und Tutoren und stellt eine interessante Erfahrung und Bereicherung dar.

Im virtuellen Seminarraum ist häufig ein Whiteboard vorhanden, das Trainer und Teilnehmer für ein Brainstorming nutzen können. Die Teilnehmer teilen schriftlich oder mündlich ihre Ideen mit und der Trainer schreibt sie auf dem Whiteboard an. Da die Aussagen der Teilnehmer erst mit dem Anschreiben durch den Trainer für alle zugänglich sind, geht die für diese Methode gewünschte Spontanität etwas verloren.

Offenes Lernmaterial
Klassische Methode
Der Lernende verfügt über unterschiedliche Lernmaterialien, anhand derer er sein Lernziel selbst bestimmt und die Lerninhalte auswählt.

Offener Lernweg

Online-Kurs
In den Content-Elementen der Kursumgebung lassen sich verschiedenste Lehrmaterialien vielfältig miteinander verknüpfen. Der Lernende bewegt sich auf dem Weg seines Lernzieles oder auf der Suche nach bestimmten Inhalten durch die Informationseinheiten (s. 3.5 Integration der Einzelmedien). Verzeichnisse, Sitemaps (virtuelle Lagepläne), Standorthinweise, persönliche Bookmarks und History-Funktionen erleichtern die Orientierung.

Rollenspiel
Klassische Methode
Die Kursteilnehmer versetzen sich in eine Person mit bestimmten Funktionen. In einer festgelegten Situation müssen sie ihre Rolle erfüllen, indem sie sich rollengerecht verhalten und äußern. Auf diese Weise lernen die Teilnehmer unterschiedliche Sichtweisen eines Problems kennen.

Verschiedene Perspektiven

Online-Kurs
In einem Online-Kurs können Rollenspiele ohne großen Aufwand über eine Audiokonferenz oder auf Textbasis im Chatraum umgesetzt werden. Die Teilnehmer betrachten eine Problemstellung gleichfalls aus verschiedenen Perspektiven und trainieren ihre verbale Ausdrucksfähigkeit.

2.6 Kriterien für eine didaktisch gelungene Lernumgebung

Als Prüfliste für die Bewertung eines Lernangebots können Sie Kriterienkataloge heranziehen. Allerdings bleiben diese Kataloge immer unvollständig, berücksichtigen Ihre spezifischen Anforderungen nur ungenügend und sind häufig ohne Rücksicht auf didaktische Theorien oder vor dem Hintergrund einer einzigen zusammengestellt. Der vorliegende kurze Kriterienkatalog soll Ihnen nur als erste Anregung dienen, die richtigen Fragen zu formulieren und technologiegestützte Lernangebote und Content-Produktionen daraufhin genauer zu analysieren.

Der Kriterienkatalog ist untergliedert in
- Inhalte
- Lernhilfen
- Aufbereitung

Inhalte

- Zielgruppenorientierte Auswahl und Anordnung der Themen
- Sachlich korrekt
- Aktueller wissenschaftlicher/fachlicher Stand

Lernhilfen

- Lernzielangaben
- Nachschlagemöglichkeiten (Glossar, Lexikon: Stichwortsuche, Verlinkungen)
- Bookmarking
- Annotationen
- Kommunikation mit anderen Lernenden
- Hotline/Support und Unterstützung durch Tutor (Bearbeitungszeit)
- Tutor: fachliche, didaktische und soziale Kompetenz
- Intelligenter Agent (Tutor-Bot)

Aufbereitung

- Medien- und zielgruppengerechte Vermittlung
- Aktivierung des Vorwissens
- Verschiedene Schwierigkeitsgrade
- Mehrere Lernwege
- Möglichkeit zur freien Exploration der Inhalte
- Aktive, handlungsorientierte Vermittlung
- Vielfalt der Perspektiven
- Anschaulichkeit durch Beispiele
- Vielfältige Aufgabentypen

- Freie Übungen („Trainingsmöglichkeit")
- Freie Antworteingabe (Auswertung durch den Tutor)
- Gruppenarbeit
- Informatives Feedback (Hinweis auf den Lösungsweg, korrekte Antworten begründen)
- Wiederholungen
- Zusammenfassungen

2.7 Literatur

Flechsig K-H (1996) Kleines Handbuch didaktischer Modelle, Neuland Verlag für lebendiges Lernen. Künzell. Übersicht über didaktische Modelle, ihre Varianten und Literatur

Gerstenmaier J, Mandl H (1993) Wissenserwerb unter konstruktivistischer Perspektive, in: Zeitschrift für Pädagogik 41: pp 867-888. Ein guter Einstieg in das Thema konstruktivistische Lerntheorie

Godehardt B et al. (1997) Teleworking: So verwirklichen Unternehmen das Büro der Zukunft, Verlag Moderne Industrie, Landsberg/Lech

Haack J (1997) Interaktivität als Kennzeichen von Multimedia und Hypermedia, in: Issing L J, Klimsa P (ed) Information und Lernen mit Multimedia, 2. überarb. Auflage, Psychologie Verlags Union, Weinheim, pp 151-166

Kerres M (2001) Multimediale und telemediale Lernumgebungen, 2. vollst. überarb. Auflage, Oldenbourg, München, Wien

Leutner D (1997) Adaptivität und Adaptierbarkeit multimedialer Lehr- und Informationssysteme, in: Issing L J, Klimsa P (ed) Information und Lernen mit Multimedia, 2. überarb. Auflage, Psychologie Verlags Union, Weinheim, pp 139-150

Online Educa Berlin (1998) 4th International Conference on Technology supported learning, Book of Abstracts, International Where + How, Bonn

Schmitz G (1998) Lernen mit Multimedia: Was kann die Medienpsychologie beitragen?, in: Schwarzer R (ed) Multimedia und Telelearning, Campus Verlag, Frankfurt/M., New York, pp 197-214

Schott S, Kemter S, Seidl P (1997), Instruktionstheoretische Aspekte zur Gestaltung von multimedialen Lernumgebungen, in: Issing L J, Klimsa P (ed) Information und Lernen mit Multimedia, 2. überarb. Auflage, Psychologie Verlags Union, Weinheim, pp 179- 194

Seufert S, Back A, Häusler M (2001), E-Learning - Weiterbildung im Internet. Das „Plato-Cookbook" für internetbasiertes Lernen, SmartBooks Publishing AG, Kilchberg

Weidemann B (1996) Instruktionsmedien, in: F. E. Weinert (ed) Enzyklopädie der Psychologie, Themenbereich D, Praxisgebiete: Ser. 1, Pädagogische Psychologie; Bd. 2: Psychologie des Lernens und der Instruktion, Göttingen pp 319-359. Schauen Sie auch mal unter folgender Internet-Adresse nach: www.coe.usu.edu/it/id2/DDC197.htm. Sie finden dort eine Beschreibung der Lehrstrategien aus der Sicht des Instruktionsdesigners David Merrill.

Wolf K (1998) Den Aufsatz über die fünf K's des Gruppenlernens von K. Wolf finden Sie im WWW unter: http://www.tu-bs.de/zfw/pubs/tb441/61mwolf.htm: Lernen im Internet. Kollaboratives Lernen und Handeln

Die virtuelle Hochschule Oberrhein (VIROR), ein Gemeinschaftsprojekt der Universitäten Mannheim, Heidelberg, Freiburg und Karlsruhe, entwickelt in sechs Fachbereichen multi- und telemediale Lehrangebote für die Studierenden. Die Beratung und Evaluation in VIROR basiert auf dem Learning Cycle Modell. Die Realisation können Sie sich anschauen unter: www.viror.de

3 Mediales Design

Sinnvoller Medieneinsatz

Der Einsatz der Medien soll den Lernprozess fördern. In einem Online-Kurs besitzen Sie als Lernender gar nicht die Möglichkeit, sich den Medien zu entziehen. Über das Medium Computer greifen Sie innerhalb einer medialen Lehr-/Lernumgebung auf medial aufbereitete Bildungsinhalte zu. Welche Funktionen können die Medien innerhalb des Lernprozesses übernehmen? Und wie müssen sie gestaltet sein, damit sie diese Funktionen erfüllen?

Aus Erfahrung lernen

Die Gestalter dieser vergleichsweise „jungen" Lernumgebung können sich auf Erfahrungen stützen, die bei der Erstellung von Lernprogrammen auf CD-ROM, bei der Gestaltung von Hypertext- bzw. Hypermediasystemen[1] und bei der Realisierung von Websites gewonnen wurden. Es ist ein reichhaltiger Fundus, der den besonderen Bedingungen des Online-Lernens angepasst werden muss. Viele Ideen aus der CD-ROM-Produktion lassen sich zum Beispiel im Internet nicht umsetzen. Technische Grenzen setzen die Datentransferraten, die kurzer Ladezeiten wegen nach kleinen Dateien verlangen, und noch immer die Beschreibungssprache HTML, die für wissenschaftliche Publikationen, aber nicht für die Bildschirmgestaltung einer Lernumgebung entwickelt wurde.

Bei der Gestaltung von Websites nahm man lange Zeit auf grafische und typographische Feinheiten nur wenig Rücksicht. Die Folge: eine unübersichtliche und

---

1) s. Abschn. 3.4.2 Hypertext- und Hypermediasysteme

häufig überladene Seitengestaltung. Erst mit den so genannten Websites der 3. Generation wurde der Schwerpunkt auf Design gelegt. Von diesen Seiten können sich auch die Entwickler von Kursumgebungen viele Anregungen holen[2].

Kapitelübersicht

In diesem Kapitel erfahren Sie, wie Sie die Benutzerfreundlichkeit Ihres Systems durch die Gestaltung der Kompositionselemente Farbe, Metapher und Navigation erhöhen können. Sie erhalten Anregungen für eine übersichtliche Bildschirmaufteilung und Sie befassen sich mit dem Design derjenigen Einzelmedien, die üblicherweise in einen Online-Kurs eingebunden werden. Im darauf folgenden Abschnitt lernen Sie das Hypertext- bzw. Hypermedia-System kennen. Den Abschluss bildet wie im vorigen Kapitel ein Kriterienkatalog, der Ihnen bei der Einschätzung der Qualität des medialen Designs hilft (Abb. 3.1).

Ein Hinweis noch: Design ist das Ergebnis der Auseinandersetzung mit den Erfahrungswerten anderer (wie sie sich in Styleguides wieder finden) und der persönlichen Kreativität des Entwicklers. Die in den nächsten Abschnitten unterbreiteten Vorschläge sind folglich als Anregungen, vielleicht sogar als Provokation, aber nicht als Richtlinien zu verstehen.

3.1 Komposition

Wie die Komposition eines Bildes den Blick des Betrachters einfängt, bannt und nach und nach zu den verschiedenen Bildelementen führt, so leiten den Teilnehmer eines Online-Kurses die Farbgestaltung, die Metapher und die Navigation durch das Lernangebot. Farbe, Metapher und Navigation bestimmen das Gesicht der Anwendung. Wir bezeichnen sie deshalb als die Kompositionselemente des Lernangebots.

---

2) Sehr anschaulich beschreibt David Siegel (1998) die Entwicklung des Webdesigns, wobei es ihm gelingen dürfte, auch designunerfahrene Leser für ansprechende Gestaltung zu sensibilisieren.

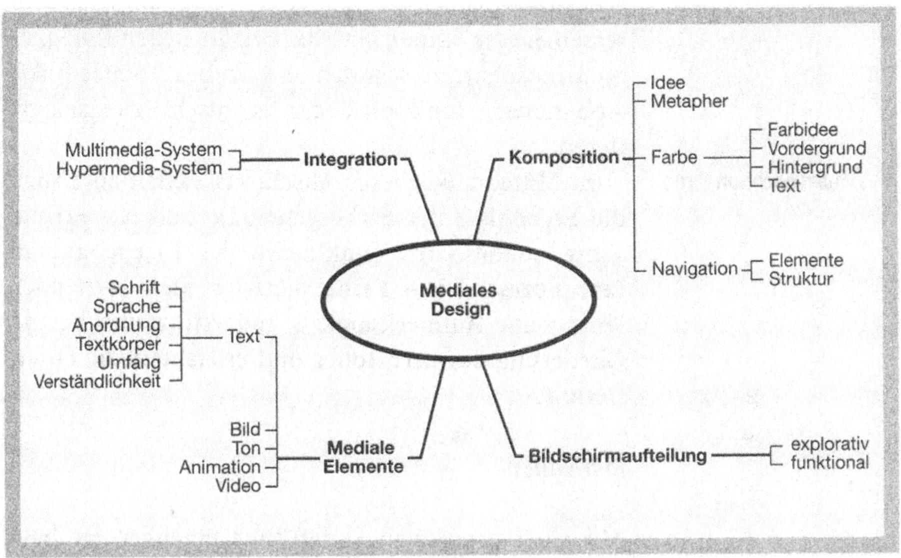

Abb.3.1 Mediales Design

3.1.1 Kompositionselement Farbe

Wirkung von Farbe

Schließen Sie die Augen und denken Sie an die Farbe Blau. Spüren Sie der beruhigenden Wirkung nach, die von einer blauen Fläche ausgeht. Fügen Sie ein sattes, warmes Orange hinzu. Es zieht Ihre Aufmerksamkeit auf sich und das Blau rückt in den Hintergrund. Das Bild verliert seine beruhigende, aber nicht seine angenehm harmonische Wirkung.

Das kleine Spiel mit Ihrer Vorstellungskraft soll Sie auf das Kapitel einstimmen und Sie für die Wirkung von Farbe sensibilisieren. Denn auch die farbliche Gestaltung Ihrer Lernumgebung übt eine bestimmte Wirkung auf den Lernenden aus. Vielleicht sind Ihre Gestaltungsfreiräume eingeschränkt, da Sie an Vorgaben gebunden sind. Dann gilt es, das Corporate Design und die Firmenfarben in der Lernumgebung umzusetzen. Aber auch hierbei können Sie durch die Kombination mit anderen Farben oder durch die harmonische Aufteilung der Farbflächen unterschiedliche Akzente setzen.

Akzente setzen

Besitzen Sie einen größeren Gestaltungsfreiraum, setzen Sie die Farben bewusst ein. Sie helfen Ihnen, eine Atmosphäre zu schaffen und ein bestimmtes Image – ob modern, funktional oder technisch – zu transportieren.

Funktionen von Farbe

Im Mittelpunkt dieses Abschnitts stehen aber nicht die Ergebnisse der Farbpsychologie und des Farbdesigns, sondern die Funktionen der Farbgebung im Lernprozess. Denn Farbe motiviert den Lernenden, lenkt seine Aufmerksamkeit, unterstützt ihn bei der Gliederung des Lernstoffes und erleichtert die Orientierung.

Motivation

Mit einer geeigneten Farbgebung erzeugen Sie beim Lernenden eine angenehme Empfindung, die ihn zur Auseinandersetzung mit dem Online-Kurs motiviert. Generell gilt, dass farbiges Lernmaterial positiver eingeschätzt wird.

Aufmerksamkeit/Hervorhebung

Blickbewegungsstudien haben gezeigt, dass farbige Flächen bevorzugt bearbeitet werden. Dabei wirken helle, hoch gesättigte Farben auffallender als dunkle, schwach gesättigte Farben. Helle Farben bieten sich deshalb als Hintergrund für den Inhaltsbereich an. Wollen Sie die Aufmerksamkeit gezielt auf einen Merksatz oder ein bestimmtes Wort lenken, können Sie diese mit den Signalfarben im Rot-Orange-Bereich hervorheben. Entscheiden Sie sich für eine Auszeichnungsfarbe, die Sie konsistent verwenden.

Ordnen/Gliedern/Strukturieren

Unterlegen Sie das Fazit oder den Merksatz mit einer anderen Farbe als den Erläuterungstext. Anstelle verschiedenfarbiger Hintergründe können Sie auch eine andere Schriftfarbe oder Schriftgröße verwenden. Ziel sollte es in jedem Fall sein, durch Strukturieren dem Lernenden das Erfassen der Bildschirmseite zu erleichtern. Farbe ist dafür ein geeignetes Mittel, wenn sie sparsam und konsistent eingesetzt wird.

Farbe bekennen

Durch die Einfärbung verschiedener Bildelemente können Sie deren Zusammengehörigkeit sichtbar machen und sie von anderen Elementen abgrenzen. Denken Sie zum Beispiel an den Plan einer archäologischen Ausgrabungsstätte. Indem Sie die Baureste der römischen Kaiserzeit mit einer anderen Farbe kennzeichnen als die Ausgrabungen aus der Zeit der römischen Republik, kann der Betrachter die bauliche Entwicklung gut nachvollziehen. Auch die abnehmende Bedeutung von Bildelementen können Sie durch deren farbliche Anpassung an die Farbskala verdeutlichen.

Orientierung/Navigation

Wo bin ich?

Der Lernende findet sich in Ihrem Online-Kurs besser zurecht, wenn er mit einem Blick erkennt: er befindet sich auf einer Testseite, auf einer Übungsseite oder auf einer Informationsseite. Dazu können Sie dem Hintergrund jeweils eine andere Farbe geben oder die Seitentypen mit einem entsprechenden Farbbalken versehen, der den Lernenden unaufdringlich, aber schnell und eindeutig über den Seitentyp informiert. Ebenso können Sie auch einzelne Kapitel oder Lerneinheiten zur schnelleren Übersicht einer bestimmten Farbe zuordnen. (Natürlich gilt auch hier: Der Einsatz von Farbe stellt nur eine von vielen Möglichkeiten dar, einen Seitentyp zu kennzeichnen.)

Wie weit bin ich?

Bereits bearbeitete Einheiten möchte der Lernende in einer Übersicht der Lerneinheiten schnell erkennen. Sie können die bearbeiteten Einheiten mit einem Häkchen versehen oder farblich kennzeichnen. Mit einem Blick kann das Verhältnis bearbeitete – unbearbeitete Einheiten abgelesen werden. So eingesetzt erleichtert die Farbgebung die Standortbestimmung innerhalb der Lernumgebung. Im Abschnitt Navigation lernen Sie weitere Möglichkeiten der Orientierungshilfe kennen.

3.1.2 Kompositionselement Metapher

Die Metapher ist eine rhetorische Figur, die das Gemeinte durch ein Bild zum Ausdruck bringt. Bei der Gestaltung von Benutzerschnittstellen verwendet man gleichfalls diesen Begriff und spricht dann von metaphorischen Oberflächen. Sie kennen sie vom Betriebssystem Ihres Rechners: Die grafische Oberfläche ist einem Schreibtisch bzw. einem Desktop nachempfunden und gemäß dieser Bürometapher können Sie Dateien in den Papierkorb befördern, Ordner anlegen, kopieren, sortieren usw.

Benutzerfreundlichkeit

Die Metapher hilft dem Anwender, sich im System zu orientieren und die gewünschten Informationen aufzufinden und zu bearbeiten. Sie wird eingesetzt, um die Benutzerfreundlichkeit zu steigern. Ihre Wirkung kann aber auch in das Gegenteil umschlagen. Stellen Sie sich bitte vor, Sie wollen eine Datei in einem bestimmten Ordner bearbeiten und müssen dazu erst das kleine Bild (Icon) eines Aktenschrankes anklicken, diesen dadurch öffnen und anschließend die richtige Schublade mit einer Mausbewegung aufziehen, um an die gewünschte Datei zu gelangen. Eine so detailliert umgesetzte Metapher ermüdet den Anwender, der schnell auf seine Datei zugreifen möchte.

Die Raummetapher

Eine beliebte Metapher für Lernumgebungen ist das Schulungsgebäude. Im Sekretariat meldet sich der Lernende für einen Kurs an, in der Cafeteria trifft er sich mit den anderen Kursteilnehmern zum informellen Austausch, in der Bibliothek besorgt er sich Zusatzmaterialien und im Konferenzraum bespricht er mit dem Tutor inhaltliche Fragen.

Bei der Gestaltung eines Kurses greifen Designer immer wieder auf die Buchmetapher zurück. Der Lernende kann sich durch die Seiten blättern, sich im Inhaltsverzeichnis einen Überblick verschaffen und über den Index gezielt auf bestimmte Seiten zugreifen. In dieser vertrauten Umgebung findet sich der Teilnehmer problemlos zurecht. Auf der anderen Seite folgt das von seiner Anlage her nicht lineare Kursangebot der sequenziellen Führung durch das Buch.

Deshalb ist die Metapher nur bei hierarchisch aufgebauten Kursen sinnvoll.

Ein weiteres Beispiel für den Einsatz einer metaphorischen Benutzungsoberfläche: Ein großer Automobilkonzern schult seine Vertriebsleute. Das Training findet online in einem virtuellen Autohaus statt. Vom Eingangsbereich kann sich der Lernende mithilfe der Maus in die Verkaufsräume – getrennt nach Limousine und Kombi – oder in die Werkstatt klicken. Während er im Verkaufsraum Informationen zu den Ausstattungsmerkmalen der verschiedenen Modelle erhält, wird er in der Werkstatt über die verschiedenen Motortypen und die neuartige Funktionsweise des Ventilsystems informiert.

Es muss nicht immer die gesamte Lernumgebung einer Metapher folgen. Häufig sind nur kleine Metaphern in ein System eingebettet: Z.B. die Baummetapher, die Sie über die Struktur des Kursangebotes informiert, oder die Teilnehmerliste, die einer Galerie nachempfunden ist. Der Lernende bewegt sich durch einen Raum, von dessen Wänden ihm die Teilnehmergesichter entgegen lächeln. Klickt der Lernende auf eine Fotografie, erhält er nähere Angaben zur Person, kann über die E-Mail-Adresse Kontakt mit ihr aufnehmen usw.

Die Baummetapher

Andere Metaphern sind beispielsweise die Stadt, eine Landschaft, das Cockpit, die Instrumententafel oder ein Kontrollraum. Wenn Sie sich für eine metaphorisch gestaltete Benutzerschnittstelle entscheiden, wählen Sie ein „Bild", das mit dem Kursinhalt in Beziehung steht. Und – das ist ganz wichtig, damit Ihre Umgebung ihre Wirkung entfaltet – ersparen Sie dem Anwender umständliche Wege: er möchte sich nicht erst mühsam durch lange Gänge klicken, um an die gewünschte Information zu kommen.

Bezug zum Inhalt

3.1.3 Kompositionselement Navigation

Orientierungshilfe

Die Navigation in einem System meint zweierlei: Zum einen zeichnet sich eine gute Navigation dadurch aus, dass sich der Nutzer jederzeit über seinen Standort im

System im Klaren ist. Zum anderen gibt eine gelungene Navigation dem Anwender Steuerungsmöglichkeiten an die Hand, mit deren Hilfe er sich zügig und zielorientiert durch das System bewegen kann.

Die Benutzernavigation hat in den letzten Jahren einen immer größeren Stellenwert erhalten. Sie ist insbesondere für die Kursgestaltung von großer Bedeutung.

Steuerungsmöglichkeit

Der Lernende möchte seinen Lernprozess eigenständig steuern, damit er seinen Lernweg planen kann. Voraussetzung dafür ist, dass er sich mühelos in der Lernumgebung und innerhalb des Kurses zurechtfindet.

Eine gute Navigation gibt dem Lernenden jederzeit Antwort auf folgende Fragen:

- *Wo bin ich?*
- *Wohin kann ich gehen?*
- *Wie komme ich wieder zurück?*
- *Was ist wichtig?*
- *Wo/Wie finde ich das Wichtige?*

Mit Farbe und Metapher haben Sie bereits zwei wichtige Elemente kennen gelernt, die dem Lernenden die Orientierung und das Bewegen im System erleichtern. Weitere Möglichkeiten, die Navigation des Lernenden zu unterstützen, werden Ihnen nun anhand der Fragestellungen vorgestellt.

Wo bin ich?

Es geht um Ihre Standortbestimmung innerhalb der Lernumgebung und des Kurses. In Abhängigkeit von der Kursstruktur hat die Frage eine unterschiedliche Bedeutung.

In einem hierarchisch aufgebauten Online-Kurs möchten Sie nicht nur wissen, an welcher Stelle Sie sich im Moment befinden, sondern auch wie viel Sie schon geleistet haben und wie viel Arbeit bis zum Ende der Lerneinheit noch vor Ihnen liegt. Es bieten sich mehrere Visualisierungsmöglichkeiten an. Sie können beispielsweise – wenn Sie mit der Buchmetapher arbeiten – die aktuelle Seitenzahl in Beziehung zur Gesamtseitenzahl setzen („6 von 24“ oder „6/24“), oder Sie kennzeichnen das sechste Blatt eines Blätterstapels oder Sie zeigen den Lernfortschritt an, indem Sie ein Sechstel eines blauen Balkens grün einfärben. Fallen Ihnen noch andere Möglichkeiten ein? Umso besser!

Grafische Landkarte

In einer offenen Lernumgebung bestimmen Sie den Verlauf Ihres Lernweges selbst. Aus diesem Grund möchten Sie wissen, welche Informationen Sie als Nächstes anklicken und bearbeiten können. Eine grafische Landkarte (Abb.3.2) präsentiert Ihnen die Informationseinheiten und deren Verknüpfungen. Die bereits bearbeiteten Einheiten sollten farblich oder auf eine andere Art markiert sein.

Fish-eye-Ansicht

Mit der so genannten Fish-eye-Ansicht können Sie den Lernenden ebenfalls über die Umgebung seines aktuellen Standortes informieren. Diese Variante der grafischen Landkarte bildet diejenigen Informationsein-

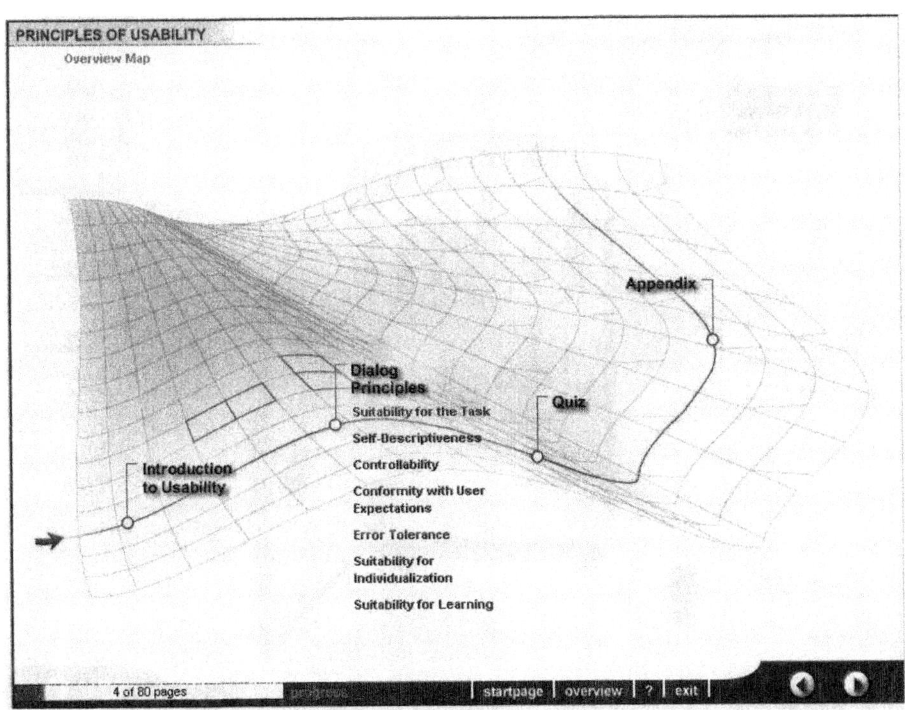

Abb. 3.2 Grafische Landkarte: beim Rollover über die Kapitelüberschriften sehen Sie die jeweilige Unterstruktur des Kapitels. (Screenshot übernommen mit freundlicher Genehmigung der SAP AG)

heiten detailliert ab, die sich in unmittelbarer Nähe vom Standort des Lernenden befinden, die „Ränder" werden nur grob dargestellt.

Wohin kann ich gehen?

Es muss für den Lernenden jederzeit erkennbar sein, wohin er sich von seinem Standort aus begeben kann.

Die Navigationsleiste

Sinnvoll ist eine Navigationsleiste, deren Elemente die direkte Verbindung zu den entsprechenden Inhalten anbietet: Der Lernende sieht die Auswahlmöglichkeiten und kann sich mit einem Klick direkt dorthin begeben. Folgende Elemente bzw. Schaltflächen können dem Lernenden in der Navigationsleiste angeboten werden:

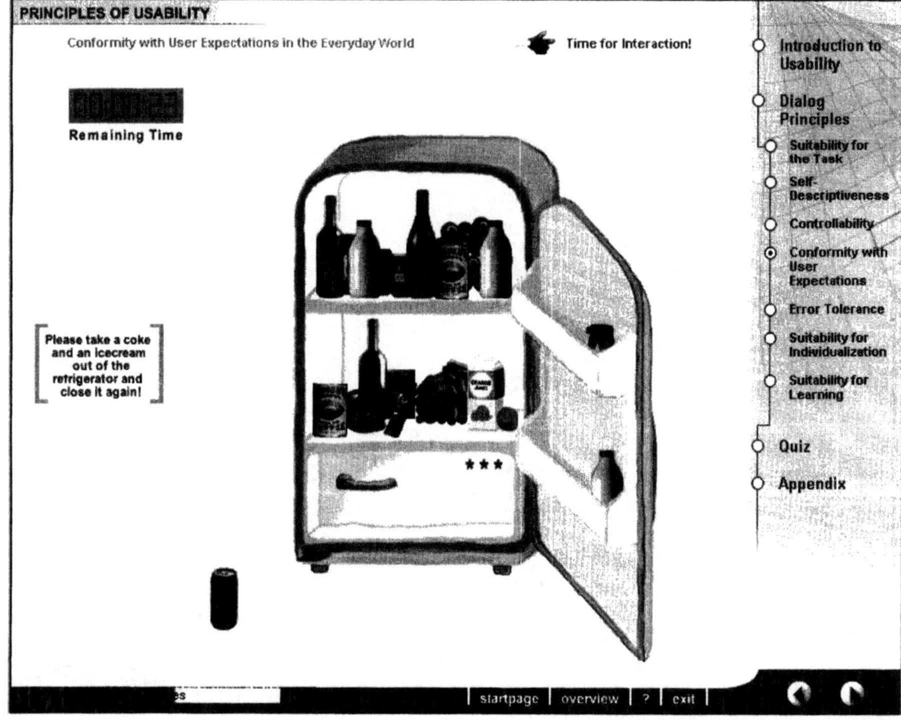

Abb. 3.3 In den Navigationsleisten rechts und im unteren Bildbereich können Sie sich schnell und einfach über Ihren 'Standort' im Online-Kurs informieren. (Screenshot übernommen mit freundlicher Genehmigung der SAP AG)

- *Exit*: der Lernende kann das Lernangebot jederzeit verlassen, ohne sich durch mehrere Screens zu klicken.
- *Hilfe*: treten Probleme beim Umgang mit den Funktionen des Kursangebots auf, informiert sich der Lernende über die Hilfe.
- *Übung*: der Lernende besitzt die Möglichkeit direkt zu den Übungen zu springen.
- *Hauptmenü*: in einer hierarchisch angelegten Kursstruktur gelangt der Lernende über das Hauptmenü zu den verschiedenen Lerneinheiten
- *Zurück, Weiter*: der Lernende kann die zuletzt aufgerufene Informationseinheit und in einem hierarchisch organisierten Kurs auch die nächste Einheit im Kursablauf aufrufen.
- *Test*: hier beantwortet der Lernende unter Prüfungsbedingungen Lernkontrollfragen.

Funktionale Anordnung

Die Schaltflächen können ihren Funktionen entsprechend gruppiert werden und haben innerhalb der Navigationsleiste (Abb.3.4) ihren festen Platz, damit der Lernende schnell auf sie zugreifen kann.

Der Kursteilnehmer kann auch über hervorgehobene Wörter im Text oder sensitive Grafiken zu einer neuen Informationseinheit gelangen. Die sensitiven Wörter (Hotwords) und Grafiken (Hotspots) sollten immer auf die gleiche Art und Weise markiert werden, damit der Lernende die Verknüpfung sofort erkennt. Inhaltsverzeichnisse, grafische Landkarten oder Strukturbäume, die die Kursorganisation abbilden, zeigen dem Lernenden ebenfalls, welche Informationseinheit als Nächstes abrufbar ist.

Hotwords und Hotspots

Wie komme ich wieder zurück?

Ist der Lernende nur versehentlich zu einer neuen Informationseinheit gesprungen, möchte er schnell wieder zu seinem Ausgangspunkt zurückkehren können. Deshalb ist eine Schaltfläche wichtig, die den Lernenden einen Schritt zurück bringt. Möchte der Kursteilnehmer nicht nur einen Lernschritt, sondern seinen gesamten Lernweg zurück verfolgen, empfehlen wir die grafische Landkarte, die die bearbeiteten Informati-

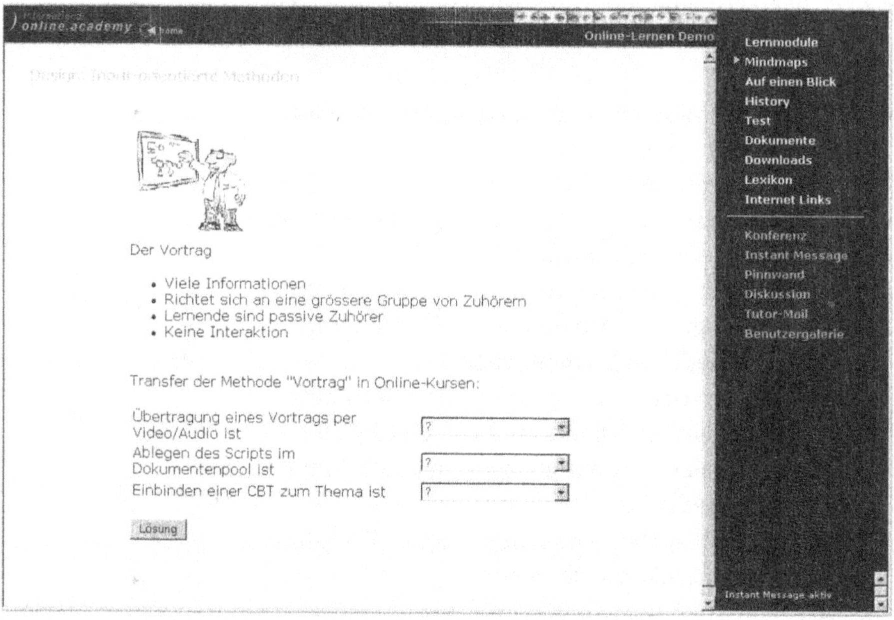

Abb. 3.4 Eine typische Navigationsleiste

onseinheiten hervorhebt, oder eine abrufbare Liste (History), die die zuletzt besuchten Screens aufführt.

Lesezeichen setzen

Bieten Sie dem Kursteilnehmer die Funktion „Lesezeichen setzen“ an. Er kann damit bestimmte Informationseinheiten markieren, zu einem späteren Zeitpunkt die Liste der markierten Screens aufrufen und über die sensitiven Listeneinträge direkt auf die jeweilige Bildschirmseite springen.

Was ist wichtig?

Inhaltliche Orientierung

Sie erleichtern dem Lernenden eine inhaltliche Orientierung, indem Sie ihm Schlüsselbegriffe oder kurze Zusammenfassungen der einzelnen Lerneinheiten über das Inhaltsverzeichnis oder die grafische Landkarte anbieten. Kennzeichnen Sie die für das Erreichen eines Lernziels relevanten Inhalte, damit er auf einen Blick erkennen kann, ob er den „Pflichtteil“ bearbeitet oder ob er allein seinem Interesse folgend seinen Wissensdurst stillt.

Wo/Wie finde ich das Wichtige?

Was wichtig ist, entscheidet in der Regel der Lernende. Damit er schnell an diese Inhalte gelangt, ist eine Suchmaschine das Mittel der Wahl: über die Texteingabe wird der Teilnehmer auf entsprechende Informationseinheiten verwiesen. Alternativen sind ein Index oder ein Inhaltsverzeichnis, über die sich der Lernende idealerweise direkt zu den Inhalten klicken kann.

Zusammenfassung

Sie haben vielfältige Möglichkeiten kennen gelernt, den Lernenden bei der Navigation im System zu unterstützen. Wenn Sie diese Mittel durchdacht und konsequent einsetzen, bieten Sie dem Lernenden einen Anwenderkomfort, den er Ihnen in zweifacher Hinsicht dankt. Zum einen genießt jeder Anwender das sichere und zielstrebige Fortbewegen im System. Zum anderen unterstützen Sie damit seinen Lernerfolg, da sich der Lernende bei einer intuitiven Navigation vollständig auf die Erarbeitung der Inhalte konzentrieren kann.

3.2 Bildschirmaufteilung

Mit der Bildschirmaufteilung wird die Positionierung der grafischen und typografischen Elemente des Kursangebots festgelegt. Eine durchdachte Bildschirmaufteilung

Funktionen

- lenkt die Aufmerksamkeit des Lernenden auf die relevanten Informationen und führt ihn durch die Seite
- stellt inhaltliche oder funktionale Zusammenhänge dar
- hilft dem Lernenden bei der Orientierung innerhalb der Lernumgebung und des Kurses.

Zwei Grundtypen der Oberflächengestaltung werden unterschieden: die klassische oder auch funktionale und die explorative Oberfläche.

3.2.1 Die explorative Oberfläche

Einladung zur Entdeckungsreise

Die explorative Oberfläche fordert Sie als Nutzer dazu auf, den Screen mit der Maus zu erforschen. Fahren Sie mit dem Cursor über eine sensitive Fläche, kommen Sie in den Genuss der Interaktivität: ein Bildfenster öffnet sich, das angeklickte Objekt ändert Form und Farbe oder es ertönt plötzlich ein Geräusch. In jedem Fall werden Sie neugierig nach weiteren sensitiven Gegenständen und Flächen forschen, um herauszufinden, was sich „hinter" dem Bildschirm verbirgt. Im Allgemeinen geht man davon aus, dass diese Art der Bildschirmgestaltung Ihnen als Nutzer bestimmte Merkmale abverlangt:

- Mit Vorliebe klicken Sie auf alle möglichen und unmöglichen Stellen der Bildschirmoberfläche und haben keine Angst, dadurch einen Systemabsturz zu provozieren.
- Sie freuen sich köstlich über die kleinen, überraschenden Einfälle der Entwickler.
- Ihre Neugierde und Ihr Forscherdrang lassen Ihnen keine Ruhe, bis Sie die letzte sensitive Fläche aktiviert haben.
- Sie bringen viel Zeit für die Entdeckungsreise mit.

Haben Sie sich wiedererkannt? Dann zählen Sie gemäß Statistik zur Gruppe der 6–20-Jährigen, denen diese Merkmale zugesprochen werden! Entsprechend findet diese in der Entwicklung sehr aufwändige Oberflächengestaltung in Spielen und mehr und mehr in Lernspielen Anwendung. Aber nicht jedes Thema bietet sich für eine explorative Oberflächengestaltung an: Oder haben Sie eine Idee, wie der Kurs „Tabellen mit Exel erstellen – leicht gemacht" umzusetzen wäre?

3.2.2 Die klassische Oberfläche

Inhaltliche und funktionale Flächen

In der Erwachsenenbildung wird bevorzugt die klassische Oberfläche (Abb.3.5) verwendet. Sie teilt sich in eine funktionale und eine inhaltliche Fläche. Die inhaltliche Fläche bildet den Schwerpunkt: als Lernender sollen Sie zuerst die Inhalte aufnehmen und erst danach die auf der funktionalen Fläche untergebrachten interaktiven Möglichkeiten nutzen. Die Interaktionen lösen

Sie durch einen Mausklick auf die Schaltflächen aus, die häufig Knöpfen (daher der Name „Button“) nachempfunden sind. Ihre Funktion wird durch ein Wort, ein Icon (ein kleines, möglichst selbsterklärendes, eindeutiges Bild) oder eine Kombination aus beidem dargestellt.

Die inhaltliche Fläche zieht Ihre Aufmerksamkeit auf sich und lenkt Sie so durch die Seite, dass Sie die Bildschirmelemente in der richtigen Reihenfolge aufnehmen. Der Hintergrund hält den Screen zusammen, während auf dem Vordergrund diejenigen Elemente platziert sind, die die Wissensinhalte repräsentieren und die von Ihnen bearbeitet werden (Text, Grafik usw.).

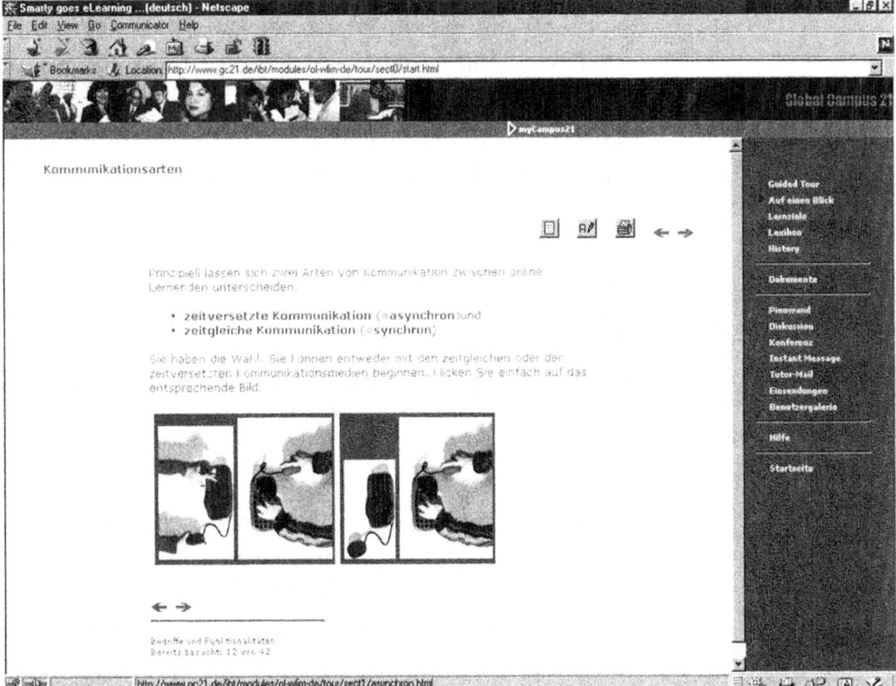

Abb. 3.5 Eine klassische Oberfläche: die funktionale Navigationsleiste begrenzt die inhaltliche Fläche. Global Campus 21, ein Gemeinschaftsprojekt der Carl-Duisberg Gesellschaft e.V. und der Deutschen Stiftung für internationale Entwicklung, ist ein Wissensportal für internationale berufliche Weiterbildung und Nachkontakt im Internet. Es bietet Fach- und Führungskräften aus Industrieländern und aus Entwicklungsländern Zugang zu Information, Kommunikation, Kooperation und Online-Lernen (www.gc21.de).

3.2.3 Anregungen für die Bildschirmgestaltung

Die folgenden Abschnitte geben Anregungen, wie die zu Beginn des Kapitels aufgeführten Funktionen der Bildschirmgestaltung erfüllt werden können.

Bildschirmoberfläche

Wie kann eine Bildschirmoberfläche aussehen, die Ihre Aufmerksamkeit zuerst auf die relevanten Informationen und dann in der richtigen Reihenfolge auf die anderen Elemente der Seite lenkt?

Anziehungskraft

Helle Flächen ziehen den Blick des Betrachters auf sich. Aus diesem Grund sollte die Inhaltsfläche heller als die Funktionsfläche sein.

Der Hintergrund darf nicht von den Elementen im Vordergrund ablenken und sollte deshalb ruhig und zurückhaltend gestaltet werden. Zur Einstimmung in das Thema sind inhaltlich passende Bilder als Hintergrund beliebt. Da sie der Lesbarkeit von Texten entgegen wirken, sollten sie – selbst abgesoftet[3] – nicht als Hintergründe für Texte verwendet werden, die sich der Lernende erarbeitet. Ebenso verhält es sich mit zu kontrastreich gemusterten Hintergründen. David Siegel, anerkannter Web-Designer, bringt es auf den Punkt:

„Der einzig wahre Hintergrund ist einfarbig oder zumindest fast einfarbig: Schließlich ist buntes Geschenkpapier ja auch kein guter Schreibblock“ (Siegel D 1998, p 146)

Freiräume schaffen

Linien führen das Auge des Lernenden, wirken aber zwischen Textblöcken und zwischen Text und Grafik als Blockaden. Sie unterbrechen das visuelle Abtasten der Bildschirmoberfläche. Einen positiven Effekt besitzen hingegen großzügige Leerräume. Der mit ihnen erzeugten Seiteneinteilung folgt der Lernende ohne „Hemmungen“.

---

3) Abgesoftete Bilder sind kontrastarme und nahezu einfarbige Bilder.

Aufmerksamkeit erregen Hervorhebungen durch Farbe, Auffälligkeiten der Schrift, Isolation. Sparsam und konsequent eingesetzt sind sie sehr wirkungsvolle Eyecatcher. Von Unterstreichungen wird abgeraten, da der so markierte Text schwieriger zu lesen ist, und da Unterstreichungen im Webdesign konventionell einen Link markieren.

Zusammenhänge und Orientierungshilfen

Wie werden inhaltliche oder funktionale Zusammenhänge dargestellt und wie wird dem Lernenden eine Orientierungshilfe innerhalb der Lernumgebung und des Kurses geboten?

Bezüge herstellen

Sinnvoll ist es, die verschiedenen Buttons der Funktionsfläche (üblicherweise Navigationsleiste genannt), gemäß ihrer Funktionalität anzuordnen: die Tasten für Ausdrucken und Hilfe in einer Gruppe, die Tasten für die Kommunikationstools in einer anderen und die Tasten, die die verschiedenen Zugriffsmöglichkeiten auf die Inhalte bieten, ebenfalls zusammen in einer Gruppe.

Durch gleiche farbliche Auszeichnung oder entsprechende Positionierung können auch auf der Inhaltsfläche Beziehungen zwischen Textblöcken oder anderen Elementen hergestellt werden.

Texte mit gleicher Funktionalität, d.h. Merksätze, Zusammenfassungen, Erläuterungen u.ä., findet der Lernende immer an gleicher Stelle auf dem Bildschirm.

Die Position der Navigationselemente verändert sich ebenfalls nicht.

Scrollen

Informationen zerlegen

Im Idealfall wird pro Bildschirmseite eine Information vermittelt und ein komplexer Zusammenhang in Bildschirmfolgen zerlegt. Müssen zur vollständigen Darstellung eines Sachverhalts jedoch zu viele Einzelseiten angeklickt werden, ermüdet der Lernende. Er verliert den Überblick und Zusammenhänge treten nicht mehr klar hervor. In diesem Fall ist es sinnvoller, auf die so genannte Scrollmethode zurückzugreifen.

Sie kennen den Scrollbalken beispielsweise von dem Textverarbeitungsprogramm Word. Wenn Sie dort einen Text erstellen, der über eine Bildschirmseite hinausgeht, erreichen Sie die unteren Textteile über den Scrollbalken am rechten Bildschirmrand. Scrollbalken trifft man im WWW sehr häufig an. Allerdings erfreuen sie sich keiner großen Beliebtheit. Gerade einmal 10 % der „Surfer" scrollen sich durch die Seiten[4]. Aus diesem Grund ist der Scrollbalken nur sehr sparsam einzusetzen, umgehen lässt er sich aber nicht. Der Web-Designer David Siegel schlägt deshalb vor, sich vom Scrollbalken im Einheitslook zu lösen und nach anwendungsfreundlicheren Darstellungen zu suchen[5].

10 % der Benutzer scrollen

Goldener Schnitt vs. Symmetrie

Gilt es eine Fläche aufzuteilen, vermeiden Sie Symmetrien oder mittige Anordnungen. Sie wirken langweilig und – vielleicht entgegen Ihrer Erwartung – nicht harmonisch. Eine Faustregel für eine spannungsreiche, interessante und dennoch angenehme Aufteilung stellt das Flächen- bzw. Größenverhältnis von 5:8 dar, das man als „Goldenen Schnitt" bezeichnet.

Nicht die ganze Bildschirmseite nutzen – Ränder tun dem Auge gut

Mit großzügigen Leerräumen zwischen Textblöcken und Grafiken findet sich der Lernende leichter auf dem Bildschirm zurecht. Deshalb wirken auch Texte und Grafiken, die bis an den Seitenrand reichen, in den meisten Fällen irritierend und unaufgeräumt. Der Kursgestalter sollte aus diesem Grund mit Seitenrändern arbeiten (Abb.3.6).

Optische Freiräume

Ihre Umsetzung ist genau wie die Realisierung von Leerräumen in der Beschreibungssprache HTML nicht ganz einfach. Diese Sprache, die für wissenschaftliche Publikationen entwickelt wurde, passt sich nur ganz allmählich den Designansprüchen an. Seitenränder

4) s. Beyer D, Hüskes R 1997, p 150

5) Siegel D 1998, pp 88

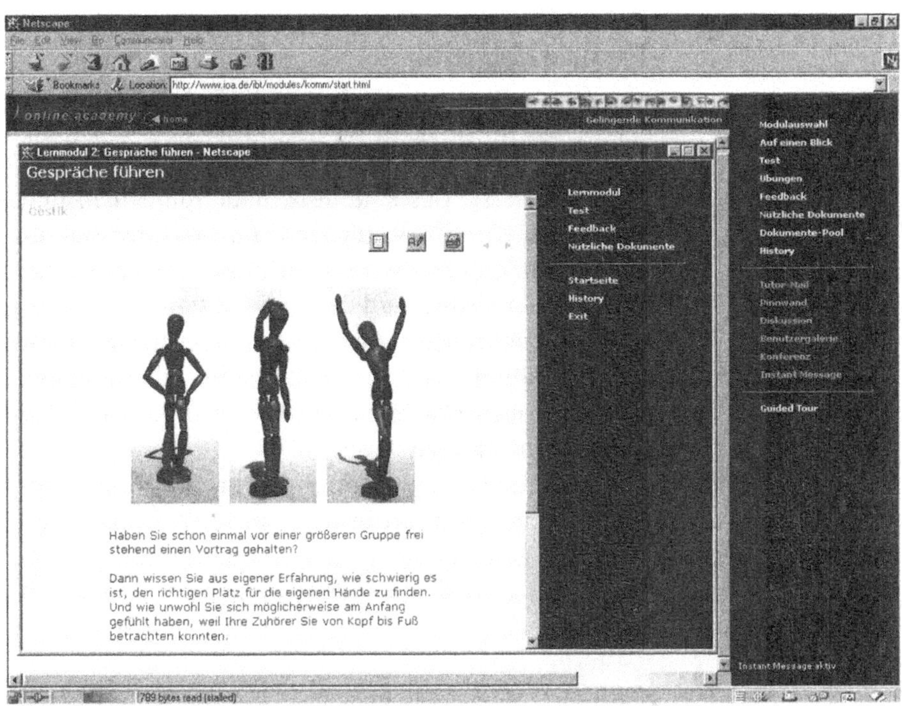

Abb. 3.6 Die Zeilenlänge bestimmen Sie, indem Sie den Text in eine Tabelle setzen (Screenshot aus dem Lernmodul Gespräche führen im Online-Kurs Kommunikation; www.ioa.de)

und feste Textblöcke können beispielsweise nur durch deren Integration in Tabellen erzeugt werden. Je nach Bildschirmgröße und Bildschirmauflösung der Teilnehmer erscheinen die Tabellenspalten jedoch in unterschiedlicher Größe. Alles in allem ein aufwändiges Verfahren mit bislang nur wenig befriedigenden Ergebnissen.

Seitenränder

Eine bessere Darstellung erzielen Sie mit Cascading Style Sheets (CSS), die mehr Gestaltungsfreiraum und die absolute und relative Positionierung von Elementen erlauben. Beachten Sie, dass die verschiedenen Browser-Versionen z.T. unterschiedliche Versionen von Cascading Style Sheets darstellen können[6]. Wenn Sie Ihre Dateien im XML-Format erstellen, dann stehen Ihnen auch dafür Stylesheets zur Verfügung. Die Stylesheet-Sprache für XML heißt Extensible Stylesheet Language (kurz XSL).

3.3 Mediale Elemente

Unter dem Oberbegriff mediale Elemente werden die in einem Online-Kurs eingesetzten Einzelmedien zusammengefasst. Das sind Text, Bild, Ton, Video und Animation. Der Kursdesigner kann bei ihrer Gestaltung auf Erkenntnisse aus dem Printbereich, den audiovisuellen Medien und dem Web-Design zurückgreifen. Die Erfahrungen, die in diesen Bereichen gemacht wurden, können aber nicht unbesehen übernommen werden, sondern müssen den Bedingungen in einem Online-Kurs angepasst werden.

Übersicht

Dazu ist zu klären, welche Funktionen die Einzelmedien in einem Lernprozess übernehmen können und wie sie zu gestalten sind, damit sie diese Funktionen erfüllen. Die medialen Elemente werden der Reihe nach besprochen.

3.3.1 Mediales Element Text

Lesegeschwindigkeit

In unserem Kulturkreis erfolgt der Wissenserwerb zu einem großen Teil über das Studium von Texten. Lesen am Bildschirm wird aber nach wie vor als anstrengend empfunden: die Lesegeschwindigkeit nimmt um 25% gegenüber derjenigen beim Lesen eines Buches ab[7] und das Auge ermüdet wesentlich schneller. Es kommt noch ein weiterer Nachteil hinzu: Wenn Sie ein Lehrbuch aufschlagen, dann wissen Sie, Ihre Konzentration ist gefragt. Sie ziehen sich an einen stillen Platz zurück, nehmen eventuell Zettel und Bleistift für Notizen zur Hand und arbeiten sich durch das Buch. Das Buch gilt als schwieriges Medium und als Leser wissen Sie: Es erwartet Sie geistig anstrengende Arbeit.

---

6) Eine gute Erläuterung und weitere hilfreiche Links finden Sie unter folgender Web-Adresse: http://freakpla.net/wissen/xsl/index.html

7) s. Styleguide von Sun, die Internet-Adresse finden Sie im Literaturverzeichnis

Der PC ruft bei vielen Anwendern nicht die gleiche konzentrierte Arbeitshaltung hervor. Die Bereitschaft, eine Passage am Bildschirm wieder und wieder zu lesen, bis die Zusammenhänge durchdrungen sind, ist wesentlich geringer. Deshalb ist es für den Gestalter eines Online-Kurses besonders wichtig, Antworten auf die folgenden Fragen haben:

- Wie kann ein Text am Bildschirm möglichst lesefreundlich und verständlich gestaltet werden?
- Wie sieht die passende Schrift dazu aus?
- Wie kann der Textgehalt eines Online-Kurses reduziert werden, ohne dass inhaltlich Abstriche gemacht werden?
- Welche alternativen Darstellungsformen gibt es?

Die Verständlichkeit von Texten

Verständlichkeitsmodell

Bei der Formulierung verständlicher Texte hilft das „Hamburger Verständlichkeitsmodell", das von Schulz von Thun et al. (1981) entwickelt wurde. Danach zeichnen sich verständliche Texte durch folgende Merkmale aus:

- Ein roter Faden, ein Ordnungsmuster, ist immer erkennbar. Die Texte sind sachlogisch aufgebaut und werden entsprechend durch Abschnitte und Überschriften gegliedert.
- In kurzen, einfachen und vorzugsweise aktivischen Sätzen bemüht sich der Verfasser um Anschaulichkeit. Das Vokabular richtet sich nach der Zielgruppe, schwierige und möglicherweise unbekannte Begriffe werden erklärt[8].
- Die Erläuterungen sind nicht zu knapp und nicht zu ausführlich. Das richtige Maß zwischen Weitschweifigkeit und Prägnanz ist zu finden.

---

8) In einem Online-Kurs können Sie Begriffe sehr benutzerfreundlich erläutern. Markieren Sie das entsprechende Wort und verlinken Sie es mit derjenigen Dokumentenseite, die eine Erläuterung beinhaltet. Der Lernende gelangt durch Klick auf das markierte Wort zu dieser Seite und kann sich die Erläuterungen bequem durchlesen. Mit einem Klick auf die Zurücktaste befindet er sich wieder auf der Ausgangsseite.

- Der Text wird durch rhetorische Fragen, wörtliche Rede, anschauliche Beispiele, die direkte Anrede des Lesers usw. abwechslungsreicher und interessanter.

Die Lesbarkeit von Texten

Der verständlich geschriebene Text ist nun so zu verpacken, dass er schnell und flüssig gelesen wird. Je schneller die Aufnahme durch den Leser erfolgt, desto schneller wird der Inhalt erfasst. Ein hohes Maß an Lesbarkeit erreichen Sie, wenn Sie folgende Regeln beachten:

Die „richtige" Verpackung

- Platzieren Sie die Texte übersichtlich und in der Bildschirmmitte. Arbeiten Sie mit Texträndern. Sie unterstützen den Lernenden beim Auffinden der nächsten Textzeile.
- Setzen Sie Ihren Text linksbündig, das erleichtert ebenso wie die Seitenränder das Auffinden des Zeilenanfangs. Überschriften oder ein kurzes Zitat können auch an der Mittelachse ausgerichtet werden.
- Götz und Häfner (1992) sehen den idealen Raum für einen Text zwischen den Zeilen 6 und 15 und den Spalten 15–65. Das sind 10 Zeilen à 50 Anschläge = 500 Anschläge. Mehr Text sollte auf einer Bildschirmseite nicht untergebracht werden. Nicht immer kann die Textmenge entsprechend dieser Vorgabe reduziert werden. Eine Möglichkeit, auch einen umfangreicheren Text lesefreundlich darzustellen, bietet die Aufteilung in zwei Spalten: die kurzen Spalten werden vom Auge schnell erfasst und der neue Zeilenanfang wird gleichfalls schnell gefunden.
- Ein einzeiliger Zeilenabstand erhöht die Lesbarkeit.
- Beim Flattersatz kann die Zeile dem logischen Satzaufbau entsprechend umgebrochen werden und stellt deshalb eine Lesehilfe dar. Hinzu kommt, dass der Lernende – im Gegensatz zum Blocksatz – keine den Lesefluss hemmenden Worttrennungen zu überwinden hat.
- Unterstützen Sie die Gliederung des Textes nach Sinnabschnitten durch Abschnitte, Absätze, Erstzeileneinzug usw. Übersichtlichkeit begünstigt das selektive Lesen.

Das Schriftbild

Den Eindruck, den Sie von einem Text haben, wird entscheidend vom Schriftbild geprägt. Die Schrift hat dabei Sinn erhaltende und Sinn gebende Funktionen. Sinn erhaltend ist die Schrift, die die Lesbarkeit fördert. Schrift wirkt sinngebend, wenn sie durch ihren Charakter die Aussage des Textes unterstützt. So eignet sich eine klare und sachliche Schrift besser für einen Geschäftsbericht als eine ornamentale Schrift. In einem Lernangebot besitzt die Sinn erhaltende Funktion die größere Bedeutung.

So unterstützen Sie mit der Schrift die Lesbarkeit des Textes:

Neue Browser-Schriften

Schriftart: Üblich sind im Internet die Schriften Times New Roman und Helvetica (Arial). Als Ersatz für diese Browser-Schriften entwickelten die Schrift-Designer Matthew Carter und Tom Rickner die Schriften Verdana und Georgia. Diese Schriften sind genau auf die Anforderungen des Bildschirms abgestimmt und mittlerweile auf einer Vielzahl von Internetseiten zu finden[9]. Die Schriften können kostenlos von Microsofts Typografie-Site heruntergeladen werden und geben ein überzeugendes, modernes, sehr lesefreundliches Schriftbild ab. Schauen Sie sich diese Schriften unter *www.microsoft.com/truetype* einmal an. Grundsätzlich sollten Sie für den Bildschirm nur Schriften mit ausreichender Strichstärke der Buchstaben wählen, da dünne Linien am Bildschirm überstrahlt werden. Verwenden Sie nicht zu viel unterschiedliche Schriften, weniger ist mehr – zwei Schriftarten sind genug.

Schriftgröße: Der Leseabstand zur Bildschirmoberfläche sollte zwischen 70 und 80 cm betragen. Eine Schrift von 12 Punkt ist auf diese Entfernung sehr gut zu lesen. Größer als 18 Punkt sollte die Schrift – eine Ausnahme machen die Überschriften – nicht gewählt werden. Achten Sie darauf, nicht mehr als zwei bis maximal drei verschiedene Schriftgrößen zu verwenden.

---

9) s. Siegel D 1998, p 112

Schriftschnitt: Schriftschnitt meint die Darstellung der Schrift als kursiv, fett, halbfett, mager, usw. Kursive Schrift ist für längere Texte nicht, für Hervorhebungen sehr wohl geeignet. Ansonsten sind normale oder halbfette Schnitte zu bevorzugen.

Positiv und negativ

Sie können sich zwischen der positiven oder der negativen Schriftdarstellung entscheiden. Positiv meint: Dunkle Zeichen auf hellem Hintergrund. Positive Zeichen bieten sich für mehrzeilige Texte und damit für die meist helle Inhaltsfläche an. Negative Zeichen sind helle Zeichen auf dunklem Hintergrund. Sie besitzen eine größere Ausstrahlungskraft und erzeugen mit dem Hintergrund zusammen eine auffällige Einheit. Für Überschriften sind sie gut geeignet, nicht aber für einen längeren, zusammenhängenden Text.

Alternativen zum Text

Textmenge reduzieren

Bei der Erstellung eines Online-Kurses versuchen Sie die Textmenge möglichst klein zu halten, d.h., Sie gehen den Lernstoff oder eventuell vorhandenes Textmaterial nach Sachverhalten durch, die sich mit anderen Darstellungsformen genau so gut vermitteln lassen. Dafür bieten sich in erster Linie quantitative Zusammenhänge an. Ein Kreisdiagramm veranschaulicht die Sitzverteilung im Parlament eindrücklicher als ein Text es vermag, und was wirkt überzeugender als ein Kurvenverlauf, der die positive Geschäftsentwicklung der letzten zwölf Monate demonstriert? Quantitative Zusammenhänge werden schon lange mithilfe von Tabellen, Kreis-, Säulen- oder Balkendiagrammen dargestellt. Seltener werden qualitative Verhältnisse visualisiert. Dabei eignen sich gerade die unterschiedlichen Chart-Varianten für die Abbildung qualitativer Beziehungen.

Qualitäten visualisieren

Schauen Sie sich noch einmal die Mindmap zu Beginn dieses Kapitels an: Eine Vielzahl von Begriffen ist aufgeführt, die miteinander in Beziehung stehen. Als Leser erhalten Sie einen guten Überblick über einen größeren Themenkomplex. Die Verbindungslinien in einer Mindmap können Sie Ihrer Darstellungsintention entsprechend mit unterschiedlichen Bedeutungen belegen und dadurch unterschiedliche Verflechtungen darstellen.

Für die Darstellung einer Ereigniskette in chronologischer Reihenfolge bietet sich das Zeitchart an. Die Unternehmensorganisation visualisiert das Organisationschart, Programmabläufe sind am leichtesten über das Flowchart nachvollziehbar. Der Lernende kann die Zusammenhänge mit einem Blick erfassen und muss sich nicht durch mehrere Seiten vor- und zurückklicken, um den Gesamtkomplex zu erarbeiten.

Chart-Varianten

Charts dienen nicht nur als Textersatz, sondern sie strukturieren und ordnen auf sehr anschauliche Art und Weise komplexe Zusammenhänge und unterstützen dadurch den Lernenden beim Wissenserwerb. Hinzu kommt, dass der Lernende sich räumlich angeordnete Begriffe leichter merken kann: Räumliches Wissen ist resistenter gegen das Vergessen als begriffliches Wissen[10].

3.3.2 Mediales Element Bild

Die vorhergehenden Abschnitte haben deutlich gemacht: Ein Online-Kurs darf keine 1:1 Übertragung eines Lehrbuches sein. Dazu ist die Bildschirmoberfläche zu wenig lesefreundlich. Neben einer bildschirmgerechten Typografie und Anordnung des Textes rückt deshalb die Suche nach Darstellungsformen in den Vordergrund, die den Text ersetzen oder zumindest als Textzusatz ein paar Zeilen einsparen helfen.

Bilder als Texter-/zusatz

Eine Möglichkeit, qualitative Zusammenhänge zu visualisieren, wurde Ihnen mit den Charts bereits vorgestellt. Auch mit Bildern können Inhalte vermittelt werden. Sie haben den Vorteil, dass sich die neugierigen Augen zuerst ihnen und dann dem Text zuwenden. Im Unterschied zum Text erwartet der Betrachter von Bil-

---

10) Wenn Sie mehr zu diesem Thema wissen wollen, empfehlen wir Ihnen das Buch von Ballstaedt (1997), das auch diesen Ausführungen zugrunde liegt.

dern jedoch tendenziell einen geringeren Informationsgehalt. Das hängt u.a. damit zusammen, dass das Bilder-Anschauen mit einer Unterhaltungserwartung verknüpft ist. Wie müssen die Bilder deshalb gestaltet werden, damit sie nicht nur die Aufmerksamkeit des Lernenden wecken, sondern auch als Helfer beim Wissenserwerb dienen?

Weidemann (1995) nennt drei verschiedene Funktionen, die ein Bild in einem Lernangebot erfüllen kann:

- Zeigefunktion
- Situierungsfunktion
- Konstruktionsfunktion

Zeigefunktion

Informationsdichte

Das Bild zeigt die wichtigsten Merkmale des dargestellten Objekts. Denken Sie an ein Pflanzenbestimmungsbuch: Dort finden Sie eine Vielzahl solcher Bilder. In der Regel handelte es sich dabei nicht um realistische Abbilder, sondern um Zeichnungen, die sich auf das Wesentliche beschränken. Eine Fotografie liefert zum Beispiel zu viele Informationen, die für das eigentliche Lernziel nicht relevant sind. Beschriftungen, die möglichst dicht platziert sein sollten, oder Referenznummern, die in der Bildunterschrift aufgeschlüsselt werden, ergänzen das Bild mit Zeigefunktion.

Sinnvoll ist die Verknüpfung des Bildes mit einem erläuternden Text, man spricht von kongruenter Text-Bild-Beziehung. Dabei sollte der Bildinhalt nicht nur beschrieben, sondern dem Lernenden konkrete Hinweise – „Achten Sie besonders auf ..." – oder auch Aufgabenstellungen mitgegeben werden, die aus dem Bild heraus beantwortet werden können. So stellen Sie sicher, dass sich der Kursteilnehmer mit dem Bild auseinander setzt, und müssen nicht jede Information, die das Bild enthält, textuell erläutern.

Die Situierungsfunktion

Stellen Sie sich bitte vor, Sie erstellen ein Lernangebot über Mitarbeiterführung und überlegen, wie Sie die

Einheit „Problemgespräche eröffnen" umsetzen. Wie könnte diese Sequenz ohne langatmige Einführung beginnen? Als Einstieg bietet sich ein Bild an, das den Vorgesetzten und seinen Mitarbeiter in einem typischen Büro mit Schreibtisch und Grünpflanze zeigt. Vermutlich wären Sie auf die gleiche Idee gekommen. Das Bild ist anschaulich, der Betrachter assoziiert seine eigenen Erfahrungen, er kann sich in kürzester Zeit in die Situation hineindenken und Sie haben sich und dem Lernenden einen erläuternden Text auf der Bildschirmoberfläche erspart.

Assoziationen wecken

Rufen Sie sich jetzt bitte noch einmal das Bild in Erinnerung, das Sie beim Lesen des vorigen Abschnittes vor Ihrem geistigen Auge sahen: War es eine Fotografie, wie sie in Ihrem Büro hätte aufgenommen werden können? Oder haben Sie an eine einfache Zeichnung gedacht, wie Sie sie aus Cartoons oder Comics kennen?

Eine realistische Darstellung entspricht der Alltagserfahrung des Lernenden. Gleichzeitig birgt die Abbildung aber die Gefahr, dass einige Details den Lernenden irritieren. Das könnte z.B. die Krawatte des Vorgesetzten sein, die in dieser Größe das letzte Mal vor dreißig Jahren getragen wurde oder die Anordnung der Möbel, die von der eigenen Einrichtung abweicht. In jedem Fall besteht die Gefahr, dass der Blick des Betrachters abgelenkt und damit seine Konzentration für einen Moment vom Sachverhalt abgezogen wird.

Irritation durch Detailverliebtheit

Eine einfache Schwarz-Weiß-Zeichnung, die nur die wesentlichen Merkmale der Situation darstellt (den Schreibtisch und die zwei Personen), erleichtert eventuell die Identifikation. Gerade wenn die wesentlichen Elemente nicht detailliert gezeichnet sind, sondern nur das Typische der Situation herausgearbeitet wurde, gibt die Zeichnung der individuellen Vorstellungskraft ausreichend Raum. Diese Bilder sind zeitlos, sie unterliegen keinen Modetrends und der Betrachter kann sich mit ihrer Hilfe in die jeweilige Situation hineinversetzen.

Vielleicht bevorzugen Sie aber dennoch eine fotorealistische Abbildung der Situation. Sei es, weil sich eine Fotografie besser in das Designkonzept fügt oder weil sie der Zielgruppe oder dem Auftraggeber gerechter wird als eine Zeichnung. Achten Sie bei der Aufnahme darauf, dass nicht zu viele Detailinformationen von der Situation ablenken, arrangieren Sie sparsam. Wird Ihr Online-Kurs zu einem „Klassiker", dann tauschen Sie die Fotografie nach ein paar Jahren gegen eine neue Aufnahme aus. Im Gegensatz zu einer CD-ROM-Produktion können Sie die Bilder in Ihrem Online-Kurs problemlos aktualisieren!

Die Konstituierungsfunktion

Weidemann (1995) zufolge hat ein Lernender einen komplexen Sachverhalt, wie z.B. die Funktionsweise der Nieren oder die Bedienung eines komplizierten Gerätes, verstanden,

„wenn es der Person gelingt, sie kognitiv in Form eines adäquaten, mentalen Modells zu repräsentieren„ (Weidemann B 1995, p 111)

Mentale Modelle

Die Bildung mentaler Modelle kann durch geeignete Bilder oder Bilderfolgen unterstützt werden. Bilderfolgen kennen Sie zur Genüge aus Bedienungsanleitungen für Waschmaschine, Videorecorder oder den Zusammenbau der neuen Wohnzimmerwand. Wie die Bilderfolgen Sie bei der Bildung mentaler Modelle unterstützen können, erläutert das folgende Beispiel:

Erinnern Sie sich an den Moment, als Sie zum ersten Mal den Film in Ihrer neuen Kleinbildkamera austauschen mussten? Vermutlich haben Sie nach dem kleinen mehr oder weniger dicken Begleitheft mit Erläuterungen gegriffen und auf der entsprechenden Seite eine Anzahl von Bildern gefunden, die Ihnen Schritt für Schritt die Vorgehensweise demonstrierten. Diese Step-by-step Erklärungen haben einen Nachteil: Sie erfahren als Anwender nur, welchen Schritt Sie als Nächstes ausführen müssen. Sie besitzen keinen Überblick darüber, welchen Nutzen der jeweilige Teilschritt hat, die Makrostruktur wird nicht erfasst. Weidemann schlägt deshalb vor, dem Nutzer erst eine Makrostruktur zu präsentieren und diese dann stufenweise zu elaborieren.

Step-by-step

Dazu wird der Arbeitsvorgang, in unserem Beispiel das Auswechseln des Films, in zwei oder mehr Phasen zerlegt. Phase eins wäre demnach das Öffnen der Kamera, Phase zwei die sachgerechte Herausnahme des belichteten Films, Phase drei das Einlegen des neuen Films und Phase vier die Wiederherstellung der Betriebsbereitschaft.

Dank dieser Makrostruktur entwickelt der Nutzer laut Weidemann ein vierstufiges Handlungsmodell. Die den Phasen zugeordneten Bilder für die Einzelschritte stehen im richtigen Kontext, der Anwender überblickt, was mit jedem Einzelschritt erreicht werden soll, und kann – unterstützt durch die Anordnung der Bilder – ein mentales Modell aufbauen.

Bildformate

Wenn Sie Bilder für Ihren Online-Kurs erstellen oder einkaufen, stehen Ihnen zwei Bildformate zur Verfügung, die im WWW Standard sind: Das GIF- und das JPEG-Format.

Dateiformate

Das GIF-Format eignet sich für Schwarz-Weiß-Bilder, einfache Grafiken und flächige Bilder mit wenig Farbe. Das JPEG-Format wird für Fotografien oder Bilder mit Farbverläufen verwendet. Mit diesem Format erzielen Sie eine vergleichsweise hohe Bildqualität. Denken Sie bei der Farbwahl daran, dass die Farben auf einem Macintosh-Rechner heller dargestellt werden als auf einem PC. Produzieren Sie für beide Plattformen, sollten Sie immer einen mittleren Farbwert berechnen.

Dateigröße

Für einen Online-Kurs ist die Dateigröße der Bilder ein wichtiger Faktor. Je größer die Datei, desto länger dauert es, bis sich die Seite auf dem Bildschirm des Lernenden aufgebaut hat. Die lange Ladezeit unterbricht den Lernfluss und demotiviert den Lernenden. In den Büchern zum Web-Design finden Sie eine Reihe von Hinweisen, wie Sie die Dateigröße von Bildern reduzieren können[11].

Ladezeiten

Dennoch werden Sie aus didaktischen Gründen immer wieder Grafiken einbinden, deren Größe längere Ladezeiten verursacht. Gestalten Sie diese Wartezeiten

---

11) s. beispielsweise Siegel D (1998) oder Sather A et al. (1997)

benutzerfreundlich, indem Sie auf der entsprechenden Seite eine kleine, weniger bunte Version der Grafik einbinden. Weisen Sie den Lernenden darauf hin, dass er mit Klick auf die kleine Grafik das Original auf den Bildschirm laden kann und dass er dazu einige Zeit benötigt. Der Kursteilnehmer kann anhand der Vorschau selbst entscheiden, ob er das Bild in seiner vollen Größe sehen möchte, und sich auf eine längere Ladezeit einstellen. Der Lernende wird es Ihnen danken, dass Sie ihm die Entscheidungsfreiheit einräumen und er nicht zu unfreiwilligen Pausen gezwungen wird.

3.3.3 Mediales Element Ton

Musik und Jingles

Ton begegnet Ihnen in einem Online-Kurs als Sprechertext, Geräusch oder Musik. Mit Musik können Sie eine bestimmte Stimmung hervorrufen, Aufmerksamkeit lenken oder Spannung erzeugen. Musik ist ausdrucksstark und suggestiv. In einem Lernangebot, das nicht gerade die Musik zum Thema hat, wird Musik – wenn überhaupt – nur sehr sparsam eingesetzt, z.B. zur Einstimmung oder in Entspannungsphasen. Häufiger begegnen dem Anwender Geräusche, z.B. Signaltöne oder kurze Jingles, die ihm die richtige oder falsche Beantwortung einer Frage oder das Ende der Lerneinheit anzeigen.

Eigenproduktion

Wenn Sie sich für den Einsatz von Musik oder Geräuschen entscheiden, können Sie die entsprechenden Dateien selbst produzieren oder auf vorproduziertes Material zurückgreifen. Der Aufwand, den die Komposition und Produktion eigener Musiktitel bedeutet, ist hoch. Da Musik in Lernprogrammen in der Regel „nur" zur Einstimmung oder Entspannung eingesetzt wird, empfehlen wir, mit Musikstücken von lizenzfreien Samplern zu arbeiten. Sie erhalten sie in jeder gut sortierten Musikabteilung. Sie zahlen den Kaufpreis, der zwischen 60 und 100 Euro pro CD liegt, und haben eine Auswahl von Titeln, für die Sie im Gegensatz zu verlegten Fremdtiteln keine Gema-Gebühren zahlen müssen. Auch für Geräusche jeder Art, vom Klingelzeichen bis zum anfahrenden Lastwagen, vom Hundebellen über

Sampler

Schreibmaschinengeklapper bis zum Signalton, sind brauchbare Sampler erhältlich.

Sprechertext

Sprechertexte sind sehr oft Bestandteil von Lernangeboten. Sie wirken persönlicher als ein geschriebener Text, sodass der Lernende sich stärker angesprochen fühlt. Folglich ist der Sprechertext das Mittel der Wahl, wenn Sie den Lernenden emotional berühren wollen. Für die Vermittlung komplexer Sachverhalte ist der geschriebene Text oder eine andere visuell erfassbare Darstellungsart vorzuziehen, die immer wieder nachgelesen bzw. betrachtet werden können.

Untersuchungen haben ergeben, dass die Lernenden die Erläuterung eines Bildes durch einen Sprecher positiv empfinden. Der Lernende kann sich in diesem Moment ganz auf das Bild konzentrieren und muss nicht zwischen Bild und Bildunterschrift hin und her springen. Effektivitätsvorteile konnten aber nicht nachgewiesen werden.

Der Einsatz von Sprechertext ist nur dann sinnvoll, wenn der Lernende die Sprachwiedergabe steuern kann.

Professionelle Sprecher

Wenn Sie sich für den Einsatz von Sprechertext entscheiden, arbeiten Sie nur mit professionellen Sprechern – auch wenn diese nicht ganz billig sind. Die Investition lohnt sich: ein ungeübter Sprecher wird sofort „rausgehört“ und kann den Gesamteindruck Ihrer Anwendung sehr beeinträchtigen.

3.3.4 Mediale Elemente Video und 3-D-Animation

In einem Online-Kurs über das Internet (anders stellt sich die Situation im Intranet dar) werden Sie heute nur selten mit Video oder 3-D-Animationen arbeiten. Ihre Produktion ist sehr teuer und die Übertragungsgeschwindigkeit der Daten lässt heute noch keine rechte Freude bei der Online-Wiedergabe aufkommen. Auf der anderen Seite werden Bewegungs- oder Arbeitsabläufe (Sport und Handwerk) und soziale Interaktion am besten mit einem Videofilm abgebildet. Ebenso lassen sich komplexe Stoffwechselprozesse oder die Funktionsweise eines Motors am besten mittels animierter 3-D-Objekte darstellen, die auf das Wesentliche redu-

Vorteile Video

ziert sind. Wollen Sie also in Ihrem Kurs auf den Einsatz von Video (real oder mit 3-D-Objekten als Darsteller) nicht verzichten, ist es ratsam, den Teilnehmern das Material über CD-ROM zukommen zu lassen. Die Lernenden können die Videosequenz dann lokal und mit besserer Qualität abspielen (Hybrid-Lösung).

Damit der Lehrfilm zum Lernerfolg führt und der Lernende nicht nur passiv konsumiert, sollten Sie einige Grundregeln beachten:

- Bieten Sie dem Lernenden Steuerungsmöglichkeiten an, wie Stopp, Pause, Wiederholung und eventuell Zeitlupe. Der Lernende kann sich gezielt die für ihn interessanten Passagen anschauen.
- Ihr Videofilm sollte in einem Fenster mit ausreichend dicken Rahmen abgespielt werden. Die sich ändernden Hell-Dunkel- und Farbwerte des Films können sich dadurch besser vom Hintergrund des Bildschirms abheben.
- Arbeiten Sie mit Schrifteinblendungen, um beispielsweise Maschinenbauteile zu benennen oder einen komplexen Prozess zu strukturieren.
- Setzen Sie synchron Sprechertext zur Erläuterung ein.
- Wenden Sie sich für die Produktion des Videos an ein Studio. Viele Videostudios haben sich auf das Erstellen von didaktischen Filmen spezialisiert. Dieses Know-how sollten Sie nutzen.

Anforderungen an den Lernenden

In den vorhergehenden Abschnitten haben Sie viel über die Funktionen der Einzelmedien im Lernprozess und ihre adäquate Gestaltung erfahren. Der Lernende verarbeitet die Medien bzw. die von ihnen vermittelten Inhalte. Die Lehrmedien stellen damit auch bestimmte Anforderungen an den Lernenden.

Kennen Sie noch die Bildschirmoberfläche aus der DOS-Zeit? Schwarzer Hintergrund und oben links steht in weißer Schrift „C:\“? Das war alles. Heute finden Sie auf Ihrem Screen kleine Papierkörbe, Drucker, Ordner usw. Der Umgang mit dem Programm ist einfacher geworden – zumindest empfindet es der „normale“ Anwender so – im Gegensatz zum Computerfreak, der eventuell die alte DOS-Oberfläche bevorzugt. Unterschiedliche Zielgruppen zeichnen sich durch unterschiedliche Merkmale aus. Und diese besitzen einen großen Einfluss darauf, wie medial aufbereitete Lerninhalte verarbeitet werden.

Merkmale der Lernenden

Merkmale, die über die Medienwirkung entscheiden, sind

- Vorwissen
- Einstellung zum Medium
- Grad der Motiviertheit
- Medienkompetenz

Da diese Merkmale bei der Planung und Gestaltung der Medien berücksichtigt werden müssen, ist es wichtig, eine Zielgruppenanalyse durchzuführen. Mit ihrer Hilfe können Sie die oben genannten und einige andere Merkmale erfassen, die für die Planung eines Lernangebots von Bedeutung sind. Die Zielgruppenanalyse wird in Kap. 7 ausführlich behandelt.

3.4 Integration der medialen Elemente

3.4.1 Multimedia-Systeme

Begriffsklärungen für Multimedia wurden schon viele unternommen. An dieser Stelle soll deshalb auch keine neue Definition eingeführt, sondern kurz auf die Beschreibung von Multimedia eingegangen werden, die wir dem Medienpsychologen Bernd Weidemann zu verdanken haben. Weidemann (1995) unterscheidet multimediale Angebote nach folgenden Kriterien:

- *„Multimedial seien Angebote, die auf unterschiedliche Speicher- und Präsentationstechnologien verteilt sind, aber integriert präsentiert werden, z.B. auf einer einzigen Benutzerplattform. (...)*
- *Multicodal seien Angebote, die unterschiedliche Symbolsysteme bzw. Codierungen aufweisen.*
- *Multimodal seien Angebote, die unterschiedliche Sinnesmodalitäten bei den Nutzern ansprechen." (Weidemann B 1995, p 67)*

Folglich ist ein Online-Kurs multimedial, da der Lernende auf seinem Rechner über Datennetze Informationen von einem Server erhält und bearbeitet und da er mit den anderen Kursteilnehmern kommuniziert. Das Lernangebot ist multicodal, weil Texte zusammen mit Bildern und Ton die Inhalte vermitteln, und multimodal, weil verschiedene Sinneskanäle angesprochen werden.

3.4.2 Hypertext- und Hypermedia-Systeme

Die ideale Lernumgebung?

Im Zusammenhang mit den neuen Bildungsmedien werden immer wieder Hypertext- und Hypermedia-Systeme ins Gespräch gebracht. Man verspricht sich für den Wissenserwerb sehr viel von der hypermedia-spezifischen Art, Inhalte zu strukturieren und aufzubereiten. Die erste Euphorie hat sich mittlerweile gelegt und Hypertext- und Hypermedia-Systeme werden differenziert betrachtet.

Der Beschreibung des Systems folgt eine knappe Auseinandersetzung mit seinen Vor- und Nachteilen, sodass Sie einen ersten Überblick und einige Anregungen zum Thema erhalten.

Beschreibung

Hypertext- und Hypermedia-Systeme erlauben dem Lernenden

„einen Inhaltsbereich nicht in einer bereits vorab festgelegten traditionell linearen Form, sondern auf unterschiedlichen eigenen Pfaden zu erschließen.“ (Tergan S-O 1995, p 123)

Informationsknoten

Dazu wird der Inhalt, die Daten- oder Hypertextbasis, in Informationseinheiten zerlegt, die als Knoten bezeichnet werden. Die Inhaltsknoten sind durch Verweise vielfältig untereinander verknüpft. Hat der Lernende einen Knoten bearbeitet, kann er den angebotenen Verknüpfungen je nach Interesse folgen und so von Informationseinheit zu Informationseinheit springen.

Werden die Inhalte durch Text und Bild repräsentiert, spricht man von Hypertext, kommen auch noch Ton, Video, Animation und Simulation hinzu, spricht man von Hypermedia.

Hypermedia-Systeme zeichnen sich dadurch aus, dass sie dem Lernenden verschiedene Möglichkeiten anbieten, auf die Inhalte zuzugreifen. Das sind das Browsing, die gezielte Suche und das Folgen von Pfaden.

Browsing

Browsing beschreibt die typische Fortbewegungsart oder besser Informationsaufnahme im Hypermedia-System: Der Lernende schmökert in der Datenbasis (Kuhlen 1991). Entweder ist er auf der Suche nach einer bestimmten Information (gerichtetes Browsing) oder er lässt sich ohne Plan im System treiben (ungerichtetes Browsing).

Gezielte Suche

Für die gezielte Suche muss die Datenbasis mit Schlüsselbegriffen versehen und wie eine Datenbank aufbereitet sein. Der Lernende kann dann über die Eingabe von Suchbegriffen auf die entsprechenden Knoten zugreifen.

Guided Tour

Viele Hypermedia-Systeme bieten einen Pfad (Guided Tour) an, der dem Lernenden die Informationsknoten in einer bestimmten Reihenfolge zur Verarbeitung präsentiert. Der Lernende kann jederzeit vom Pfad abweichen und sich seinen individuellen Weg durch die Inhalte suchen.

Diskussion

Die Hauptpunkte der Hypermedia-Diskussion im Überblick:

Selbstgesteuertes Lernen

Pro: Der Lernende kann gezielt diejenigen Informationen abrufen, die ihn interessieren. Hypermedia ermöglicht aktives, selbstgesteuertes Lernen.

Contra: Die Möglichkeit, dass der Lernende seinen eigenen Weg durch die Informationseinheiten bestimmt, birgt auch Nachteile: Der Lernende kann die Orientierung im System verlieren („lost in hyperspace“, Conklin 1987) und sich durch die zu treffenden Entscheidungen überfordert fühlen („cognitive overhead“, Conklin 1987): Er muss nicht nur neue Informationen aufnehmen und verarbeiten, sondern auch Entscheidungen über die Reihenfolge der Abarbeitung treffen, seine Entscheidungen kontrollieren und eventuell revidieren. Besonders „Computerneulinge“ sind damit überfordert.

Multimodalität

Pro: Da die multimediale Aufbereitung der Inhalte mehrere Sinneskanäle gleichzeitig anspricht, kann schneller ein Lernerfolg erzielt werden.

Contra: Vorteilhafte Auswirkungen auf den Lernerfolg durch multimedial aufbereitete Inhalte konnten bisher nicht nachgewiesen werden. In den meisten Fällen zeigten gar diejenigen Lernenden bessere Leistungen, die sich mit Texten auseinander gesetzt hatten.

Semantisches Netzwerk

Pro: Die Netzstruktur der Informationsknoten entspricht der Organisation des menschlichen Gedächtnisses als semantisches Netzwerk. Netzwerkartig präsentierte Informationen können deshalb leichter in die kognitive Struktur eingebaut werden.

Contra: Die netzwerkartige Verknüpfung der Informationen im Hypermedia-System bildet nicht zwangsläufig ein semantisches Netzwerk ab. Die einzelnen Knoten enthalten z.T. sehr viel mehr Informationen als ein Knoten eines semantischen Netzwerkes. Zudem stellt die strukturierte Aufbereitung der Informationen allein noch keine Unterstützung beim Wissenserwerb dar. Wichtig ist vor allem, dass sich der Lernende die Inhalte erarbeitet.

Kritik an der Kritik

In den meisten Untersuchungen wird der Lernerfolg mit dem Hypermedia-System mit demjenigen verglichen, der mit dem Lehrbuch erzielt wird. Das heißt, einer jungen Lernumgebung wird ein Medium gegenübergestellt, das als Lehrmittel schon Jahrhunderte im Gebrauch ist. Dieser Vergleich ist jedoch aus zwei Gründen methodisch fragwürdig:

- Das Lehrbuch hat eine Entwicklung und damit zahlreiche Verbesserungen durchlaufen. Das Hypermedia-System hingegen ist wenige Jahre alt, es müssen noch Erfahrungen gesammelt und Verbesserungen vorgenommen werden. Schwierigkeiten am Anfang diskreditieren deshalb nicht das System als solches.
- Das Buch ist als Lehrmedium etabliert. Der Lernende ist es gewohnt, mit dem Buch zu lernen. Hypermedia-Systeme hingegen stellen neue Anforderungen an den Lernenden. Es müssen andere Seh- und Lerngewohnheiten eingeübt werden, damit das System adäquat genutzt werden kann. Dieser Prozess braucht Zeit.

Tergan (1997) kritisiert gleichfalls die empirischen Untersuchungen. Er moniert, dass ein zu starkes Gewicht auf die Behaltensleistung gelegt werde. Andere Lernpotenziale, die gerade in unserer Wissensgesellschaft von großer Bedeutung seien, würden nicht abgefragt.

„Durch das eingeschränkte Spektrum der verwendeten Kriterien erfolgreichen Lernens bleiben Lernpotenziale unentdeckt. Die Möglichkeiten von Hypertext/Hypermedia-Systemen für die Lernförderung werden damit tendenziell unterschätzt." (Tergan S-O 1997 p, 14)

Tergan nennt als weitere Kriterien und Ziele erfolgreichen Lernens u.a. die gezielte Informationssuche, den Erwerb von Lernstrategien, die Fähigkeit sich einen Überblick über ein Sachgebiet zu verschaffen, seine Kompetenzen in einem bestimmten Wissensgebiet zu verbessern oder die Datenbasis durch Ergänzungen und Umstrukturierung dem eigenen Nutzen entsprechend zu gestalten.

Zusammenfassung

Der große Vorteil von Hypermedia-Systemen gegenüber den tradierten Lernumgebungen liegt darin, dass sie in der Lage sind, die gewaltige Zunahme an Wissen zu organisieren. Beliebige Datenmengen können eingegeben und verwaltet, miteinander verknüpft, bei Bedarf aktualisiert und zudem weltweit über das Internet verbreitet werden. Hinzu kommt die problemlose Integration von Kommunikationstools, die weitere Nutzungsmöglichkeiten eröffnet. Als Wissensdatenbank und Plattform für den Wissensaustauch ist das Hypermedia-System prädestiniert. Die Entwicklung ist noch von einer starken Technikorientierung und Strukturierung geprägt. Wenn es gelingt, die Erkenntnisse aus Didaktik, Psychologie, Mediendesign und Informationstechnologie zusammenzuführen, steht der Wissensvermittlung mit dem Hypermedia-System eine leistungsfähige Lernumgebung zur Verfügung.

3.5 Literatur

Ballstaedt S-P (1997) Wissensvermittlung. Die Gestaltung von Lernmaterial, Psychologie-Verlags-Union, Weinheim

Beyer D, Hüskes R (1997) Die goldene Mitte. c't 97/3: pp 150-158

Conklin J (1987) Hypertext – An introduction and a survey. IEEE Computer 20 (9) 17-41

Götz K, Häfner P (1992) Computerunterstütztes Lernen in der Aus- und Weiterbildung, Deutscher Studien Verlag, Weinheim

Küppers H (1992) Schule der Farben. Grundzüge der Farbentheorie für Computeranwender und andere, DuMont, Köln

Kuhlen R (1991) Hypertext. Ein nicht-lineares Medium zwischen Text und Wissensbank, Springer Verlag, Berlin

Sather A et al. (1997) Creating Killer Interactive Web Sites, Hayden Books, Indianapolis

Schoop E (1992) Benutzernavigation im Hypermedia Lehr-/Lernsystem HERMES. In: Glowalla U, Schoop E (edd) Hypertext und Multimedia, Springer Verlag, Berlin, pp 149-166

Schulmeister R (1997) Grundlagen hypermedialer Lernsysteme, 2. aktual. Auflage, Oldenbourg, München, Wien

Siegel D (1998) Web Site Design. Killer Web Sites der 3. Generation, 2. aktual. Auflage, Markt und Technik, Buch und Software Verlag, Haar bei München

Tergan S-O (1998) Lernen mit Multimedia/Hypermedia. In: Proqua, Technologieberatungsstelle des DGB Hessen (ed) Bewertung von multimedialen Lernanwendungen für den Einsatz in kleinen und mittleren Unternehmen. Dokumentation der Expertinnentagung „Bewertung von CBT's für den Einsatz in KMU" am 2. Dezember 1997 in Kassel, Kassel, pp 10-15

Thissen F (2001) Screen-Design-Handbuch, 2. überarb. und erw. Auflage, Springer Verlag, Berlin

Wedekind J, Walser W et al. (1993) Farbe und CBT, Deutsches Institut für Fernstudienforschung, Tübingen

Weidemann B (1995) Abbilder in Multimedia-Anwendungen. In: Issing L, Klimsa P (edd) Information und Lernen mit Multimedia, Psychologie-Verlags-Union, Weinheim, pp 107-121

Styleguides

http://www.blooberry.com/indexdot/css/index.html
http://www.w3.org.Style
http://www.htmlhelp.com/references/css
http://www.webszene.com/homepage/css/allgemein.htm
http://freakpla.net/wissen/xsl/index.htm

4 Hard- und Software für multimediales Lernen im Netz

Was passiert eigentlich, wenn Sie im Netz lernen?

Sie sitzen an Ihrem PC oder Computer, der an ein Netzwerk von Computern angeschlossen ist, und haben in Ihrer Benutzungsoberfläche eine Lernsoftware gestartet, um etwas zu lernen. Dieses „etwas" sind Lerninhalte, die ein Online-Autor aufbereitet hat. Mit Fragen und Problemen wenden Sie sich an Ihren Teletutor – so weit verfügbar –, der Ihnen dann weiterhilft. Dabei bedienen Sie sich der Funktionen und Werkzeuge, die Ihre Lernumgebung Ihnen bietet. In dieser Lernumgebung erfahren Sie auch, welche weiteren Lerninhalte es gibt oder wie weit Sie mit Ihrem aktuellen Lernprogramm schon gekommen sind.

Lehr-/Lernumgebung

Drei zentrale Software-Komponenten müssen beim Lernen im Netz reibungslos zusammenarbeiten:

- das Autorenwerkzeug, das die Lerninhalte erzeugt,
- das Benutzerinterface, das dem Anwender den Zugang zur Lernumgebung ermöglicht, das browserbasierte Portal
- die zentrale Verwaltungseinheit für Lerninhalte, Kommunikationsprozesse und Anwenderdaten, die Lernplattform oder das Learning Management System

Alle drei Komponenten zusammen bilden im Betrieb den Campus.

Das Autorenwerkzeug ist Ihnen vermutlich bereits aus der CBT- oder WBT-Produktion bekannt – ist also im engeren Sinne nicht spezifisch für das Lernen im

Netz. Ähnliches gilt für das Benutzerinterface, das Ihnen als Homepage oder auch Portal bei jeder Website im Internet begegnet. Neu kommt beim Lernen im Netz hinzu die zentrale Verwaltungseinheit, die Lernplattform oder das Learning Management System. Die Funktionalität dieser Plattform beeinflusst entscheidend (vgl. Kap. 2), welche Formen netzbasierten Lernens überhaupt möglich sind. Und diese Lernplattform ist eine Netzwerk-Anwendung.

Es hilft Ihnen bei der Planung und auch beim Betrieb Ihrer Lehr-/Lernumgebung und Ihres Bildungsnetzes deshalb sehr, wenn Sie wissen, wie Computernetzwerke prinzipiell funktionieren. Erst wenn Sie die Produkte und Produktgruppen für netzbasiertes Lernen kennen und spezifischen methodischen Elementen zuordnen können, treffen Sie eine fundierte Entscheidung über die zukünftige Gestalt „Ihrer" netzbasierten Lehr-/Lernumgebung.

Kapitelübersicht

Im ersten Abschnitt dieses Kapitels erfahren Sie einiges über die technischen Grundlagen der Vernetzung und die wichtigsten Dienste eines Internet oder Intranet. Im zweiten (kurzen) Abschnitt werden Lehr-/Lernumgebungen als Netzwerkanwendungen dargestellt, worauf im letzten Abschnitt eine Übersicht über die Produkte und Produktgruppen für netzbasiertes Lernen folgt.

4.1 Computernetzwerke als technische Basis netz- und webbasierten Trainings

4.1.1 Entwicklung und Anwendung

In der Öffentlichkeit wurden Computernetzwerke kaum wahrgenommen, obwohl sie seit Anfang der 80er-Jahre des 20. Jahrhunderts mit jährlichen Wachstumsraten in den Unternehmen aufgebaut wurden – bis das Internet seit Anfang der 90er-Jahre seinen Boom erlebte. In Deutschland erreichte das Internet den kommerziellen und privaten Bereich sogar erst 1993/94.

Internet

Dabei ist die Entwicklung der Computernetzwerke seit ihren Anfängen ganz eng mit der Entwicklung des

Internet verknüpft. Das erste große Computernetzwerk wurde 1968/9 in den USA aufgebaut, um die staatlichen Forschungseinrichtungen miteinander zu verbinden. Diese Vernetzung sollte die Partner des Netzes in die Lage versetzen, auf Rechnerleistung, die damals noch wesentlich rarer war als heute, auch fremder Computersysteme zuzugreifen (und damit Kosten zu senken). Dieses Forschungsnetz bildete den Ursprung des Internet, des weltweit größten Verbundes unterschiedlicher Computersysteme mit unterschiedlichen Anwendungen.

Heute verfügt fast jedes Unternehmen und fast jede öffentliche Einrichtung über ein Computernetzwerk, das in den meisten Fällen die PCs an den Arbeitsplätzen der Mitarbeiter untereinander verbindet (Abb. 4.1).

Vorteile von Computernetzen

Wie damals in den USA werden auch heute Computernetzwerke aufgebaut, um

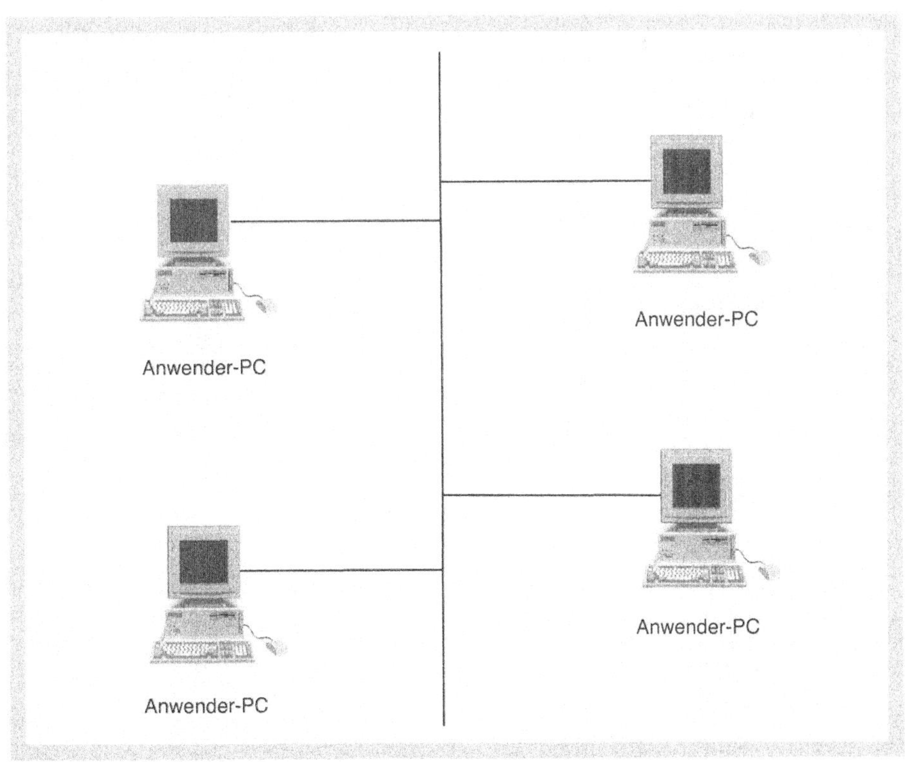

Abb. 4.1 Ein einfaches Computernetzwerk mit 4 PCs

- Datenbestände und Software zentral zu verwalten,
- Rechenleistung leistungsstarker Computer auch von anderen Geräten aus zu nutzen,
- von jedem angeschlossenen Computer aus auf aktuelle Daten zuzugreifen,
- vorhandene Ressourcen wie z.B. Drucker im Verbund der Anwender besser auszulasten und
- um weitere Kommunikationsmittel wie z.B. elektronische Post (E-Mail) für die weltweite orts- und zeitunabhängige Verständigung einzusetzen.

Server

Diese Möglichkeiten stellt im Computernetzwerk in der Regel ein zentraler Rechner, der so genannte Server (von engl. service = Dienst) zur Verfügung. Da es sehr unterschiedliche Dienste sind, die ein Server einem

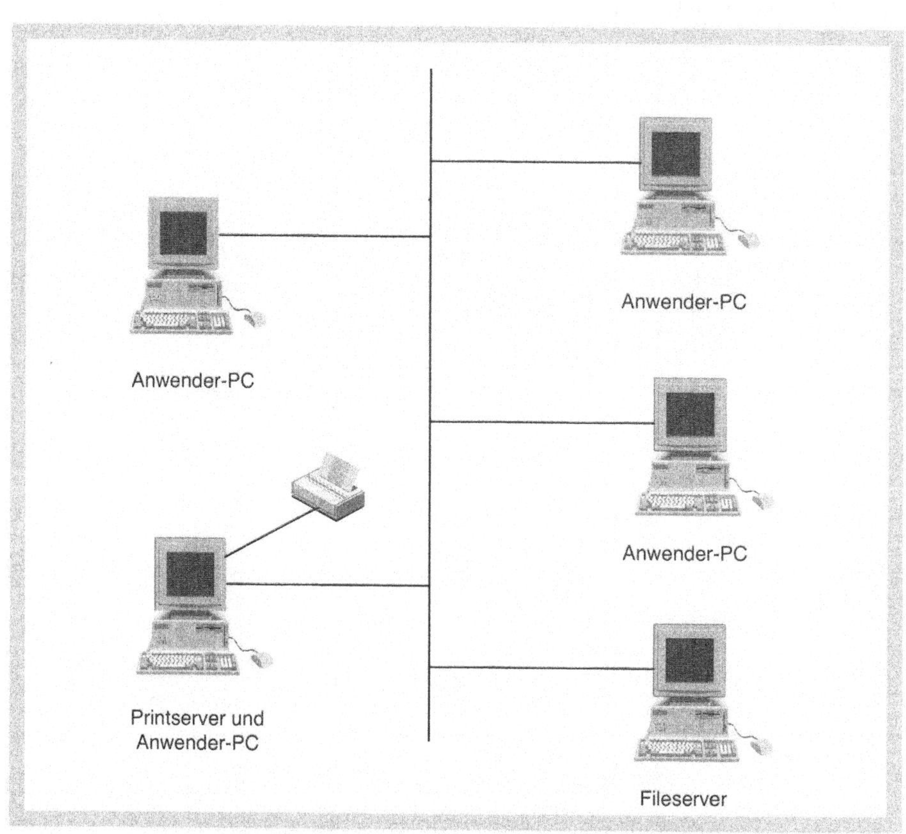

Abb. 4.2 Ein Fileserver und ein Printserver im Computernetzwerk

Netzwerk und seinen Anwendern anbietet, werden die Server häufig nach ihren Diensten benannt.

Ein Fileserver sorgt beispielsweise dafür, dass alle Benutzer auf gemeinsame und ihre persönlichen Daten zugreifen können: er bedient das Computernetzwerk mit Dateien (engl. file = Datei). Ein Printserver ist dafür verantwortlich, dass jeder Benutzer seine Dokumente auf einem an beliebiger Stelle im Netzwerk angeschlossenen Drucker ausdrucken kann (Abb. 4.2).

Analog ist ein Datenbankserver (Abb. 4.3) derjenige Computer, der die Daten einer Datenbank zentral speichert. Dies kann die Kundendatenbank des Unternehmens sein, auf die die Mitarbeiter im Vertrieb von ihrem PC aus zugreifen, um neue Ansprechpartner einzutragen oder um eine Kundenadresse zu ändern.

Bildungsserver

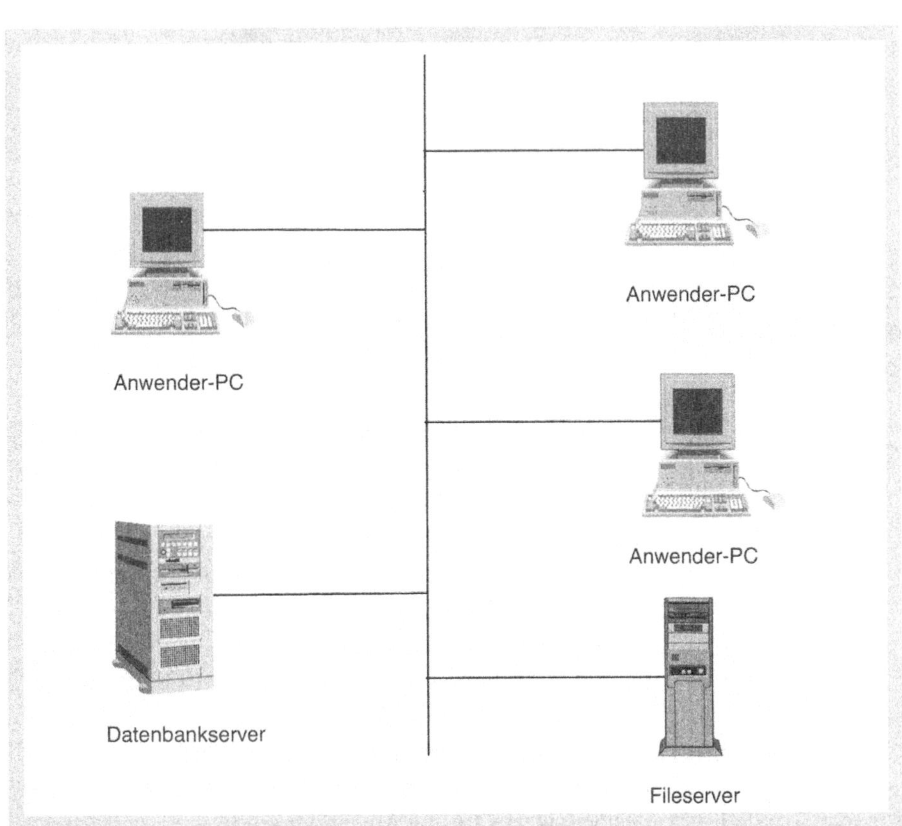

Abb. 4.3 Ein Datenbankserver im Computernetzwerk

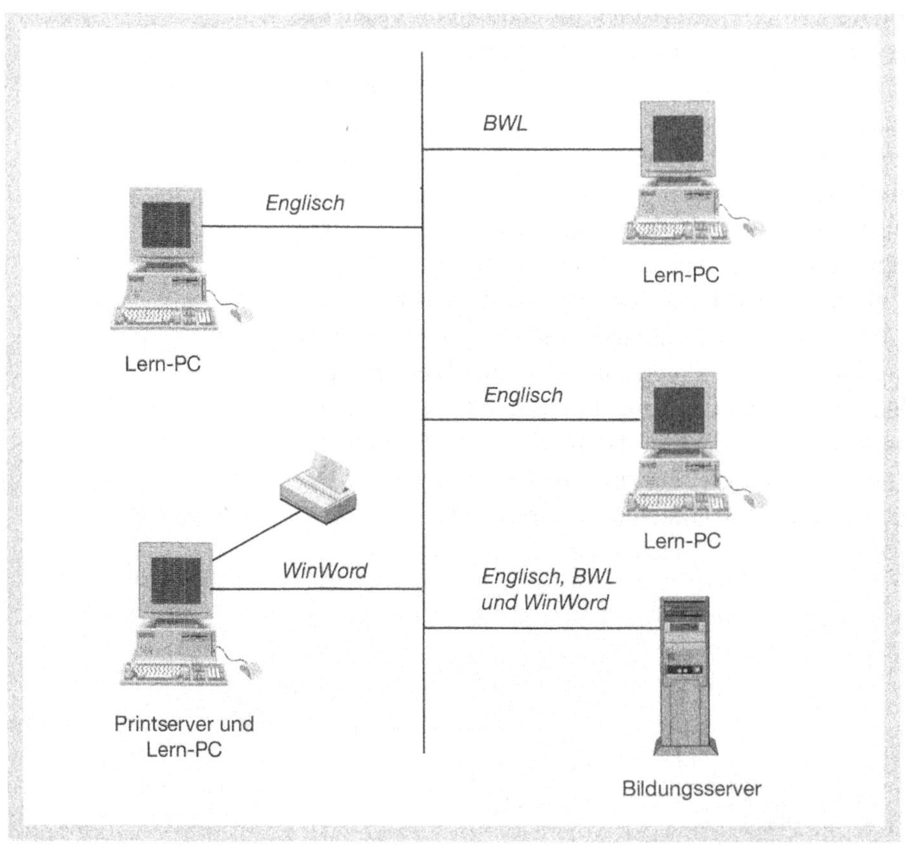

Abb. 4.4 Ein Bildungsserver im Computernetzwerk

Nun fragen Sie sich vielleicht, wo Sie in diesem Netzwerk Ihren Bildungsserver einordnen können ... Ein Bildungsserver (Abb. 4.4) ist in den meisten Fällen ein spezieller File- und Datenbank-Server. Er stellt Ihren Anwendern Dokumente zur Verfügung, mit deren Hilfe sie lernen können. Ob das Dokument selbst Texte, Bilder, Filme oder Töne enthält, spielt dabei keine Rolle. Der Bildungsserver im Netzwerk ist der Dienstleister für Bildungshungrige!

Zusammenfassung

Ein Computernetzwerk ist ein Verbund von Computern und Rechnersystemen. Die wichtigsten Dienste des Netzwerks für die Anwender sind:

- Datei- und Druckverwaltung (allg.: resource sharing)
- Zugriff auf Datenbanken

- Kommunikation mit anderen Anwendern (E-Mail, Groupware-Anwendungen)
- Kontrolle und Steuerung der Kommunikation und der übrigen Dienste

4.1.2 Standardisierung

Datenkommunikation

Der zentrale Begriff im Zusammenhang mit Computernetzwerken lautet Kommunikation. Dabei denken Sie vielleicht zuerst an die Kommunikation zwischen Menschen, die im Netzwerk via elektronische Post stattfinden kann. Kommunikation meint hier aber generell den Austausch von Daten. Alle Daten, die in einem Netzwerk verteilt oder auch: transportiert werden, werden zwischen Computern ausgetauscht. Wir haben es also bei Netzwerken aus technischer Sicht insbesondere damit zu tun, wie unterschiedliche Computer miteinander „kommunizieren" können.

Wenn Sie sich mit einem Kollegen unterhalten wollen, der nicht Ihre Sprache spricht, müssen Sie zuerst eine gemeinsame Sprachbasis finden. So vereinbaren Sie vielleicht mit einem Geschäftspartner in England, dass Sie sich auf Englisch verständigen werden. Bei einem Geschäftspartner, der keine der Sprachen spricht, die Sie persönlich beherrschen, ziehen Sie einen Dolmetscher oder Übersetzer hinzu. Und selbst wenn Sie sich mit einem anderen Menschen in Ihrer eigenen Sprache austauschen, stellen Sie oft genug fest, dass Ihr Gesprächspartner einen Begriff oder einen Ausdruck anders interpretiert als Sie.

Ähnlich sieht es beim Austausch von Daten zwischen zwei oder mehr Computern aus. Analog zu den verschiedenen Sprachen der Menschen haben Computer unterschiedliche Betriebssysteme, unterschiedliche Anwendungsprogramme, unterschiedliche Dateisysteme. Und selbst wenn alle Hard- und Softwarebestandteile zweier Rechner identisch sind, greifen die beiden Geräte für den Datenaustausch auf eine spezielle Vereinbarung oder Konvention zurück. Diese Konvention regelt

- wann eine Nachricht beginnt,
- wann sie endet und mit welchen Signalen,

- wie lang eine Nachricht maximal sein darf,
- welche Elemente eine Nachricht enthält (Name oder Adresse von Sender und Empfänger sind zwingend notwendig, damit die Nachricht korrekt ausgeliefert wird)

und viele andere Aspekte der Kommunikation.

Protokoll

Im Jargon der Netzwerkwelt werden diese Vereinbarungen oder Konventionen Protokolle genannt. Protokolle steuern den Austausch von Daten zwischen zwei oder mehr Computern und damit die Kommunikation in einem Computernetzwerk. Ein Protokoll in einem Netzwerk entspricht also einer Sprache bei der Kommunikation zwischen Menschen.

Im Verlauf der Entwicklung der Computernetzwerke sind viele verschiedene Protokolle entstanden. Unterschiedliche Hersteller und natürlich auch nationale oder internationale Standardisierungsgremien haben versucht, für die jeweiligen Zwecke besonders gut geeignete Protokolle zu definieren. Unterschiedliche Protokolle erschweren genauso wie unterschiedliche Sprachen die Kommunikation. Konsequenterweise wurden parallel zur Definition spezifischer Protokolle Standards ins Leben gerufen und vereinbart, die die Hersteller von Hard- und Software-Komponenten einhalten sollten.

TCP/IP-Protokolle

Sehr erfolgreich waren im Verlauf der knapp dreißigjährigen Geschichte des Internet und der Computernetzwerke das TCP/IP-Protokoll und die TCP/IP-Protokollfamilie. TCP steht für Transmission Control Protocol und regelt den Austausch von Datenpaketen. IP steht für Internet Protocol und regelt die Verteilung der Datenpakete in größeren Netzwerken. Im Umfeld der Protokolle TCP und IP entstanden zahlreiche weitere Protokolle für andere Aspekte der Datenkommunikation. Diese Protokollfamilie wird heute von allen Betriebssystemen (UNIX, Windows, Novell NetWare u.a.) unterstützt und innerhalb von Computernetzen für den Datenaustausch benutzt. TCP/IP ist ein von der Internet Engineering Task Force (IETF) entwickelter Standard und als RFC (Request for Comment) im Internet auch veröffentlicht. Er wird in den meisten Netzwerken verwendet und permanent weiter entwickelt, um mit dem Größer- und Schnellerwerden der Netzwerke Schritt halten zu können.

Architekturmodell

Um das Zusammenwirken von Computern in Netzwerken besser zu verstehen, ist das so genannte Schichtenmodell sehr hilfreich. Es wurde primär deshalb erfunden, um die Weiterentwicklung von Netzwerkprotokollen zu beschleunigen und um Funktionsbereiche festzulegen, innerhalb derer Protokolle arbeiten. Das Schichten- oder Architekturmodell, wie es auch genannt wird, veranschaulicht, welche Funktionen bei der Kommunikation zwischen zwei Computern wichtig sind.

Ein Beispiel mag das verdeutlichen. Sie arbeiten mit einem PC unter Windows 2000 an Ihrem Arbeitsplatz und greifen mit dem Internet Explorer (oder einem anderen Browser Ihrer Wahl) auf den Web-Server im Unternehmensnetzwerk zu. Im Architekturmodell sieht diese Anwendungssituation wie in Abb. 4.5 dargestellt aus.

Hier sehen Sie auch, auf welcher Ebene die TCP/IP-Protokolle angesiedelt sind.

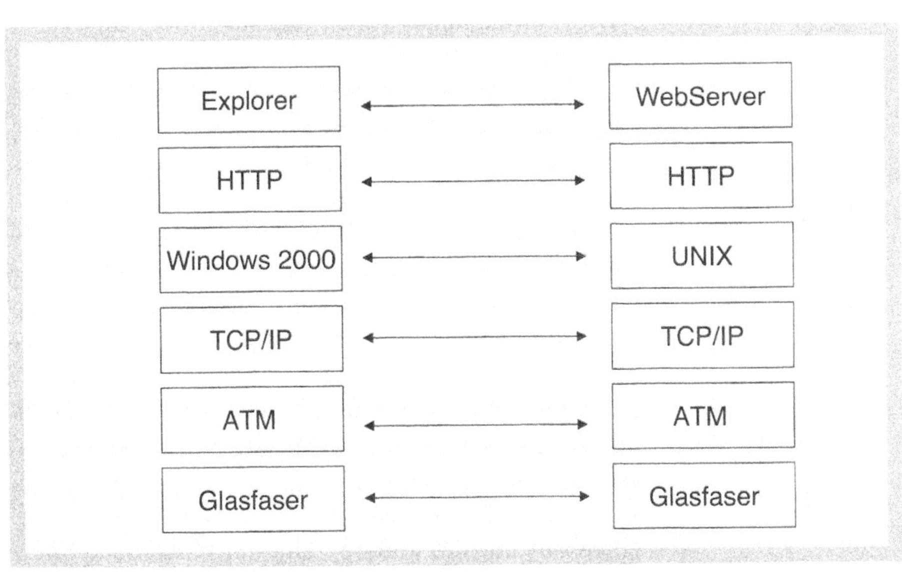

Abb. 4.5 Architekturmodell für den Zugriff auf einen Web-Server

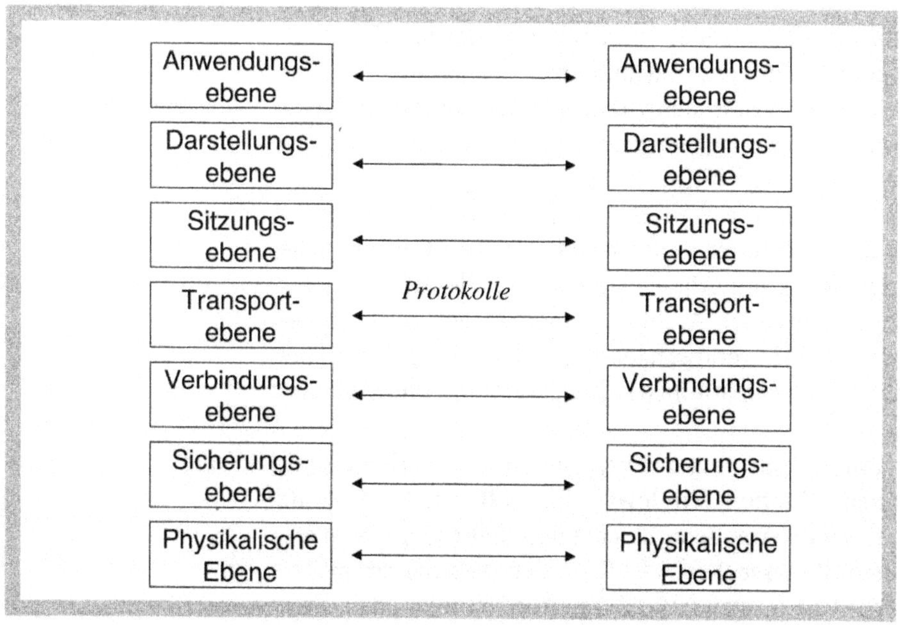

Abb. 4.6 Allgemeines Architekturmodell für die Kommunikation in Computernetzen

Der allgemeine Fall der Kommunikation zwischen zwei Computern sieht im Architekturmodell (Abb. 4.6) sehr ähnlich aus.

Die zentrale Rolle für den Austausch der Daten spielen also in der Tat die Protokolle. Sie

„...regeln die Kommunikation in horizontaler Richtung. Jede Ebene gibt die Information an die unter ihr liegende Schicht weiter. Unterhalb der ersten Schicht liegt das physikalische Medium, über das die Datenübertragung letztendlich abläuft (Scheller 1994 p 20).“

Die direkte Kommunikation zwischen zwei Computern in einem Netzwerk klappt allerdings nur dann, wenn auf den einander zugeordneten Ebenen dieselben Protokolle verwendet werden. Beispielsweise muss auf der zweiten Ebene, der Sicherungsebene, in beiden Computern dieselbe Netzwerkkarte eingebaut sein, damit die Computer direkt Daten austauschen können. Ist in einem Computer eine Ethernet-Karte eingebaut und im anderen eine ISDN-Karte, können die Geräte nicht direkt, sondern nur mithilfe einer Übersetzer-Einheit (z.B. eines Routers) miteinander verbunden werden. Dieses Prinzip gilt auch auf der Software-Ebene. Die Verbindung eines Windows 2000-PC mit einem UNIX-Rechner wird mittels Übersetzereinheiten in der Regel auf Software-Basis innerhalb des Netzes hergestellt. Erst dann kann der Windows 2000-Anwender auf die UNIX-basierte Datenbank zugreifen.

4.1.3 Client/Server-Modell

Auch im Zusammenhang mit netzbasiertem Lernen hören Sie häufig den Ausdruck Client/Server. Was steckt dahinter?

Andrew S. Tanenbaum definiert in seinem (sehr umfangreichen) Klassiker „Computernetzwerke" das Client/Server-Modell als ein

„...in der Computer- und Netztechnik benutztes Paradigma. Ein auf einem Computersystem laufendes Client-Programm fordert Dienste über ein Netz von einem anderen Programm an, dem so genannten Server-Programm, das auf einem anderen Rechner residiert." (Tanenbaum 1997, p 818).

Beispiel für Client/Server

Beim Client/Server-Modell geht es also um die Kommunikation zwischen Programmen oder Software in einem Netzwerk. Die Software besteht aus zwei Komponenten, der Server-Komponente als Diensterbringer und der Client-Komponente als Dienstnehmer. Eine typische Client/Server-Anwendung ist eine Datenbanksoftware. Die Server-Seite „residiert" auf dem zentralen Datenbankrechner, die Client-Seite auf jedem Anwender-PC, der mit der Datenbank arbeitet. Auch Ihren Zugriff mithilfe des Browsers auf einen Web-Server oder Ihren Bildungsserver können Sie als Client/Server-Anwendung interpretieren.

4.1.4 Exkurs: Internet/Intranet

Wenn Sie sich mit netzbasierten Lehr-/Lernumgebungen beschäftigen, haben Sie zum einen häufig mit Datenbank-gestützten Systemen zu tun, zum anderen aber auch mit Applikationen, deren Ursprünge Sie im Internet finden.

Das Internet bietet Ihnen eine ganze Reihe unterschiedlicher Dienste. Einige der wichtigeren Dienste sind:

- Dateidienste (ftp = file transfer protocol) für das Herunterladen von Dokumenten
- Terminaldienste (telnet als Protokoll) für den direkten Zugriff auf andere Rechner
- Electronic Mail (kurz: E-Mail) für den Austausch von Daten mit anderen Internet-Nutzern und den Zugang zu Diskussionsforen
- Nachrichtendienste (via newsgroups)

Berühmt wurde das Internet durch das World Wide Web, kurz: WWW oder W^3 oder auch Web:

„Die Entwicklung des W^3 begann Anfang 1989 am CERN, dem Europäischen Zentrum für Teilchenphysik bei Genf. Ausgangspunkt war, ein System zu entwickeln, das den Angehörigen des CERN erlaubte, in der Vielfalt der vorhandenen Daten auf einfache Art und Weise zu navigieren. Die Inkompatibilität der vorhandenen Hard- und Software machte das Auffinden relevanter Information innerhalb der Organisation nahezu unmöglich. Als „bestmögliche“ Lösung dieses Problems wurde von Tim Berners-Lee und Robert Cailliau ein auf Client/Server Architektur aufbauendes, hypertextbasiertes System vorgeschlagen.“ (Scheller 1994 p 259)

Client/Server im WWW

Das World Wide Web ist also eine Client/Server-Architektur für den bequemen Zugriff auf heterogene Daten bzw. Dokumente. Auf der Server-Seite steht der Web-Server, der die Web-Dokumente im HTML-Format (HTML = HyperText Markup Language) speichert. Auf der Client-Seite, die auch Browser genannt wird, greift der Benutzer auf Informationen des Web-Servers zu. Client und Server kommunizieren über ein spezielles Netzwerkprotokoll, das HTTP-Protokoll (HTTP = HyperText Transfer Protocol). Zur Speicherung der Daten wird heute zunehmend XML und XSL verwendet.

Der Benutzer sieht die Dokumente in einer netzartigen Struktur, woher auch die Bezeichnung „web“ stammt. Jedes Dokument ist über die so genannten

„hyperlinks", das sind Pfadangaben zu anderen Dokumenten, in das Web eingebunden. Wird die Vernetzung zu komplex, kann das Phänomen „lost in hyperspace" auftreten – das es bei netzbasierten und insbesondere webbasierten Lernangeboten zu vermeiden gilt!

Intranet

Und im Intranet? Im Intranet gelten grundsätzlich dieselben Regeln wie im Internet. Hinzu kommen die Regeln, die im Unternehmensnetzwerk vereinbart sind. Denn das Intranet ist nichts anderes als ein Unternehmensnetzwerk, in dem Internet-Softwaretechnologien für die Kommunikation verwendet werden. Die Anwender arbeiten im Intranet mit denselben Tools (Softwareprogrammen) wie im Internet und profitieren damit von der einfachen Navigation und dem transparenten Zugriff auf die verschiedensten Dokumenttypen im WWW des Unternehmens.

4.2 Architektur netz- und webbasierter Lehr-/Lernumgebungen

Training ist in Computernetzwerken eine relativ junge Anwendung. Die historisch ersten netz- oder webbasierten Lernangebote waren

- CBT-Datenbanken und
- Web-Seiten mit Informationen und Hyperlinks zu anderen Web-Seiten.

Eine CBT-Datenbank ist auf einem zentralen (Datei)-Server lokalisiert. Die Lernenden rufen ihre CBT-Einheiten von diesem Server ab und lernen lokal an ihren PCs. Die ersten webbasierten Lernangebote wurden im Hochschulumfeld realisiert. Es sind in der Regel vorlesungs- oder seminarbezogene Skripte, die ins WWW der Hochschule gestellt werden. Die Studenten können die Informationen über den Zugang zum Hochschulnetz via Internet-Browser einsehen und abrufen. Kommunikationsfunktionen sind rudimentär vorhanden.

Client/Server-Modell

Bereits diesen ersten netzbasierten Lernangeboten liegt das Client/Server-Modell als Paradigma zugrunde. Und heute können Sie davon ausgehen, dass softwaretechnisch betrachtet jede Lösung für netzbasiertes Lehren und Lernen eine Client/Server-Anwendung darstellt. Wenn Sie im Netz lehren oder lernen, schicken Sie Daten an einen Computer und holen von einem anderen Computer Daten ab. Das funktioniert nur dann reibungslos, wenn die Computer miteinander „kommunizieren" können. Auch netzbasiertes Lehren und Lernen stützt sich damit auf die Regeln für die Kommunikation in Computernetzwerken, die Protokolle.

Damit lassen sich in netzbasierten Lehr-/Lernumgebungen zwei Modelle identifizieren:

- das Architekturmodell für die Kommunikation in Netzwerken und
- das Client/Server-Modell für die Nutzung der Netzwerkdienste.

In Abb. 4.7 sind beide Modelle dargestellt.

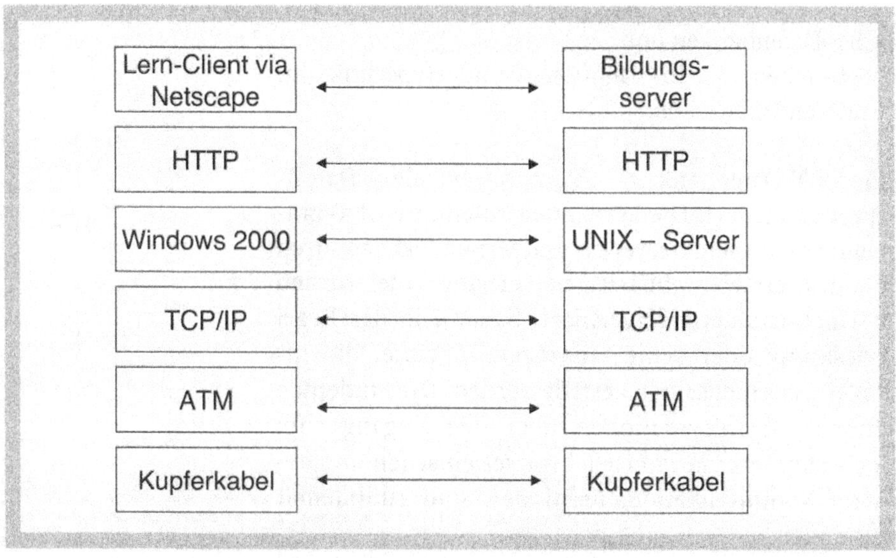

Abb. 4.7 Zugriff auf einen Bildungsserver im Client/Server- bzw. Architekturmodell

4.3 Produkte für netz- und webbasiertes Lernen

Jetzt wissen Sie, wie Computernetzwerke funktionieren und was Ihre Lernplattform damit zu tun hat. Und direkt schließen sich weitere Fragen an:

- Welche Produkte sind derzeit für netzbasiertes Lernen verfügbar?
- Wie sind die marktgängigen Produkte anwendungsbezogen einzuordnen?
- Sind die Produkte an den internationalen Standards für E-Learning orientiert?
- Wie treffen Sie eine fundierte Entscheidung darüber, welches Produkt oder welche Produktgruppe für Ihre Zwecke am besten geeignet ist?

Antworten auf diese Fragen finden Sie in den nächsten Abschnitten.

4.3.1 Überblick

Anbietermarkt

Der Markt für technologiegestütztes Lernen ist inzwischen gut strukturiert und mittlerweile übersichtlich. Die „Unschärfen" der ersten Jahre sind klaren Profilen und Produkten gewichen. Dies zeigt sich deutlich auch bei den Anbietern von Lernplattformen und Learning Management Systemen. Ausgereifte Produkte sind auf dem Markt und bewähren sich in Pilotprojekten und zunehmend auch im Regelbetrieb.

Ein Produkt für technologiegestütztes Lernen ist meistens eine Software, in manchen Fällen auch eine Kombination von Hardware und Software.

Die Hardware kann dabei sein:

- eine Videokamera
- ein Fernsehgerät
- ein Computer
- ein Mikrofon

Und bei der Software finden Sie:

- eine Groupware-Applikation
- eine Lernplattform
- einen WBT-Datenbankserver

- ein Autorenwerkzeug für das Erstellen von Content
- eine Software für Skill Management.

Lernplattformen

Am ehesten repräsentieren jedoch die so genannten integrierten Lernplattformen das Produkt, das Sie für Ihre E-Learning-Lösung oder Ihre virtuelle Akademie benötigen.

Was sollte eine Plattform für E-Learning leisten? Zu den zentralen Funktionen zählen:

- das Management der gesamten E-Learning – und Trainingsprozesse.
  Die Plattform verwaltet Lernende, Teletrainer, Telecoaches, Administratoren, Autoren und Planer. Sie verwaltet die genutzten Inhalte, Informationsbausteine und Lernangebote sowie Zugriffsarten und -zeiten. Die Plattform liefert Reports für das Management.
- die Produktion und Publikation des Content.
  Das Learning Management System liefert Ihnen im Idealfall geeignete Werkzeuge, um vorhandene Inhalte einzustellen, zu überarbeiten und zu aktualisieren, und Werkzeuge, um Inhalte neu zu erstellen und mit didaktischen Zusätzen wie Übungen, Tests, Animationen, Simulationen anzureichern. Für die langfristige Perspektive des Betriebs einer virtuellen Akademie sind Werkzeuge unumgänglich, mit deren Hilfe Sie auf der Basis einer Informationsquelle unterschiedliche Darstellungs- und Nutzungsformen realisieren können (Single Source Publishing auf der Grundlage von XML und XSL).
- die freie Gestaltung ziel- und zielgruppenorientierter Arbeits-, Informations- und Lernumgebungen.
  Dazu bietet Ihnen die Lernplattform Werkzeuge zur Gestaltung und Überarbeitung der Benutzungsoberflächen und zur Einbindung der gewünschten Kommunikationsformen wie E-Mail, Chat, Newsgroups etc.

Sie können die aktuell verfügbaren Produkte am besten beurteilen, wenn Sie wissen,

- für welche methodische Variante die Produkte geeignet sind,

- welche Vorgeschichte und strategische Ausrichtung die Produkte bzw. ihre Hersteller haben und
- wie gut die jeweiligen Produkte Ihre ganz spezifischen Anforderungen erfüllen.

Eine modulare Produktarchitektur, die Sie anwendungsbezogen zusammenstellen, hilft Ihnen, Ihre individuelle Lernplattform zu gestalten.

4.3.2 Methodische Klassifikation der Produkte

Sie kennen aus Abschn. 2.4 die drei methodischen Grundformen des netzbasierten Lernens:

- Live Online Learning/Teleteaching (Tabelle. 4.1)
- Collaborative Online Learning/Teletutoring (Tabelle. 4.2)
- Self-paced Online Learning/Open Distance Learning (Tabelle 4.3)

Jeder dieser Grundformen können Sie die verschiedenen Produkte zuordnen. Dabei unterstützen manche Produkte mehr als eine methodische Grundform.

Tabelle 4.1. Produkte für Live Online Learning/Teleteaching

Methodische Variante	Produktgruppe
Online-Vorlesung/-Training via Videokonferenz (synchron)	Videokonferenzsysteme (Sony, PictureTel, Tandberg u.a.)
Produktpräsentation	Virtual Classroom-Systeme oder Business TV
Online-Seminar/ Virtueller Seminarraum (synchron)	Simulation konventioneller Lehrmittel (Flipchart, OH-Projektor) unterstützt durch Audio- oder Videokonferenz

Tabelle 4.2. Produkte für Collaborative Online Learning/Teletutoring

Methodische Variante	Produktgruppe
Online-Übung via Skript und Kommunikationstools (synchron/asynchron)	Web-Editoren und Web-Kommunikationstools
Online-Training via Unterlage und Kommunikationstools (synchron/asynchron)	Autoren-Werkzeuge zum Erstellen der Unterlage für den „download" und Web-Kommunikationstools

Tabelle 4.2. Fortsetzung

Methodische Variante	Produktgruppe
Videokonferenzgestützte Gruppensitzung (synchron)	Videokonferenzsysteme und Datenkonferenzsysteme
Web Based Training (synchron/ asynchron) im Online-Kurs	Webbasierte Lehr-/Lernumgebung mit interaktiven Lerninhalten und webbasierten Kommunikationstools
Online-Seminar/ Virtueller Seminarraum (synchron)	Simulation konventioneller Lehrmittel (Flipchart, OH-Projektor) und Audio- oder Videokonferenz

Tabelle 4.3. Produkte für Self-paced Online Learning

Methodische Variante	Produktgruppe
Selbstlernen via WBT-Distribution (asynchron)	WBT-Datenbanksysteme bzw. Lernplattformen
Selbstlernen via Web Based Training (synchron/asynchron)	Webbasierte Lehr-/Lernumgebung mit interaktiven Lerninhalten und reduziertem Umfang an webbasierten Kommunikationstools
Selbstlernen via Informations-/ Wissensdatenbank (asynchron)	Datenbanken für Wissensmanagement

4.3.3 Klassifikation der Produkte nach Herkunft und strategischer Ausrichtung

Sie können Produkte allerdings nicht nur anhand ihrer Eignung für spezifische Lehr-/Lernmethoden einordnen, sondern auch anhand ihres Umfeldes und ihrer „Herkunft". Unterschiedliche Hersteller bieten ihre Produkte im Kontext des netzbasierten Lernens an. Dazu gehören Anbieter von

- WBT-Autorenwerkzeugen
- Dokumentenmanagement-Software
- Groupware-Applikationen
- Web-Tools
- Videokonferenzsystemen
- Datenkonferenzsystemen

Darüber hinaus sind zwei neue Produktgruppen entstanden:

- Learning Management Systeme und
- virtuelle Klassenzimmer

Letztere werden immer wieder im ersten Schritt der Einführung von E-Learning genutzt aufgrund der methodischen Ähnlichkeit mit der Präsenzsituation im Seminarraum. Sobald E-Learning innerhalb der Organisation ausgebaut wird, geht das virtuelle Klassenzimmer als Teilbereich in der Lernplattform bzw. im Campus auf.

In den vergangenen Jahren wurde sehr deutlich, dass die Entwicklung von Software für E-Learning oder technologiegestütztes Lernen zahlreiche Schnittstellen zu bereits vorhandenen Personalmanagement- oder Verwaltungsapplikationen innerhalb der Organisation aufweist. Zum Teil formulieren die Anwender auch die Anforderung, dass die Lernplattform selbst über die entsprechenden Verwaltungsfunktionen verfügt. Dies zeigt sich zum Beispiel im Angebot neuer Anwendungsbereiche einer Lernplattform wie dem Management von Bildungsressourcen oder dem elektronischen Shop mit Buchungs- und Abrechnungsfunktionen. Dieser Trend führte außerdem dazu, dass sich diejenigen Anbieter aus dem Markt der Lernplattformen zurückziehen mussten, die von anderen Kernprodukten her kommend lediglich eine Anpassung für E-Learning vorgenommen hatten. Dies gilt für Datenbankanbieter, Anbieter von Autorenwerkzeugen und Anbieter von Groupware-Lösungen und wird vermutlich auch für die Anbieter von Dokumentenmanagement-Systemen zutreffen.

So ist es auch aus strategischen Gründen leicht nachvollziehbar, dass sich im Markt für E-Learning die Anbieter eigenständiger Learning Management Systeme durchsetzen werden.

4.3.4 Bewertung und Auswahl der geeigneten Lösung

Wir unterscheiden drei Bereiche:

- Systemeigenschaften
- Betriebseigenschaften
- Benutzungseigenschaften

Zu den Systemeigenschaften gehören die Entwicklungsplattform, die Betriebsplattform auf Client- und Server-Seite, die Systemarchitektur selbst und die Kosten. Die Betriebseigenschaften umfassen die Installation, Dokumentation und Wartung, die Integration externer Komponenten sowie die Kurs- und die Benutzerverwaltung. Die Benutzung ist bezogen auf den Autor der Lerninhalte sowie den medialen Designer, den Teletrainer und den Lernenden. Wichtige Aspekte der Benutzung sind das Benutzerinterface und die Kommunikationsmittel, die bereitgestellt werden können.

Hilfreich bei der Auswahl sind wie immer Checklisten. Drei kurze Checklisten geben Ihnen eine gute Übersicht über die wichtigsten Auswahlkriterien.

Wichtige Eigenschaften aus betriebswirtschaftlicher Sicht sind darüberhinaus

- Flexibilität und Prozessorientierung
- Kosteneffizienz
- Zukunftssicherheit durch stetige Weiterentwicklung

Checkliste 1: Systemeigenschaften der Lernplattform

Kriterium	**Erfüllt ja/nein**
Betriebssystemunabhängige Entwicklungsumgebung (z.B. in Java)	
Kein zusätzlicher Installationsbedarf auf der Client-Seite (nur Browser)	
Betriebssystem- und Hardware-unabhängige Server-Seite (z.B. in Java)	
Unterschiedliche Datenbanken von der Lernplattform aus nutzbar (z.B. leichter Wechsel von Oracle zu Informix möglich)	
Standard-Software mit der Möglichkeit zu Konfiguration und Customizing	
Leichte Integration externer Komponenten und Anwendungen (Software, Datenbanken, Systeme) über die entsprechenden Schnittstellen	
Unterstützung relevanter Standards (XML/XSL; SQL; AICC/IMS/CMI und SCORM*)	
Transparente Weiterentwicklungs-Politik	
Transparente und planbare Kosten (Lernplattform, Update-/Service-Kosten, Qualifizierung)	

*Die SCORM-Spezifikation wird derzeit kaum unterstützt und deshalb erst mittelfristig relevant.

Checkliste 2: Betriebseigenschaften der Lernplattform

Kriterium	Erfüllt ja/nein
Einfache Installation und Konfiguration	
Gut verständliche Dokumentation (print, online)	
Transparente Anforderungen an Hardware und Software des Server-Systems	
Transparente Anforderungen an die Ausstattung der Nutzer-Arbeitsplätze	
Geringe Wartungskosten	
Gut erreichbarer und qualifizierter Support	
Gut und schnell erreichbarer Hersteller	
Stabilität und Betriebssicherheit des Systems	
Leichte Integration zusätzlicher Module und Komponenten	
Kurze Rüstzeiten, um einen virtuellen Campus aufzusetzen (innerhalb von vier bis acht Wochen inkl. kundenspezifischem Portal und Qualifizierung)	

Checkliste 3: Benutzungseigenschaften der Lernplattform

Kriterium	Erfüllt ja/nein
Intuitives und anpassbares Benutzerinterface	
Konsistente professionelle Bedienung	
Prozess- und rollenbezogene Benutzung (z.B. Lerner Workspace, Authoring Workspace, Teletutoring Workspace, Designer Workspace, Management Workspace etc)	
Kurze Ladezeiten im Online-Betrieb	

- Migrationsfähigkeit
- Integration bestehender Systeme aus dem IT- und Personalbereich
- Skalierbarkeit und Betriebssicherheit.

Neben den systembezogenen und betriebswirtschaftlichen Kriterien ist entscheidend für den Erfolg Ihres E-Learning-Projekts, wie gut Ihr Lieferant im Dienstleistungsbereich ist. Achten Sie hierbei auf die fachliche und methodische Kompetenz der Berater und Entwickler, die Termintreue in der Projektierung, die Reaktionsgeschwindigkeiten bei Kundenanfragen und die Zuverlässigkeit der Aussagen.

Die detaillierte Analyse dieser Bereiche vor dem Hintergrund einer Anwendungssituation finden Sie im Kap. 6 – Konzeption und Realisierung der netz- und webbasierten Lehr-/Lernumgebung.

4.4 Literatur

Götz K, Häfner P (1992), Computerunterstütztes Lernen in der Aus- und Weiterbildung, Deutscher Studienverlag, Weinheim

Scheller M et al. (1994), Internet: Werkzeuge und Dienste; von „Archie" bis „World Wide Web", Springer-Verlag, Berlin Heidelberg (Eine fundierte Einführung in die Welt des Internet. Die Unterkapitel können gut auch zum Nachschlagen verwendet werden.)

Tanenbaum A S (2000), Computernetzwerke, 3. rev. Auflage, Prentice Hall Verlag, Haar bei München (Der absolute Klassiker zum Thema Computernetzwerke. Sehr umfassend (ca. 800 Seiten). Ist allerdings eher für den Informatiker lesbar.)

5 Multimediales Lernen im Netz – Ein Projekt

Bildungsanbieter und mittlere bis große Unternehmer haben inzwischen die ersten E-Learning-Projekte realisiert und zahlreiche praktische Erfahrungen gewonnen. Beide Gruppen realisieren die netzgestützten Bildungsangebote für ihre internen und externen Kunden. Entscheidungsprozesse und Ablauforganisation des Bildungswesen sind sicherlich verschieden. Externe Bildungsanbieter beschäftigen sich beispielsweise intensiver als die nach innen gerichteten Bildungsabteilungen der Unternehmen mit der Vermarktung und Distribution ihrer neuen Lern- und Wissensangebote. Von diesen Unterschieden einmal abgesehen verläuft die Einführung technologiegestützten Lernens in beiden Fällen jedoch weitgehend identisch. In den folgenden Abschnitten über die Projektierung stehen die Unternehmen deshalb nur scheinbar im Vordergrund – die Aussagen gelten analog auch für externe Bildungsanbieter.

Kapitelübersicht

Aus welchem Bereich auch immer Sie kommen: in diesem Kapitel erhalten Sie einen Überblick über die verschiedenen Aspekte, die Sie bei der Einführung netzbasierten Lernens in Ihrer Organisation beachten sollten (Abb. 5.1). Die Reihenfolge der Abschnitte entspricht in den Grundzügen der Chronologie des gesamten Projekts. Der Schwerpunkt dieses Kapitels liegt bei der Analysephase. Hier geht es darum, welche Ziele mit dem Projekt verknüpft werden, wie die relevanten Geschäftsprozesse tatsächlich aussehen und welcher Bedarf sich daraus ergibt. Eine exemplarische Kosten-Nutzen-Analyse schließt diesen Teil ab. In Kap. 6 und 7

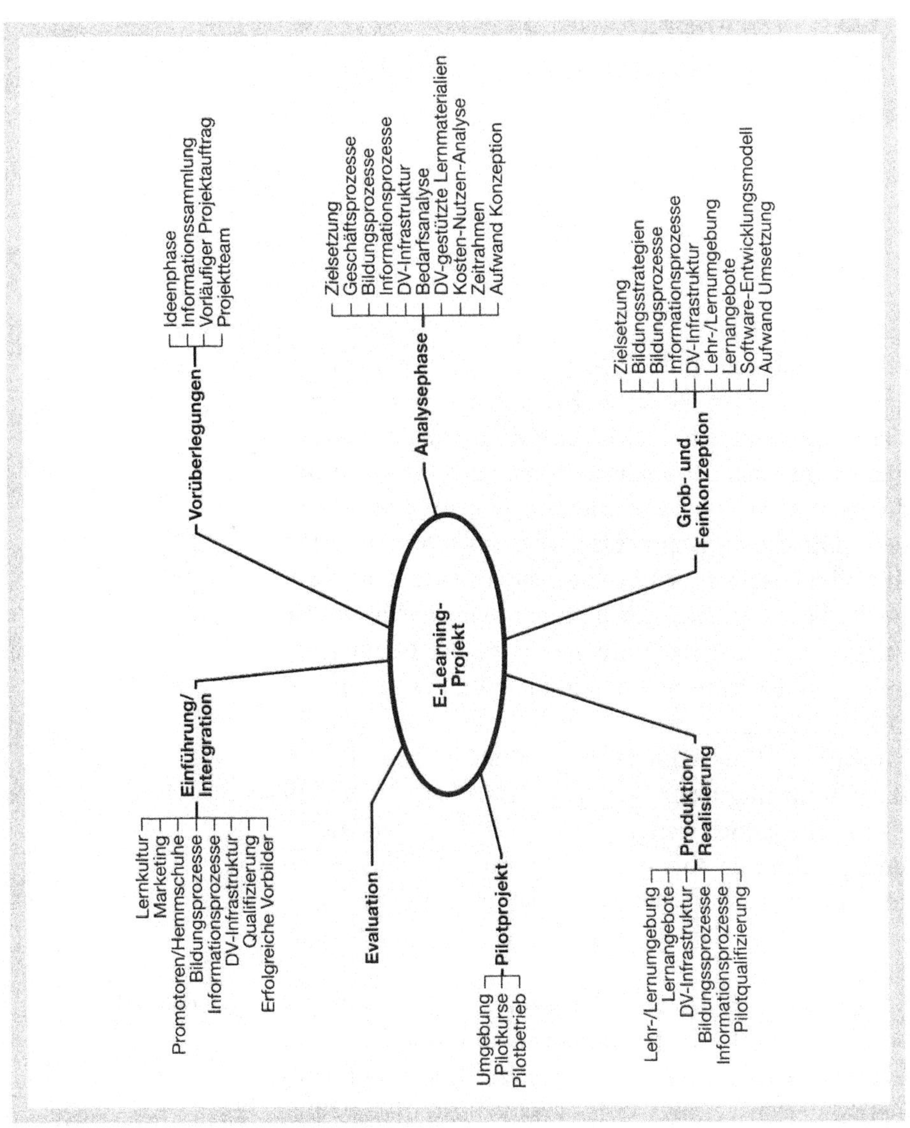

Abb. 5.1 Überblick über das gesamte Projekt

erfahren Sie detalliert, wie Sie Ihren virtuellen Campus mit attraktiven Lernangeboten konzipieren und realisieren. Wie Sie am besten vorgehen, um eine netz- und webbasierte Lehr-/Lernumgebung in Ihrem Hause zu integrieren, zeigt Ihnen Kap. 8. Diese Aspekte werden im aktuellen Kapitel nur kurz behandelt.

5.1 Projekttyp und Zeitrahmen

5.1.1 Projekttyp

Wenn Sie netzbasiertes Lernen in Ihrer Organisation einführen, planen und realisieren Sie im Grunde ein Organisationsentwicklungs- und EDV-Projekt mit einem entsprechenden Projektverlauf und einer entsprechenden Projektorganisation. Sie initiieren Prozesse, die alle Bereiche der Organisation berühren. Es werden eine neue, DV-gestützte Anwendungsumgebung, die Lehr-/Lernumgebung, geschaffen und eingeführt sowie DV-gestützte Anwendungselemente, die Lerninhalte. Zum Projekt gehört wie bei einem klassischen DV-Projekt auch die Qualifizierung der Anwender, der Administratoren und der Betreuer (= Teletutoren/Tele-Experten). Darüberhinaus verändert dieses Projekt Lernkultur, Bildungs- und Arbeitsprozesse in Ihrer Organisation. Die Projektverantwortung liegt in der Regel im Personal- bzw. Bildungsbereich. Umso wichtiger ist es für den Projekterfolg, die EDV-Verantwortlichen frühzeitig und umfassend einzubinden!

Projektphasen

Wie Sie in der Mindmap erkennen, besteht ein E-Learning-Projekt aus verschiedenen Phasen oder auch in sich abgeschlossenen Teilprojekten:

- Analysephase
- Grob- und Feinkonzeption
- Produktion/Realisierung
- Pilotprojekt
- Evaluation
- Einführung/Integration

Wenn Sie bereits Erfahrung mit Content-Projekten gesammelt haben, konnten Sie vermutlich einige Gemeinsamkeiten entdecken. Der wesentliche Unterschied zu einem Content-Projekt besteht darin, dass Sie nicht nur einzelne Lernangebote, sondern darüberhinaus eine ganze Lehr-/Lernumgebung planen und realisieren.

5.1.2 Zeitliche Gewichtung der Phasen

Ein Projekt zum netzbasierten Lernen können Sie innerhalb von drei Monaten realisieren und damit eine gute Basis für Ihre Organisation gelegt haben. Es ist aber durchaus möglich, dass Sie für die Dauer des Projekts drei Jahre veranschlagen und in dieser Zeit auch „nur“ eine gute Grundlage für weitere Teilprojekte in diesem Kontext gebildet haben! Faktoren, die die konkrete zeitliche Dauer des Projekts steuern, sind:

- Unternehmensgröße (vor allem hinsichtlich der Anzahl der Mitarbeiter/Arbeitsplätze)
- Unternehmensstandorte und -verteilung
- Umfang des Projekts
- Zielsetzung des Projekts
- Integrationsgrad (der Lehr-/Lernprozesse, der Informations- und Kommunikationsprozesse, der Dokumentenbasis)
- Anzahl und Umfang der Inhalte
- Verfügbarkeit von Ressourcen (Finanzen, Know-how, Zeit)

Rahmenbedingungen

Tabelle 5.1 zeigt am Beispiel eines kleineren Online-Lernen-Projekts exemplarisch, in welchen Phasen das Projekt verläuft und welche Zeiträume zu berücksichtigen sind. Doch betrachten Sie zunächst die Rahmenbedingungen für diesen groben Projektplan:

- Es wird ein teletutoriell begleitetes webbasiertes Lernangebot erstellt.
- Ein Textbuch, Grafiken und ein kleiner Videofilm liegen bereits in digitaler Form vor.
- Die mittlere Lernzeit beträgt 4–6 h.
- Die Autorenunterstützung der Lehr-/Lernumgebung ist ausgereift.
- Die Design-Elemente der Web-Präsenz des Unternehmens werden übernommen, d.h. es ist kein neues Design notwendig.
- Die Programmierung von Schnittstellen zur DV-Umgebung entfällt (keine Anforderung).

- Nicht berücksichtigt werden die Zeiten für die Qualifizierung der Anwender und Multiplikatoren sowie der Teletutoren.
- Auch eine etwaige Evaluationsphase im Anschluss an die erste Nutzung des Systems wird ausgeklammert.

Wie Sie sehen, wurde bei den Personentagen nicht immer ein genauer Wert angegeben, sondern ein Zeitrahmen. Abhängig von den Werkzeugen, den konkreten Anforderungen und den Rahmenbedingungen liegt der tatsächliche Zeitbedarf zwischen den beiden Extremwerten (Varianten 1 und 2 in Tabelle 5.2).

Tabelle 5.1. Übersicht über den Verlauf eines kleineren Online-Lernen-Projekts

Pos.	Projektphase	Personen-Tage	Kommentar
1	*Kickoff-Workshop* mit dem Projektteam und der Pilotgruppe	*1–2*	x Anzahl der Teilnehmer
2	*Konzeption des Campus*	*7*	
	Grobkonzeption	3	
	Präsentation und Abstimmung	1	x Anzahl der Beteiligten
	Feinkonzeption	3	
3	*Mediales Design* (angelehnt an das Corporate Design)	5	
4	*Implementation des Campus*	*4–10*	
	Konfiguration	3–8	je nach Werkzeugen
	Tests und Korrekturen	1–2	
5	*Konzeption des Online-Kurses*	*20*	
	Grobkonzeption für ca. 4-6 Stunden Online-Lernzeit (Curriculum, Drehbuchentwurf)	6	
	Präsentation und Abstimmung	2	x Anzahl der Beteiligten
	Feinkonzeption	11	
	Präsentation und Abstimmung	1	x Anzahl der Beteiligten
6	*Implementation des Online-Kurses*	*15–40*	
	Medienproduktion	10–30	je nach Werkzeugen und Elementen (Video, Audio, Interaktion)
	Produktion der Kursumgebung	2–5	
	Tests und Korrekturen	3–5	
7	*Summe*	*52–84*	

Tabelle 5.2. Übersicht über die Aufwendungen für die verschiedenen Projektphasen

Phase	Variante 1 in %	Variante 2 in %
Konzeption	53	35
Design	9	6
Implementation	38	59

Tabelle 5.3. Verhältnis der Projektphasen bei einem typischen CBT-Projekt

Phase	in %
Konzeption	66
Design	8
Implementation	26

Prozentual verteilen sich die Anteile der Konzeption, des Design und der Implementation einschließlich Tests und Korrekturen gemäß Tabelle 5.2.

Im Vergleich damit sind in Content-Projekten, bei denen es ja nur um die Realisierung des Lernangebots selbst geht und nicht um die des Campus und der jeweiligen Kursumgebungen, die Gewichte typischerweise wie in Tabelle 5.3 verteilt (Götz und Häfner 1992, p 118).

Bei der Entwicklung der Lerninhalte selbst ist nach Auffassung der Autorinnen das größte Potenzial zur Effizienzsteigerung in der Drehbuchentwicklung zu finden, d.h. in der Konzeptionsphase. Es sind auch nach 20 Jahren CBT-/WBT-Entwicklung erstaunlicherweise kaum Werkzeuge auf dem Markt verfügbar, die die Drehbuchentwicklung unterstützen oder gar automatisieren.

5.2 Vorüberlegungen

Wer auch immer in Ihrem Unternehmen zum ersten Mal das Wort „Online-Lernen-Projekt“ ausspricht: er oder sie wird sicherlich zu diesem Zeitpunkt bereits einige Vorüberlegungen angestellt, mit anderen Kollegen darüber diskutiert und sich auf einschlägigen Kongressen, Tagungen, Messen und nicht zuletzt im Internet umgesehen haben. Die Phase der Vorüberlegungen ist eine recht informelle Zeit:

- Gedanken und Ideen werden ausgebrütet und ausgetauscht.
- Informationen werden gesammelt und verteilt.
- Erfahrungen anderer werden kritisch und interessiert zur Kenntnis genommen.
- Die Suche nach Befürwortern beginnt.

Und dann erhalten Sie – vielleicht zusammen mit einem oder mehreren Kollegen – den Auftrag, sich grundsätzlicher mit dem Thema zu beschäftigen: das erste Teilprojekt kann losgehen. Sie starten in vielen Fällen mit der Analyse, mit dem systematischen Beschaffen von Informationen (intern wie extern), manchmal aber auch direkt mit der Konzeption. Letzteres ist häufig in kleineren Projekten der Fall, wenn die Analyse sehr knapp gehalten werden kann und in die Konzeptionsphase integriert wird. Auch wenn Sie ein eher kleines Online-Lernen-Projekt planen, empfehlen wir Ihnen die Lektüre der nächsten Abschnitte – Sie haben dann die für Ihre Konzeptionsphase wesentlichen Punkte bereits im Hinterkopf!

Projektteam

Überlegen Sie sich zuerst, mit wem Sie Ihr Projekt oder Teilprojekt stemmen können. Folgende Funktionen sind unverzichtbar:

- Projektleiter
- Fach-Experte
- Didaktiker
- Designer
- Programmierer/Medienproduzent

Schnittstellen Ihres Teams können nach innen gerichtet sein

- zur Geschäftsleitung
- zu den Fachbereichen mit den Nutzern des neuen Campus
- zum Personal- und Bildungsbereich
- zur EDV-Abteilung oder zum Benutzerservice,

und nach außen:

Tabelle 5.4. Übersicht über die verschiedenen Funktionen im Projekt

Funktion	Aufgaben	Profil
Projektleiter	Gesamtkonzeption Controlling Kommunikationsschnittstelle nach innen/außen Teamführung Motivation	Typ Allrounder kommunikativ, sachorientiert und durchsetzungsstark
Fach-Experte	Zielfindung Prüfung der Korrektheit der Inhalte	Typ Berater Spezialist
Didaktiker	Entwicklung von Curriculum (Zielbestimmung) und Drehbuch (Fahrplan für die Umsetzung)	Typ Allrounder (vorteilhaft) kommunikativ und konzeptionsstark möglichst mit eigener Trainingserfahrung (idealerweise als Teletutor)
Designer	Festlegen der Design-Regeln und des Styleguide Bearbeiten der grafischen Elemente	Typ Kreativer kommunikativ, vorteilhaft ist eine gute Kenntnis der DV-Werkzeuge
Programmierer	Implementation von Curriculum, Drehbuch und ggfs. Design-Regeln	Häufig Typ Spezialist und Computerfreak; besser ist es, wenn der Programmierer auch von Design oder Didaktik etwas versteht! strukturiert und methodisch

- zum Produktionsunternehmen für Videofilme, Lerneinheiten oder den Campus
- zum Internet-Provider, bei dem Sie Ihren Bildungsserver installieren.

Weder alle Funktionen noch alle Schnittstellen sind in jeder Phase bzw. in jedem Teilprojekt notwendig. Welche Funktionen und Schnittstellen Sie besetzen sollten, erfahren Sie in den jeweiligen Abschnitten, eine Übersicht gibt Tabelle 5.4 .

5.3 Analysephase

5.3.1 Zielsetzung

Ohne zu wissen, wohin Sie wollen, können Sie nur zufällig den richtigen Weg wählen! Versuchen Sie deshalb, sich zu einem frühen Zeitpunkt über die Ziele klar zu werden, die Ihr Haus mit der Einführung einer netzbasierten Lernumgebung erreichen will. In unseren zahlreichen Gesprächen und Diskussionen im Kontext Online-Lernen kristallisierten sich immer wieder ähnliche Zielvorstellungen heraus:

- Effizienzsteigerung im Bildungsbetrieb (durch z.B. Integration von Dokumentation und Bildung im Intranet; durch die bessere Auslastung der Trainer; durch die stärkere Integration von Fachleuten aus der Praxis im Online-Trainingsbetrieb)
- Effektivitätssteigerung im Bildungsbetrieb (höherer Wirkungsgrad sowohl in der Breite als auch in der Tiefe der Trainingsaktivitäten)
- höherer Aktualitätsgrad der Bildungsangebote
- flexibel und einfach nutzbares Bildungssystem
- bessere Integration vorhandener Informationssysteme (Personalentwicklung, Produktinformationen, Unternehmensabläufe, Seminarbuchung, Dokumentationswesen)
- besseres Erreichen entfernter Niederlassungen und entfernt arbeitender Mitarbeiter und Kollegen

Abhängig davon, welche Ziele Sie formulieren und welche Schwerpunkte Sie setzen, werden Ihr Anforderungsprofil und Ihr Projekt unterschiedlich aussehen.

5.3.2 Ist-Analyse

Relevante Informationen für Ihr Online-Lernen-Projekt ergeben sich aus der Analyse

- der Produktions- bzw. Geschäftsprozesse
- der Informations- und Kommunikationsprozesse
- der Bildungsprozesse
- der DV-Infrastruktur
- der Verfügbarkeit computergestützter Lernmaterialien und Lernformen
- der Erfahrungen mit computergestützten Lernmaterialen und Lernformen

Die Ist-Analyse kann umfangreich werden, muss es jedoch nicht zwingend. Wichtig ist es allerdings, die Eckdaten der relevanten Prozesse gut zu kennen, um ein Projekt netzbasiertes Lehren und Lernen strategisch einzubetten. Diese strategische Einbettung ist notwendige Voraussetzung dafür, dass Sie mit Ihrem Projekt erfolgreich sind.

Produktions- und Geschäftsprozesse

Eckdaten für die Analyse der Produktions- bzw. Geschäftsprozesse sind:

- Unternehmensziele
- Unternehmenskultur
- Aufbau- und Ablauforganisation
- nationale/internationale Ausrichtung
- zentrale/dezentrale Organisation
- Unternehmenssprache

Informations- und Kommunikationsprozesse

Für die Analyse der Informations- und Kommunikationsprozesse sollten Sie wissen, wie die Unternehmenskommunikation nach innen wie nach außen (PR, Marketing, CI, ...) funktioniert und welche Kommunikationsregeln (formell, informell) und -standards im Haus angewendet werden.

Bildungsprozesse

Bei der Analyse der Bildungsprozesse werden Sie fragen nach

- Bildungsorganisation
- Integrationsgrad des Bildungswesens
- Anmeldeverfahren
- Controlling
- Bildungsthemen und -formen
- Trainerstab (Anzahl, Qualifikation, ...)
- Abrechnungsmodus
- Bildungsort (Seminarräume, Selbstlernzentrum, Arbeitsplatz, intern/extern)

DV-Infrastruktur

Gerade die DV-Infrastruktur steht in der Analysephase auf dem Prüfstand! Schließlich wollen Sie sich bei der Anwendung Ihres Systems nicht mehr mit technischen Problemen beschäftigen. Sie fragen nach

- zentraler oder dezentraler Organisation der EDV
- Intranet-Verfügbarkeit
- Internet-Zugang
- Sicherheitsanforderungen
- DV-Standards (Hardware, Software)
- Dokumentenstandards
- Ausstattung Arbeits-/Lernplätze
- Standards für Benutzeroberfläche
- technischen Daten des Unternehmensnetzwerks
- Kapazitäten (Übertragungsleistung, Speicher- und Rechenkapazität, aber auch: Administration)

Erfahrungen mit TBT

Auf Erfahrungen mit technologiegestützten Lernformen (TBT Technology Based Training) werden Sie aufbauen. Sie interessieren sich für Art und Verfügbarkeit computergestützter Lernmaterialien und Lernformen:

- CBT/WBT
- CD-ROM oder Diskette
- Folienformate
- Formate der Unterlagen
- Standardunterlagen oder trainerspezifische Eigenentwicklungen
- Videokonferenzsysteme
- Datenkonferenzsysteme

Lernkultur

Nicht zuletzt geht es um die Frage, ob selbstorganisiertes Lernen ein Teil der existierenden Lernkultur ist. Stichworte in diesem Kontext sind:

- Selbstlernen am Arbeitsplatz
- Selbstlernen im Selbstlernzentrum oder am Selbstlern-PC
- Einsatz von Videokonferenztechnik in Besprechungen oder Workshops oder Präsentationen

5.3.3 Bedarfsanalyse

„Die wichtigste Frage!"

Die wichtigste Frage, die Sie sich zu Beginn Ihres Projekts stellen können, lautet: *Wer braucht das netz- und webbasierte Lehr-/Lernsystem und warum?*

Die folgenden Überlegungen unterstützen Sie dabei, Ihre unternehmens- und organisationsspezifische Antwort auf diese Frage zu finden. Im Zentrum stehen dabei die Aspekte:

- In welche Organisation passt netzbasiertes Lernen?
- Für welche Themen ist diese Lernform geeignet?
- In welchen Bereichen des Bildungswesens kann netzbasiertes Lernen eingesetzt werden?
- In welchen Lernphasen ist netzbasiertes Lernen geeignet?

In welche Organisation passt netzbasiertes Lernen?

Besonders stark nachgefragt werden computer- und netzbasierte Lernformen erfahrungsgemäß in Unternehmen oder Organisationen,

- die eine große Mitarbeitergruppe zu einem Themengebiet (manchmal auch: innerhalb einer kurzen Zeit) qualifizieren wollen,
- deren Mitarbeiter auf verschiedene Standorte/Niederlassungen verteilt sind,
- deren Mitarbeiter international verteilt sind (durch die Zeitverschiebungen sind allerdings synchrone technologiegestützte Kommunikationsformen nur eingeschränkt zu realisieren),
- die über entsprechende Netzzugänge am Arbeitsplatz (z.B. Internet-Zugang) verfügen,
- deren Mitarbeiter sich just-in-time mit aktuellen, jobrelevanten Informationen versorgen wollen und
- die selbstgesteuertes Lernen in ihrer Unternehmenskultur bereits verankert haben oder verankern wollen.

Für welche Themen ist diese Lernform geeignet?

Grundsätzlich ist jedes Thema geeignet. Über den Lernerfolg entscheidet die konsequente Adressatenorientierung in der Gestaltung der Lehr-/Lernumgebung hinsichtlich Kenntnisstand, Fähigkeit im Umgang mit PC/Software/Internet, Lerntyp und Lernziele.

Besonders gut für computer- und netzbasiertes Lernen geeignet ist das Training

- kognitiver Fähigkeiten wie Wissen, Lernfähigkeit und Gedächtnis,
- des Grundlagen-Wissens wie der Aufbau eines Computers, eine Management-Theorie oder betriebswirtschaftliche Zusammenhänge,
- des visuellen und auditiven Wissens und Verstehens wie das Aussehen von Maschinen, Produkten, Prozessen oder auch das Hörverstehen von Fremdsprachen und
- der Anwendung einer Software wie Tabellenkalkulation, Textverarbeitung oder auch Warenwirtschaftssystem, denn hier sind Inhalt und Medium ähnlich.

Überproportional wird der Einsatz netzbasierten Lernens im Bereich des Software-Trainings sein – darauf deutet auch die weite Verbreitung konventioneller CBT-Lösungen in diesem Bereich hin. Die Arbeitsschritte, die der Anwender einer Software wie z.B. Lotus Notes oder WinWord durchläuft, lassen sich mit einem hohen Grad von Ähnlichkeit (bis hin zur Benutzung der Original-Software) in das Lernprogramm integrieren. Das Gerät, mit dessen Hilfe der Anwender lernt, ist identisch mit dem Gerät, an dem er oder sie arbeitet. Arbeits- und Lernumgebung sind identisch. Der Transfer des Gelernten in die Arbeitsumgebung erfolgt direkt beim Lernen.

Grenzen des E-Learning

Grenzen sind dem netz- und webbasierten Lernen gesetzt, wenn es um motorische Fähigkeiten, Verhaltensweisen und Einstellungen geht. Während kognitiv geprägte Einstellungen vielleicht noch via Lernsoftware trainierbar sind, stößt das Training affektiv geprägter Einstellungen auf größere Hindernisse. Auch persönliche Verhaltensweisen im direkten Umgang mit anderen Menschen lassen sich nur im Präsenztraining (Seminar oder Workshop) erleben und auf der Basis von Feedback verändern. Motorische Fähigkeiten trainieren Sie ebenfalls besser nicht mithilfe des Computers. Oder glauben Sie, dass Sie am Computer lernen können, wie Sie freihändig Fahrrad fahren? Allerdings wurden beim Training motorischer Fähigkeiten überall dort gute Erfahrungen gemacht, wo es um die Bedienung von (computergestützten) Maschinen geht. Hier leistet die Simulation am PC sehr viel.

Kann auch ein Themenkomplex wie Management und Führung aufbereitet werden?
Hier ist sicherlich die Kombination von netzbasiertem Lernen mit klassischen Trainingsformen wie Seminar, Workshop und auch Individualcoaching sinnvoll und notwendig (s. hierzu Abschn. 8.4.1 Integration). Abbildbar in der virtuellen Lernumgebung sind

- Basiswissen zu Management und Führung
- typische Situationen und entsprechende Verhaltensweisen (per Video über das Intranet oder im Offline-Betrieb)
- Problemlösungsmethoden und ihre praktische Übung anhand einer konkreten Aufgabenstellung in einem verteilt arbeitenden virtuellen Team
- Reflexionsphasen im direkten Austausch mit anderen Lernenden und dem Teletutor

In welchen Bereichen des Bildungswesens kann netzbasiertes Lernen eingesetzt werden?

Netz- und webbasiertes Lernen kann in folgenden Bereichen der beruflichen Weiterbildung zum Einsatz kommen:

- Vorbereitung von Teilnehmern auf Präsenzveranstaltungen (am Arbeitsplatz oder zu Hause),
- Nachbereitung von Präsenzveranstaltungen (am Arbeitsplatz oder zu Hause),
- Selbstlernphasen innerhalb von Präsenzveranstaltungen,
- Klassisches selbstgesteuertes Lernen (Selbstlernzentrum, Lern-PC, Online-Lernen am Arbeitsplatz oder zu Hause) mit oder ohne tutorielle Begleitung.

Integration in Makrostrukturen

Die Erfahrungen mit dem Einsatz von CBT und WBT in der beruflichen Weiterbildung zeigen, dass Online-

Lernen nur dann erfolgreich sein wird, wenn es als Lernform integriert ist in den Kanon anderer Lernformen (s. hierzu auch Kap. 8). Wir sprechen hier von Makrostrukturen für Lernprozesse, die alle Formen und Medien des Lernens umfassen. Akzeptanzhürden bei Lernenden wie auch bei Trainern lassen sich nur mit einem integrativen Ansatz überwinden. Das Selbstlernzentrum ohne Verbindung zum Trainingszentrum, ohne Nutzung durch Trainer und Teilnehmer der Präsenzveranstaltungen und ohne didaktisch-methodisches Konzept und Betreuung ist auch in der Variante des netzbasierten Bildungsservers zum Scheitern verurteilt.

In welchen Lernphasen ist netzbasiertes Lernen geeignet?

Um das Potenzial netzbasierten Lernens einschätzen zu können, werden im Folgenden die verschiedenen Phasen des Lernens vorgestellt und der Einsatz netzbasierten Lernens in der jeweiligen Phase bewertet. Eine Übersicht am Ende des Abschnitts fasst die Resultate zusammen.
Die Lernphasen im Überblick:

- Wissen erwerben
- Üben
- Testen und kontrollieren
- Wiederholen
- Nachlesen und nachschlagen
- Anwendungen simulieren
- Kommunizieren und reflektieren

Der Bewertung liegt eine Skala von 1-4 zugrunde mit den Ausprägungen

1 = Online-Lernen ist hier nicht geeignet
2 = Online-Lernen kann hier eingesetzt werden
3 = Online-Lernen ist gut geeignet
4 = Online-Lernen ist sehr gut geeignet

Wissen erwerben – Bewertung: 4
Bei aller Betonung der Bedeutung der Handlungskompetenz, der Praxisnähe und Prozessorientierung in der

beruflichen Weiterbildung: ohne ausreichendes Grundlagenwissen können viele weiterführende Kompetenzen nicht aufgebaut werden. Beispiele für Grundlagenwissen im Beruf sind EDV- und BWL-Grundlagen, Aufbau von Programmiersprachen, gesetzliche Vorschriften, Abläufe im Unternehmen, elektrotechnische Zusammenhänge, Management-Theorien, Verkehrsregeln und viele mehr.

Ein netz- und webbasiertes Lernangebot als „interaktives elektronisches Buch" verstanden leistet sehr viel in dieser Lernphase. Der Grad der Selbststeuerung des Lerners ist wesentlich höher ist als in der Präsenzveranstaltung, wodurch die Effektivität des Lernens bezogen auf unterschiedliche Lernniveaus steigt. Darüberhinaus sind die für die Behaltensleistung entscheidenden Elemente Visualisierung und Interaktivität im Online-Lernen immer, im Video und Buch in der Regel nur als Visualisierung implementierbar.

Üben – Bewertung: 3

Ohne die Anwendung des erworbenen Wissens im beruflichen Alltag bleibt dieses Wissen nutzlos. Gerade im Kontext der beruflichen Weiterbildung ist es notwendig, die Anwendung des Wissens bereits in der Lernphase zu trainieren. Dies geschieht typischerweise in entsprechenden Übungsphasen.

Als interaktives Lernmittel sind netz- und webbasierte Lehr-/Lernsysteme wesentlich besser als andere Selbstlernmittel wie Buch oder Video geeignet, das Wissen auch anzuwenden. Intelligente Feedbacksysteme ersetzen beim netzbasierten Lernen die individuelle Rückmeldung durch den physisch anwesenden Trainer bis zu einem gewissen Grad. Allerdings ist hier der Entwicklungsaufwand bezogen auf die Wissensbasis entsprechend hoch. Ein hervorragendes Instrument zum Üben ist die Simulation der konkreten Anwendung (vgl. hierzu im Folgenden den Abschnitt „Anwendungen simulieren").

Testen und kontrollieren – Bewertung: 4

Die Kontrolle des Lernstandes durch den Lernenden selbst oder eine entsprechend autorisierte Instanz

(Trainer, Zertifizierungseinrichtung) ist eine im Lernprozess unverzichtbare Komponente. Nur die detaillierte Rückmeldung über Wissensstände, Fertigkeiten auch unter Zeitdruck, Wissenslücken und persönliches Verhalten in Stresssituationen ermöglicht Lernenden wie Lehrenden, den weiteren Lernprozess adressaten- und zielorientiert zu gestalten.

Computer- und netzgestützte Testsysteme leisten gerade im Bereich der Selbstkontrolle wesentlich mehr als herkömmliche Systeme. Ein computer- und netzgestütztes Testsystem

- ahmt die Spielsituation (wie aus Computerspielen bekannt) nach und erhöht damit die Motivation
- bietet die sofortige Auswertung
- kann sich dynamisch an das Testverhalten des Kandidaten anpassen
- ist ortsunabhängig realisierbar

Wiederholen – Bewertung: 4
Ohne einmal Verstandenes zu wiederholen, eignen Sie sich als Lernender neues Wissen nicht dauerhaft an. In einer Präsenzveranstaltung sind Wiederholungsphasen zwar vorgesehen, werden jedoch in möglichst geringem Umfang eingeplant, da sie die für Neues verfügbare Zeit einschränken.

Selbstlernmedien wie Buch, Video, WBT, Online-Kurse und kleine Lern- und Informationseinheiten sind hervorragende Hilfsmittel. Sie können sich zu einem frei wählbaren Zeitpunkt, an einem persönlich geeigneten Ort im individuell notwendigen Umfang mit den Lerninhalten beliebig oft auseinander setzen. Gegenüber Buch und Video weist netzbasiertes Lernen darüberhinaus – wie oben bereits beschrieben – weitere Vorteile auf.

Nachlesen und nachschlagen – Bewertung: 2
Einmal Gelerntes weist nach längeren Zeiten in der Regel Lücken auf, die durch Nachlesen und Nachschlagen gefüllt werden. Das klassische Nachschlageinstrument ist sicherlich das Lexikon.

Das elektronische Lexikon, Datenbanken und Hypertextsysteme im Rahmen der virtuellen Lernumgebung sind hier geeignete Werkzeuge. Ist ein Kurslexikon, ein Glossarzugriff und ggfs. der erweiterte Zugriff auf externe Datenbanken (extern meint hier außerhalb des direkt dem Lernsystem zugeordneten Datenbestandes) im System realisiert, kann es auch als Nachschlagewerk dienen. Entscheidend für den Nutzungsgrad ist die Integration in die normale Arbeitsumgebung. Wenn der Anwender aus seiner gewohnten Arbeitsumgebung in eine spezifische Support- oder Lernumgebung mit einer eigenen Benutzerschnittstelle wechseln muss, wird die Akzeptanz und Bereitschaft, die Lernumgebung zu nutzen, eher gering sein.

Anwendungen simulieren – Bewertung: 4
Die reale Anwendungssituation lässt sich in Bildungsveranstaltungen nur selten abbilden. Beim Softwaretraining oder auch im Rollenspiel im Rahmen des Verhaltenstrainings finden wir noch am ehesten die Simulation der konkreten Arbeits- und Anwendungssituation wieder.

Lernsoftware hat eine sehr lange Einsatzgeschichte in der Simulation der Maschinensteuerung. Das bekannteste Beispiel dürfte der Einsatz komplexer Simulatoren in der Pilotenausbildung sein. Hier lassen sich in Verbindung mit dem Aufbau von Laborräumen, die die reale Umgebung abbilden, sehr gute Lernerfolge bei hoher Effizienz erzielen. Ähnliches gilt für den Einsatz von CBT/WBT im Softwaretraining, was durch den hohen Anteil von CBT/WBT in diesem Bereich bestätigt wird.

Kommunizieren und reflektieren – Bewertung: 1 für WBT (Self-paced Online-Learning); 3–4 für Collaborative und Live Online Learning
Im Austausch mit anderen Lernenden und dem Trainer kontrollieren und veranken Sie als Lernender das erworbene Wissen. Sie benutzen die neuen Konzepte im sozial kontrollierten Sprachraum, erhalten und geben Feedback zur korrekten Verwendung der Begriffe und erweitern auf diese Weise zugleich den Anwendungsbereich Ihres Wissens.

Im Computernetzwerk oder ISDN-Netz sind erstmals die Möglichkeiten gegeben, über netzbasierte Kommunikations- und Kooperationsmittel wie elektronische Post, Diskussionsgruppen, Videokonferenzen oder auch „Teamware"-Systeme (z.B. für die gemeinsame Bearbeitung von Dokumenten) den Dialog mit anderen Personen in den computer- und netzgestützten Lernprozess einzubinden. Im konventionellen CBT/WBT und auch bei der CBT-/WBT-Distribution über Netzwerke werden diese Instrumente nicht oder nur in geringem Umfang genutzt. Dies geschieht viel eher in der netzbasierten Lernumgebung wie z.B. dem virtuellen Seminarzentrum, im Online-Kurs oder der Community, die genau diese kommunikativ-kooperativen Aspekte des Lernens abbilden.

Der besondere Vorzug des netzbasierten Lernens gegenüber klassischen Selbstlernmitteln liegt darin, dass die verschiedenen Lernphasen innerhalb eines Lernmediums eng kombiniert werden können. Diese Verzahnung von z.B. Wissen erwerben, üben, testen und Anwendungen simulieren leistet nur die netz- und webbasierte Lernumgebung, nicht aber das klassische Instrument Buch oder auch das Video. Eine abschließende Übersicht finden Sie in Tabelle 5.5.

Tabelle 5.5. Übersicht über Lernphasen und Einsatzfelder von Online-Lernen

Lernphase	Eignung	Einsatzgebiet
Wissen erwerben	4	*Vorbereitung von Teilnehmern auf Präsenzveranstaltungen*
	4	Nachbereitung von Präsenzveranstaltungen
	3	Selbstlernphasen innerhalb von Präsenzveranstaltungen
	4	Klassisches Selbstlernen (Selbstlernzentrum, Lern-PC, Online-Lernen am Arbeitsplatz)
Üben	4	*Selbstlernphasen innerhalb von Präsenzveranstaltungen*
	3	Klassisches Selbstlernen (Selbstlernzentrum, Lern-PC, Online-Lernen am Arbeitsplatz)
Testen/ kontrollieren	4	*Vorbereitung von Teilnehmern auf Präsenzveranstaltungen*
	4	Nachbereitung von Präsenzveranstaltungen
	4	Selbstlernphasen innerhalb von Präsenzveranstaltungen
	4	Klassisches Selbstlernen (Selbstlernzentrum, Lern-PC, Online-Lernen am Arbeitsplatz)
Wiederholen	4	*Vorbereitung von Teilnehmern auf Präsenzveranstaltungen*
Nachlesen/ nachschlagen	2	*Nachbereitung von Präsenzveranstaltungen*
	2	Klassisches Selbstlernen (Selbstlernzentrum, Lern-PC Online-Lernen am Arbeitsplatz)

Tabelle 5.5. Fortsetzung

Lernphase	Eignung	Einsatzgebiet
Anwendungen simulieren	*4*	*Selbstlernphasen innerhalb von Präsenzveranstaltungen*
	4	Klassisches Selbstlernen (Selbstlernzentrum, Lern-PC Online-Lernen am Arbeitsplatz)
Kommunizieren/ reflektieren	*1*	*Self-paced Online Learning*
	3–4	Collaborative Online Learning mit/ohne Tutor

5.3.4 Grundsätzliche Kosten-Nutzen-Überlegungen

Zahlreiche qualitative Aspekte sprechen für den ergänzenden Einsatz netz- und webbasierten Lernens in der beruflichen Weiterbildung. Im Folgenden sind einige kostenwirksame qualitative Faktoren zusammengefasst:

- Der Anwender greift unternehmensweit über unterschiedliche Netzwerke hinweg auf die Kurse zu, auch über Wahlleitungen von Außenstellen (interessant in dezentral organisierten Unternehmen wie Versicherungen und für die Mitarbeiter im Außendienst bzw. Vertrieb).
- Der Anwender lernt weitgehend betriebssystemunabhängig, WWW-Browser gehören mehr und mehr zur Standardsoftware.
- Die Benutzerschnittstelle des WWW ist einfach zu bedienen. Außerdem ist diese Benutzerschnittstelle einheitlicher Zugang zu den verschiedenen Anwendungen. Der Funktionsumfang wird kontinuierlich erweitert.
- Der Content ist – sofern als Hypertext-Struktur realisiert – grundsätzlich modular. Die feinste Granularität entspricht einem Hypertext-Dokument oder sogar einzelnen Blöcken eines Dokuments. Damit lassen sich vorhandene Content-Elemente leichter wieder verwenden und auch wesentlich bequemer aktualisieren als bei monolithischer, programmierter Lernsoftware.

- Die DV-Infrastruktur (Arbeitsplatz, Netzwerk, Datenspeicher) erhält eine weitere Nutzung.
- Die Weiterbildung ist effektiver, da sie stärker am Adressateninteresse und -vorwissen orientiert sein kann als in Standard-Präsenzveranstaltungen.
- Der Anwender kann zeit- und ortsunabhängig lernen, was z.B. für Vertriebsmitarbeiter oder Mitarbeiter in den Niederlassungen oder Geschäftsstellen wichtig ist.
- Der Bedarf an Büroraum qua Seminarraum sinkt.
- Die Qualifizierung kann in engerem Bezug zu den spezifischen Anforderungen des Arbeitsplatzes stehen.

Quantitative Aspekte

Über die qualitativen Überlegungen hinaus, deren Bedeutung in engem Bezug zu der Zielsetzung des jeweiligen Unternehmens steht, sprechen in der Tat auch quantitative Argumente für den Einsatz netz- und webbasierter Lernsysteme. Allerdings gilt eine Einschränkung, mit der auch möglichen Missverständnissen vorgebeugt werden soll: Nicht in jedem Kontext, das heißt nicht für jedes Thema, nicht für jede Umgebung, nicht für jeden Lerntyp und nicht für jede Zielsetzung ist technologiegestütztes Lernen die richtige Lernform. In der folgenden Wirtschaftlichkeitsbetrachtung setzen wir deshalb voraus, dass netzbasiertes Lernen eine alternative Lernform zu einem Präsenztraining darstellt.

Die Kalkulation bezieht sich auf den Anwenderstandpunkt. Es werden die Kosten für die Teilnahme eines Mitarbeiters eines großen Unternehmens an einem offenen bzw. Firmentraining mit den Kosten verglichen, die durch den Einsatz eines netzbasierten Lernangebots ohne teletutorielle Begleitung entstehen.

Effektive Lernzeit

Die effektive Lernzeit ist die für die Betrachtung entscheidende Größe. Die effektive Lernzeit ist die Zeit, die für das Lernen aufgewendet wird und nicht für die Berufstätigkeit zur Verfügung steht. Damit ist z.B. bei der Teilnahme an einem Präsenzseminar die Seminarzeit von 9 Uhr morgens bis 16.30 Uhr abends die effektive Lernzeit. In den der Kalkulation zugrunde liegenden zeitlichen Annahmen werden die Reisezeiten nicht berücksichtigt.

Eine weitere wichtige Voraussetzung der Kalkulation ist die Annahme, dass die effektive Lernzeit via netzbasierte Lernumgebung ca. 60 % der effektiven Lernzeit bei der Teilnahme an einem Firmenseminar beträgt. Diese Annahme setzt ihrerseits voraus, dass die Lernenden über Erfahrung im Umgang mit dem netzbasierten Lernsystem verfügen, sich also nicht erst mit der Technologie vertraut machen müssen.

Die Annahme hinsichtlich der effektiven Lernzeit ist ein Mittelwert der Ergebnisse verschiedener Studien zur Effektivität des Einsatzes von CBT/WBT in der beruflichen Weiterbildung. Die Werte der Studien bewegen sich hinsichtlich der Reduktion der effektiven Lernzeit durch den Einsatz technologiebasierter Lernmittel zwischen 70 und 30 %. In der vorliegenden Kalkulation wird ein Wert von 40 % Reduktion der Lernzeit im Vergleich zur Präsenzveranstaltung angenommen.

Das Szenario

Seminargebühren

Konkret wird ein Anwendertraining zu Word aus der Microsoft Office Suite betrachtet. Bei einer Präsenzveranstaltung dauert ein offenes Seminar als Einführung in Word typischerweise zwei Tage und kostet 450 Euro pro MA (zzgl. gesetzl. MwSt). Das Trainerhonorar beträgt 750 Euro (ebenfalls zzgl. gesetzl. MwSt.) pro Tag. Bei 1000 zu trainierenden Mitarbeitern reduzieren sich die Seminargebühren für das Anwenderunternehmen in der Regel erheblich. Wir gehen von einer Reduktion des Trainerhonorars um ebenfalls 55 % auf 338 Euro pro Tag aus. Bei einer Gruppengröße von 8 TN pro Firmenseminar ergibt sich umgerechnet ein anteiliges Trainerhonorar von 84,50 Euro pro MA.

Dienstausfall

Der prozentual größte Kostenfaktor entsteht durch den Dienstausfall. Die Dauer des Dienstausfalls entspricht der effektiven Lernzeit. Zu Grunde gelegt wird in der folgenden Kalkulation das Jahreseinkommen eines Sachbearbeiters in Höhe von 42.500 Euro. Die Kosten für das Unternehmen einschließlich Lohnnebenkosten werden mit 51.000 Euro (Bruttogehalt zzgl. 20 %) beziffert. Nicht berücksichtigt sind die Aufwendungen für Büro, Arbeitsplatz, anteilige Sozialräume. Es werden 220 Arbeitstage pro Jahr und 7,7 Arbeitsstunden pro Tag (38,5-Stunden-Woche) angesetzt und damit ein kalkulatorischer Stundensatz von 30,11 Euro errechnet.

Es werden nur die beiden Seminartage bzw. die effektive Lernzeit als Dienstausfallzeit berücksichtigt, da in den Unternehmen unterschiedliche Regelungen hinsichtlich der Berücksichtigung von Reisezeiten herrschen. Außerdem ist der tatsächliche Umfang des Dienstausfalls abhängig von der Entfernung vom Seminarort. Im schlimmsten Fall kann der tatsächliche Dienstausfall in Summe zwei Arbeitstage zusätzlich zu den Seminartagen betragen.

Die Kalkulation für die Teilnahme an einem Seminar von zwei Tagen Dauer führt damit zu einem Wert von 15,4 x 30,11 Euro, was einer Summe von 464 Euro entspricht. Bei dem Einsatz des WBT werden 60 % der effektiven Lernzeit der Präsenzveranstaltung benötigt. Der Dienstausfall wird entsprechend mit 278 Euro bewertet.

Hardware/Software

Die Abschreibungskosten für den Lern-PC bzw. den Arbeitsplatzrechner (1.750 Euro Investitionssumme auf drei Jahre), der zu 15 % gleichzeitig auch zum Lernen genutzt wird, sowie die Abschreibungskosten für die Nutzung der Netzwerkinfrastruktur (z.B. 1.500 Euro pro Anwender auf fünf Jahre und zu 15 %) sind im Vergleich fast vernachlässigbar. Hinzu kommen die Abschreibungskosten für die netz- und webbasierte Lernumgebung. Hier ist derzeit auf dem nationalen und internationalen Anbietermarkt ein breites Preis- (und auch Leistungs-) spektrum vertreten. Die Kosten für eine netz- und webbasierte Lehr-/Lernumgebung als Plattform für netzbasiertes Lernen bewegen sich abhängig von den Nutzerzahlen, der Gesamtfunktionalität bzw. Ausstattung und dem Grad der Standardisierung zwischen 10.000 und 500.000 Euro (jeweils Nettopreise). Wir setzen im Folgenden einen Betrag von 100.000 Euro (netto) an, der über einen Zeitraum von drei Jahren abgeschrieben wird. Bezogen auf die 1000 zu trainierenden Mitarbeiter in unserem Szenario kommen weitere Aufwändungen in Höhe von 33,33 Euro pro Mitarbeiter hinzu. Der Betrag ist in Wirklichkeit vermutlich niedriger, da pro Jahr auf der Basis der Lernumgebung sicherlich nicht nur ein Trai-

Tabelle 5.6. Kostenvergleich Firmenseminar und netzbasiertes Lernen ohne Teletutor

Art der Aufwändungen (Aufwändungen pro Mitarbeiter)	**Firmen-seminar** [in Euro*]	Netzbasiertes Lernen ohne Teletutor [in Euro*]
Dienstausfall Mitarbeiter	646,00	278,00
Honorar ext./int. Trainer pro Teilnehmer	84,10	
Anzahl Teilnehmer pro Firmenseminar	8	
Einkauf Seminarunterlage (Basis: 1000er-Lizenz)	7,50	7,50 (begleitend)
Raummiete und Verpflegung (35 DM pro Teilnehmer und Tag im Hotel als Tagungspauschale)	70,00	
Spesenpauschale Trainer (ist regional ansässig, sodass Reise- und Übernachtungskosten entfallen)	46,00	
Einkauf Lizenz für netzbasiertes Lernangebot		15,00
TK-Kosten (bei der Nutzung eines externen oder internen Bildungsserver via Internet/ ISDN)	0,50	4,62
Abschreibung Lern-PC		0,50
Abschreibung Lernplattform		33,33
Administration der Lernumgebung (monatliche Kosten bei einem externen Dienstleister ca. 500,00 Euro; umgelegt hier auf100 Benutzer pro Monat)	5,00	
Summe	*672,00*	*343,95*

* zzgl. gesetzlicher Mehrwertsteuer

ning (wie hier jetzt angenommen) durchgeführt werden wird.

Tabelle 5.6 stellt die Aufwändungen für das Firmenseminar und netzbasiertes Lernen ohne Teletutor auf der Basis der im vorigen Abschnitt erläuterten Voraussetzungen gegenüber.

Die Kalkulation aus Sicht des Produzenten eines netz- und webbasierten Lernangebots wird ausführlich in Kap. 7 analysiert. Dort stellen wir Ihnen auch unterschiedliche Kalkulationsansätze vor, anhand derer Sie abschätzen können, welche Aufwändungen bei der Eigenentwicklung einer Multimedia-Produktion auf Sie zukommen.

5.4 Konzeption

Erfolgsentscheidende Aspekte

In der Konzeptionsphase versuchen Sie, das gesamte Projekt zu erfassen und adäquat vorzubereiten. Hier stellen Sie die Weichen für den Verlauf und meistens auch den Erfolg des gesamten Projekts. Relevant sind folgende Aspekte:

- Anforderungen von Seiten der potenziellen Anwender und Kunden (intern wie extern) des zukünftigen Systems auf der Basis einer Analyse des Ist-Zustandes
- didaktisch-methodisches Design der Lehr-/Lernumgebung und der Lernangebote
- mediales Design der Lehr-/Lernumgebung und der Lernangebote
- Anforderungen an die Entwicklungs- und die Betriebsumgebung und in der Regel auch die Produktentscheidung
- Wirtschaftlichkeitsbetrachtung im Sinne einer Kosten-Nutzen-Analyse
- Projektplanung (Zeiten, Personal, sonstige Aufwändungen)

Einen Gesamtüberblick über das E-Learning-Projekt zeigt Tabelle 5.7.

Anforderungsprofil

Das konkrete Anforderungsprofil, das Sie gegebenenfalls im Pflichtenheft oder in den Ausschreibungsunterlagen Ihren externen Partnern und Auftragnehmern präsentieren, resultiert aus

- dem tatsächlichen oder prognostizierten Bedarf innerhalb der Organisation,
- der konkreten Kombination netz- und webbasierter Lehr-/Lernmethoden,
- den Designrichtlinien und -vorstellungen sowie
- der vorhandenen bzw. einzurichtenden DV-Infrastruktur.

Zeitlicher und finanzieller Rahmen

Der zeitliche und finanzielle Rahmen des Projekts hängt entscheidend davon ab,

- ob firmenspezifische Lernangebote mit eigenen oder fremden Ressourcen neu entwickelt werden bzw. in Zukunft flexibel ergänzt werden können,
- ob vorhandene (konventionelle) CBT integriert werden müssen – deren Konvertierung in eine webfähige Version sich sehr aufwändig gestalten kann – und
- ob auf dem Markt verfügbare netz- und webfähige Lernprogramme eventuell auch unterschiedlicher Hersteller in das Lehr-/Lernsystem eingestellt werden sollen.

Ihr netz- und webbasiertes Lehr-/Lernsystem ist vielleicht ein WBT (Web Based Training) oder ein Bildungsserver mit netz- und webfähigen Lernprogrammen für das selbstgesteuerte Lernen oder eher ein Webserver mit zahlreichen Informationen in einem

Tabelle 5.7. Gesamtüberblick über das Projekt Online-Lernen nach den Phasen geordnet

Phase	Beteiligte (Projektleiter ist verantwortlich)	Kommentar/Ergänzung
Analyse	Projektleiter, Fachbereiche, Personal-/Bildungsverantwortliche, Geschäftsführung, Vorstand	Die Unterstützung an oberster Stelle ist entscheidend für den Projekterfolg. Interne wie externe Kunden!
Konzeption	Projektleiter, Fachbereiche, Personal-/Bildungsverantwortliche, Autor, Designer	Teamarbeit und Absprache der Schnittstellen in der Implementationsphase
Implementation, Realisierung	Projektleiter, Autor, Designer, Programmierer, Medienproduzent	Je früher ein Prototyp verfügbar ist, desto weniger Änderungen müssen nachträglich vorgenommen werden.
Testphase im Rahmen der Implementationsphase	Projektleiter, DV-Verantwortliche, Programmierer, Autor, Anwender	Jeder testet unter einem anderen Gesichtspunkt ...
Pilot und Evaluation	Projektleiter, Personal-/Bildungsverantwortliche, DV-Verantwortliche, Pilotgruppe im Fachbereich	Ein Vorgeschmack auf den Echtbetrieb!
Einführung	Geschäftsführung, Vorstand, Projektleiter, Fachbereiche, Personal-/Bildungsverantwortliche, DV-Verantwortliche	

Hypertextsystem und der Möglichkeit, per E-Mail entfernte Experten hinzuziehen, oder: eine Kombination dieser Varianten!

Welche Variante oder Kombination am besten zu Ihrer Organisation passt, finden Sie heraus, indem Sie wie oben beschrieben

Was passt zu meiner Organisation?

- das existierende Bildungswesen mit seinen Vorzügen und Defiziten analysieren,
- das vorhandene (oder vielleicht erst geplante) Informationssystem genau beschreiben,
- den Bedarf und die Zielsetzung in Ihrem Hause analysieren und
- vor dem Hintergrund der verfügbaren didaktisch-methodischen Modelle die geeigneten und auch realisierbaren didaktisch-methodischen Instrumente auswählen (vgl. hierzu ausführlich Kap. 2).

Detaillierte Beispiele und Erläuterungen zur Konzeption der Lehr-/Lernumgebung und der Lerninhalte oder Kursangebote selbst finden Sie in Kap. 6 bzw. 7.

5.5 Realisierung der Lehr-/Lernumgebung und der Lernangebote

Realisieren heißt im Kontext netz- und webbasierter Lernumgebungen zunächst einmal:

- Konfiguration der Lernplattform
- Programmieren der notwendigen Anpassungen
- Texten
- Online-Redaktion
- Produktion von Bildern, Grafiken, Audio- und Videosequenzen

Dieser Prozess wird gesteuert durch die Konzeption. Wenn Sie Angebote externer Spezialisten betrachten, werden Sie feststellen, dass die Abläufe meistens in linearer Abfolge dargestellt sind. Das Beispiel in Tabelle 5.8 für die Produktion eines Lernangebots verdeutlicht diese Linearität.

Dahinter steht das so genannte Phasenmodell. Jede Phase ist in sich abgeschlossen und setzt erst dann ein,

Phasenmodell

Tabelle 5.8. Verlauf der Konzeption und Realisierung eines Online-Campus

Nr.	Phase	Verantwortlich
1	*Curriculum/Exposé* Definition von Zielsetzung, Zielgruppe/n und grundsätzlicher Vorgehensweise incl. Projektplanung (Zeiten, Ressourcen)	Projektleiter und Drehbuchautor (s. Phase 2)
2	*Drehbuch/Storyboard* Erstellen des detaillierten (schrittweise verfeinerten) Drehbuchs mit den Anweisungen für die Programmierung der Lernumgebung und der Lerninhalte	Drehbuchautor
3	*Styleguide/Screendesign/Seitengestaltung und Navigation* Definition der gestalterischen Aspekte und der Benutzerführung (Navigation); Anlehnung an die CI des Unternehmens	Screendesigner
4	*Implementation und Test* Konfiguration bzw. Programmierung der Lernumgebung und der Lerninhalte; bei netz- und webbasierten Lernumgebungen wird in der Regel direkt in Java, JavaScript, HTML und zunehmend XML/XSL implementiert – so wird sichergestellt, dass im Wesentlichen von beliebigen Arbeits- und Lernplätzen auf die Lernumgebung zugegriffen werden kann.	Medienproduzent, Techniker und Programmierer (in Abstimmung mit dem Autor)

wenn die vorhergehende Phase beendet ist. Dieses Vorgehensmodell ist eher arbeitsteilig ausgerichtet und setzt voraus, dass die jeweiligen Verantwortlichen der einzelnen Phasen stark spezialisiert sind. Hinsichtlich der angrenzenden Aufgabenbereiche sind lediglich Überblickskenntnisse und Erfahrungen notwendig. Für die Konzeption der Lerninhalte wird das beispielsweise zur Folge haben, dass der Drehbuchautor jede einzelne Bildschirmseite detailliert beschreibt. Auf der Basis dieses genauen Drehbuchs erstellt der Programmierer oder Medienproduzent die Software oder die Medien, ohne die inhaltlichen bzw. didaktisch-methodischen Zusammenhänge zu kennen.

„Mehrdimensionaler Reißverschluss"

Unserer Erfahrung nach kann gerade in kleineren und mittleren, insbesondere aber in innovativen Projekten (und die Entwicklung von Online-Kursen gehört derzeit noch zur Gruppe der innovativen Projekte) der Aufwand für die Konzeption erheblich reduziert werden. Wir gehen in unseren Projekten in Anlehnung an das Spiralmodell bzw. Versionsmodell der Software-Entwicklung vor. Die Prozessschritte Konzeption – Im-

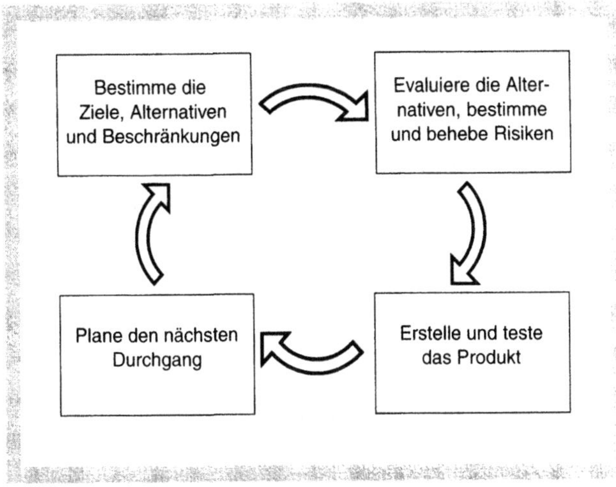

Abb. 5.2 Schematische Darstellung der Vorgehensweise im Spiralmodell oder Versionsmodell

plementation – Test werden im Gesamtverlauf mit zunehmendem Detaillierungsgrad wiederholt und greifen stark ineinander („mehrdimensionaler Reißverschluss"). Neue Ideen lassen sich während des ganzen Prozesses einbauen – Korrekturen an der Konzeption, wie sie sich im Zuge der Implementation als zwingend herausstellen können, sind sehr viel leichter möglich. Allerdings setzt dieses Vorgehensmodell voraus, dass die Teammitglieder wesentlich enger als im Phasenmodell zusammenarbeiten. Idealerweise übernimmt auch der Autor Teile der Produktion und der Produzent beurteilt und ergänzt die Arbeit des Autors. Ein Vorteil dieser Vorgehensweise ist auch darin zu sehen, dass schon zu einem sehr frühen Zeitpunkt eine lauffähige Version vorhanden ist. Und zwar eine Version, die – wenn auch rudimentär – bereits das gesamte Projekt abbildet.

Im Spiralmodell oder Versionsmodell wiederholen sich vier Arbeitsschritte mit zunehmender Ausarbeitung der Ergebnisse (Abb. 5.2).

Multimedia Engineering

Eine ähnliche Struktur des Projektverlaufs empfiehlt auch Sander (1997). Er spricht in diesem Kontext vom Multimedia Engineering und beschreibt seine Vorgehensweise als eine Kombination aus Methoden der objektorientierten Software-Entwicklung, der evolutionären Entwicklung (analog zum Spiralmodell) und des Prototyping. Sander nennt auch deutlich die Konsequenzen, die diese Vorgehensweise hat:

„Diese Konzeption bedeutet letztlich die Aufgabe einer starren Planung und mechanistischer Organisationsformen zugunsten von Selbstorganisationskräften innerhalb der Team-Strukturen." (Sander 1997, p 241).

5.6 Integration in das Unternehmen

Die netz- und webbasierte Lehr-/Lernumgebung ist nur ein Baustein in der Lernumgebung oder Lernwelt, die in einem Unternehmen oder in einer Organisation existiert. Entscheidend dafür, ob dieser Baustein gut in das gesamte System passt, ist die Art und Weise, wie er eingeführt wird. Wie Sie das tun, werden Sie sich vermutlich schon ganz am Anfang überlegen und immer wieder reflektieren. Wichtige Ergebnisse liefert hier das Pilotprojekt. Planen Sie deshalb bereits während des Pilotprojekts und vor dem Beginn der unternehmensweiten Einführung noch genügend Zeit und Luft ein, um die Einführungsstrategie möglicherweise anpassen zu können.

Zu berücksichtigen sind wiederum die Aspekte, die bereits in der Analysephase genauer untersucht wurden:

- Geschäfts- und Produktionsprozesse
- Infomations- und Kommunikationsprozesse
- Bildungsprozesse
- DV-Infrastruktur

Besonders wichtig sind jetzt

- das interne Marketing (Informations- und Kommunikationsprozesse)
- die Qualifizierung der Anwender und Multiplikatoren (Bildungsprozesse)
- die rückhaltlose Unterstützung vonseiten der Geschäftsleitung

Promotoren

Im Idealfall sitzen die Promotoren Ihres Projekts sowohl in der Geschäftsleitung als auch in den Fachbereichen/Geschäftsbereichen selbst. Will nur die Geschäftsleitung netzbasiertes Lernen einführen, müssen

Sie als Projektverantwortliche ausreichend Zeit einplanen, um die „Basis“ vom Nutzen der neuen Lernform zu überzeugen, um Akzeptanz und Bereitschaft zum Experiment zu schaffen. Sucht nur ein Fach- oder Geschäftsbereich neue Wege des Lernens, benötigen Sie zuerst die Unterstützung von oberster Stelle, um nicht nach konzeptionellen Vorarbeiten durch ein kategorisches Nein der Geschäftsleitung den Fachbereich zu enttäuschen.

Pilotphase

In der Pilotphase erproben Sie in einer Pilotumgebung das Resultat Ihrer bisherigen Projektarbeit. Sie korrigieren aufgrund der Erfahrungen dieser Phase gegebenenfalls Ihre Lehr-/Lernumgebung und die Online-Lernangebote.

Wichtige Teilphasen sind

- der Piloteinsatz mit begrenzter Zielgruppe und begrenztem Zeitfenster
- die Evaluation des Piloteinsatzes
- die Korrektur der bisher realisierten Lehr-/Lernumgebung und Lerninhalte
- die Qualifizierung der Anwender (Multiplikatorentraining o.Ä.)

Um das Pilotprojekt sinnvoll durchführen zu können, muss Ihre Lehr-/Lernumgebung zu mindestens 90 % fertig gestellt sein. Bei den Lerninhalten können Sie sich auf ein oder zwei, modellhaft implementierte Angebote beschränken. Damit Sie die unterschiedlichen Lernformen auch hinsichtlich ihrer Akzeptanz und ihrer Effektivität vergleichen können, ist es nützlich, z.B. ein reines Selbstlernangebot und ein Online-Tutorial entwickeln zu lassen.

Wie bereits in Kap. 1 angesprochen: netz- und webbasiertes Lernen ist aufgrund der vielfältigen Verflechtungen mit unterschiedlichen Unternehmensfunktionen und vor dem Hintergrund des Wissensmanagement ein strategisches Thema. Entscheidend für den Erfolg Ihres Projektes wird es deshalb sein, wie gut Ihre Zielvorstellungen die Unternehmensziele unterstützen und wie überzeugend Sie die Strategie im Gesamtzusammenhang der Organisation dargestellt haben.

5.7 Konkrete Projekte

Inzwischen gibt es zahlreiche Projekte zum netz- und webbasierten Lernen auch im deutschsprachigen Raum. Einen guten Einstieg über bereits abgeschlossene Projekte gibt noch immer die von Schwarzer (1998) herausgegebene Aufsatzsammlung. Diese Übersicht sei hier ergänzt durch den Hinweis auf weitere Projekte aus den Anwendungsbereichen Wirtschaft und Hochschule (Tabelle 5.9).

Tabelle 5.9. Ausgewählte Projekte aus Hochschule und Wirtschaft

Projektname (Träger)	Projektidee	Zielgruppe
Global Campus 21 (Carl-Duisberg Gesellschaft e.V. und Deutsche Stiftung für Internationale Entwicklung; www.gc21.de)	Weiterbildung und Nachkontakt weltweit	Fach- und Führungskräfte weltweit; insbesondere die Stipendiaten der Programme
International University (University of the Web; www.inter-national.edu)	Internet-Universität	Studenten weltweit
Internationale Online Academy (http://www.ioa.de)	Online-Akademie mit international via Internet nutzbarem Angebot, ASP und Kurs-Hosting	Fach- und Führungskräfte quer durch alle Branchen
Teleakademie Furtwangen (Fachhochschule Furtwangen; http://www.tele-ak.fh-furtwangen.de)	Teleakademie mit verschiedenen Fachangeboten	Studenten und Dozenten der Fachhochschule; in einigen Angeboten auch Fach- und Führungskräfte quer durch alle Branchen
TOP Academy (TOP GmbH, www.top.de)	Akademie für den Handel	Fach- und Führungskräfte im Groß- und Einzelhandel
VIROR - Virtuelle Hochschule Oberrhein (Universitäten Freiburg, Karlsruhe, Mannheim, Heidelberg; http://www.viror.de)	Multimediale Studienumgebung für die Region Oberrhein	Studenten und Hochschullehrer
Wissensportal Energie (Energieagentur NRW; www.wissensportal-energie.de)	Bereitstellen von Lerneinheiten und Wissensbausteinen zu Energiethemen	Bildungsträger mit Fach- und Führungskräften

5.8 Literatur

Fairley R (1985), Software Engineering Concepts, McGraw-Hill Book Co., Singapore

Götz K, Häfner P (1992), Computerunterstütztes Lernen in der Aus- und Weiterbildung, Deutscher Studienverlag, Weinheim

Janotta H (1990), Computer-Based-Training in der Praxis, Verlag moderne industrie, Landsberg/Lech

Kubicek H et al. (1998), Hg., Lernort Multimedia, Jahrbuch Telekommunikation und Gesellschaft Bd. 6, R. v. Decker´s Verlag, Heidelberg

Nicolescu H (1995), Entwicklung und Effektivität von CBT im Rahmen der betrieblichen Weiterbildung, Lang, Frankfurt/M.

Sander J (1997), Multimedia Engineering: Methodik zum interdisziplinären Multimedia-Management, in: Uwe Beck und Winfried Sommer (Hg.), Learntec 97 – Europäischer Kongress für Bildungstechnologie und betriebliche Bildung, Tagungsband, Karlsruher Kongress- und Ausstellungs-GmbH, Karlsruhe

Schäfer M (1997), Gestaltung von lernenden Unternehmen unter Einsatz von multimedialen Technologien, M & P Verlag für Wissenschaft und Forschung, Stuttgart

Schwarzer R (1998), Hg., Multimedia und TeleLearning, Lernen im Cyberspace, Campus Verlag, Frankfurt/M., New York

6 Konzeption und Realisierung der Lehr-/Lernumgebung

Nach dem Überblick über das Projekt Online-Lernen im Ganzen steht jetzt die netz- und webbasierte Lehr-/ Lernumgebung selbst im Mittelpunkt. Bei Planung und Realisierung einer netz- und webbasierten Lehr-/Lernumgebung oder kürzer: des Campus sind – wie schon in Kap. 4 mit Blick auf die Produktentscheidung angesprochen – sechs Aspekte besonders zu berücksichtigen. Es sind dies

- die Ausrichtung und der Stellenwert im Kontext der gesamten Organisation
- das didaktisch-methodische und das mediale Design
- die Integration der Medien
- die Verwaltung des Systems
- die Steuerung der Lernprozesse
- die DV-Umgebung

In drei Szenarien verfolgen Sie in diesem Kapitel mit, welche Rolle diese Aspekte bei der Konzeption und Realisierung einer konkreten Lehr-/Lernumgebung spielen (Abb. 6.1.). Der Weg über die Praxis ist anschaulich und hilft Ihnen dabei, Ihr eigenes Anforderungsprofil zu erstellen und den sich anschließenden Umsetzungsprozess vorzubereiten. Die Beispiele repräsentieren außerdem unterschiedliche Schwerpunkte eines Online-Lernen-Projekts, sodass Sie einen Eindruck von der Vielfalt der Lösungsmöglichkeiten erhalten.

Im ersten Fall wird eine Umgebung für webbasierte Online-Tutorials realisiert. Im zweiten Beispiel geht es darum, einen WBT-Server mit netz- und webfähiger

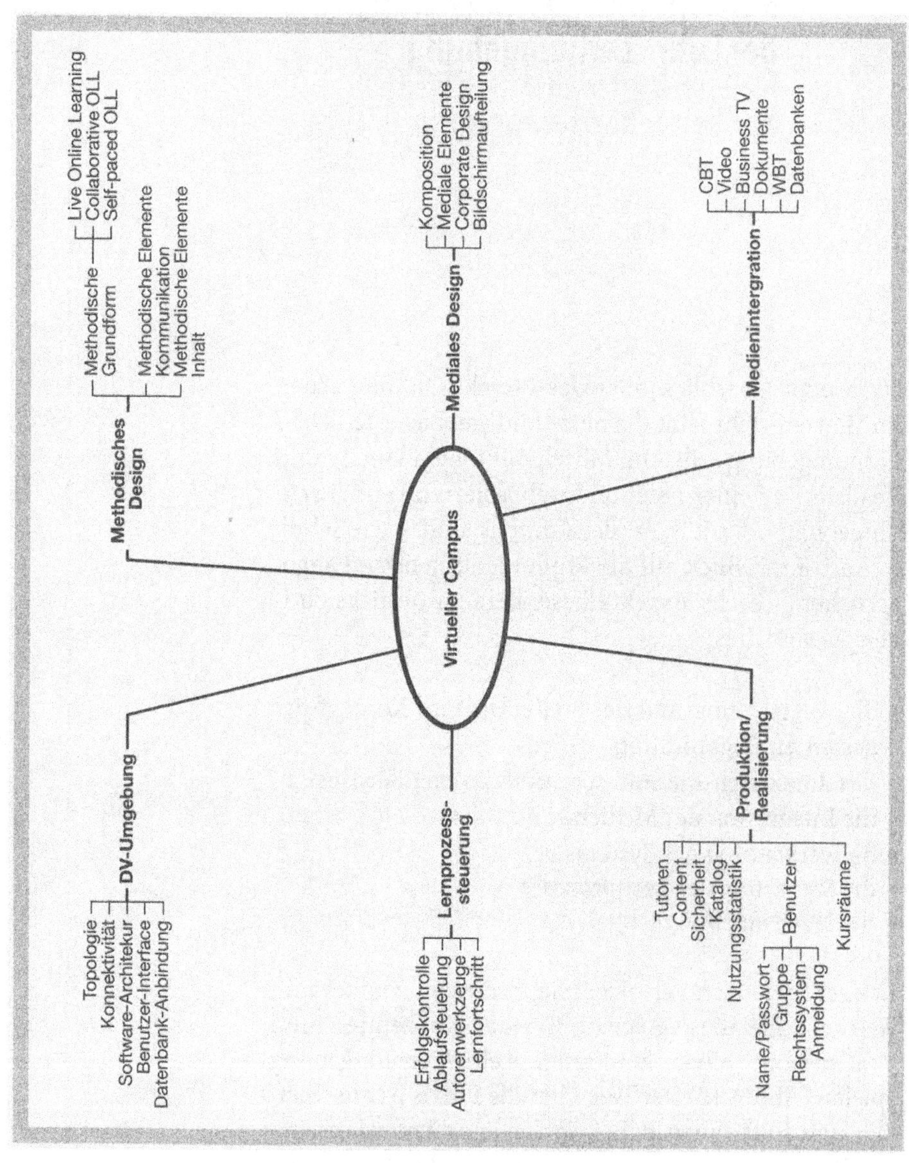

Abb. 6.1 Aspekte einer netz- und webbasierten Lehr-/Lernumgebung

Benutzerschnittstelle aufzubauen. Das dritte Beispiel beschreibt einen netz- und webfähigen Dokumentenserver mit interaktiven Elementen.

Kapitelübersicht

Im ersten Abschnitt dieses Kapitels geben wir noch einmal einen Überblick über das Teilprojekt Lehr-/

Lernumgebung bzw. Campus. Im zweiten und umfangreicheren Abschnitt beschreiben wir die drei unterschiedlichen Konzeptionen. Im dritten Abschnitt stellen wir die Realisierung vor. Mit einer kurzen Zusammenfassung und den gewohnten Literaturhinweisen schließt das Kapitel.

6.1 Überblick über das Teilprojekt Lehr-/Lernumgebung (Campus)

Was verstehen Sie eigentlich unter einer Lehr-/Lernumgebung?
Der Begriff ist grundsätzlich weit auslegbar – Sie könnten von der Lernkultur eines Unternehmens sprechen oder über die DV-Umgebung am Lern-PC oder auch von der Einrichtung eines Seminarraums in Ihrem Bildungszentrum.

Definition

Wie in Kap. 2 und 4 sind auch hier mit Lehr-/Lernumgebung die zentrale Verwaltungseinheit für Lerninhalte, Kommunikationsprozesse und Anwenderdaten, das Benutzerinterface selbst sowie die rollen- und anwendungsspezifischen Bereiche oder Module gemeint. Als Nutzer erleben Sie diese Lehr-/Lernumgebung wie eine typische Website im Internet oder Intranet. Der virtuelle Campus führt Sie jedoch nicht nur in öffentliche, allen Nutzern zugängliche Bereiche, sondern auch in geschlossene Bereiche, die beispielsweise den Administratoren, den Autoren oder Planern und natürlich den Lernenden selbst vorbehalten sind. Konzeptionelle Überlegungen hinsichtlich des didaktisch-methodischen Designs und des medialen Designs beeinflussen die Lehr-/Lernumgebung genauso wie Anforderungen von Seiten der DV-Infrastruktur, der Rollenunterstützung und der Verwaltung der Lernprozessdaten.

Die zu Grunde liegende DV-Infrastruktur wird heute in der Regel zusammenfassend Lernplattform oder auch Learning Management System (kurz: LMS) genannt.

Projektteam

Bei der Konzeption Ihrer spezifischen Lehr-/Lernumgebung stehen Sie zunächst vor der Frage, mit welchen personellen Ressourcen, in welchem Zeitrahmen und mit welchen sonstigen Aufwändungen Sie dieses Teilprojekt realisieren wollen. Sie können, sofern Sie im eigenen Hause das entsprechende Know-how besitzen, alles selbst machen. Das wird allerdings eher selten der Fall sein. Häufiger ist dagegen die Konstellation, dass Sie im eigenen Hause die Lehr-/Lernumgebung konzipieren und die Realisierung an einen externen Partner vergeben. Oder aber Sie definieren nur grob die Anforderungen und überlassen sowohl die Konzeption als auch die Realisierung einem oder mehreren externen Partnern. Im Projektteam, das Sie für diese Phase zusammenstellen, benötigen Sie folgende Funktionen:

- Projektleiter (mit Planungsaufgaben)
- Software-Entwickler mit Planungsaufgaben
- Didaktiker
- Designer (für die optische Gestaltung der Lehr-/Lernumgebung)

Auch wenn Sie in großem Umfang mit einem externen Partner zusammenarbeiten und alle Funktionen vom Partner gestellt werden, benötigen Sie im eigenen Hause auf jeden Fall einen Projektleiter.

Schnittstellen

Darüber hinaus greifen Sie auf interne Schnittstellen-Funktionen zu:

- auf den DV-Experten, der die Anforderungen an die Lehr-/Lernumgebung von Seiten der hausinternen DV-Plattformen und Anwendungen kennt und darüber hinaus ggf. notwendige Veränderungen der DV-Infrastruktur in die Wege leitet.
- auf den Bildungs-Experten, der die gegenwärtigen Lehr-/Lernprozesse kennt und die strategische Einbettung der neuen Lehr-/Lernumgebung in Bildungs-, Informations- und Kommunikationsprozesse voran treiben kann.

Die Konzeptionsphase umfasst bei der Lehr-/Lernumgebung folgende Schritte, die der Einfachheit halber im Phasenmodell (Tabelle 6.1), d.h. in linearer Abfolge, dargestellt sind.

Die Implementation erfolgt in den Entwicklungsschritten

Tabelle 6.1 Phasen der Konzeption der Lehr-/Lernumgebung

Phase	Beteiligte	Kommentar/Ergänzung
Solldefinition	Projektleiter	Das Anforderungsprofil wird erstellt als Basis für ein Pflichtenheft oder Ausschreibungsunterlagen
Projektplan für die Konzeption und Umsetzung/ Produktion	Projektleiter und -team, Auftraggeber (intern, extern)	Der Plan kann natürlich auch nur die Konzeptionsphase umfassen. In vielen Fällen wird es zwei Projektpläne geben: einen für die Konzeption und einen für die Implementation.
Grobkonzeption	Projektleiter, Projektteam, Schnittstellen DV und Personal	Erstreckt sich auf alle Aspekte: - Didaktisch-methodisches Design - Mediales Design - Medienintegration - Verwaltung - Lernprozesssteuerung - DV-Umgebung
Präsentation des Grobkonzepts	Projektleiter, Auftraggeber (intern, extern), Projektteam	Abstimmung und Go für weitere Arbeit
Feinkonzeption	Projektleiter, Projektteam, Schnittstellen DV und Personal	Ausarbeiten der Aspekte der Lernumgebung
Präsentation des Feinkonzepts	Projektleiter , Auftraggeber (intern, extern), Projektteam	Abstimmung und Go für weitere Arbeit; Auswahl der Werkzeuge (Entwicklungs- und Betriebsumgebung)

- Entwicklungsplanung
- Prototyping (Modellierung der Vorversion der zukünftigen Software)
- Implementation, Test und Korrekturen

Multimedia Engineering

Die Implementation ist bei innovativen und generell bei Multimedia-Projekten sinnvollerweise eng verzahnt mit den Konzeptionsphasen. So liegt beispielsweise bei der Präsentation des Grobkonzepts unter Umständen bereits ein erster Prototyp vor, der erahnen lässt, wie die Lehr-/Lernumgebung zukünftig aussehen wird. Anregungen und Kritik angesichts des Prototypen werden direkt in die weitere Entwicklung und zugleich in die Ausarbeitung des Konzepts übernommen.

Produktentscheidung

Die wichtigste Entscheidung, die Sie im Rahmen dieses Teilprojekts treffen, ist die Wahl der Entwicklungs- und der Betriebsumgebung des netz- und webbasierten Lernsystems. An der Wahl der Entwicklungsumgebung ist sicherlich auch der zukünftige Autor der Lernangebote sowie weitere Rollenträger wie der Curriculum Designer, Skill Manager und der DV-Experte beteiligt. Die Betriebsumgebung sollte vor allem den zukünftigen Anwender, den Teletrainer und den Administrator der Lehr-/Lernumgebung zufrieden stellen. Spätestens mit dem Beginn der Implementation muss diese Entscheidung getroffen sein. In vielen Fällen wird bereits vor dem Beginn der Konzeptionsphase die Plattformentscheidung gefällt. Das ist auch gut so, denn nicht alle konzeptionellen Ideen und Bedürfnisse lassen sich mit jeder Plattform für netz- und webbasiertes Lernen verwirklichen.

Sie finden im Kap. 4 zahlreiche Tipps für die Einordnung und letztlich die Auswahl der für Sie geeigneten Plattform.

6.2 Konzeption

In den Abschn. 6.2.1–6.2.3 stellen wir Ihnen drei konkrete Konzeptionen vor:

- eine Umgebung für webbasierte Online-Tutorials
- einen WBT-Server mit netz- und webfähiger Benutzerschnittstelle
- einen netz- und webfähigen Dokumentenserver mit interaktiven Elementen

Dabei lernen Sie zunächst die Ausgangssituation kennen sowie die Adressaten bzw. die Zielgruppe der neuen Lernumgebung. Ausgehend von den Anforderungen und Zielen des Unternehmens wird anschließend die Konzeptionsidee entwickelt und im Einzelnen dargestellt.

6.2.1 Szenario 1: Konzeption einer Umgebung für webbasierte Online-Tutorials

Die Ausgangssituation

Im Mittelpunkt steht ein international tätiges Unternehmen der Software-Branche.

Der klassische Trainingsbetrieb im internationalen Umfeld mit zentralen Trainingsaufgaben in der europäischen Zentrale in Paris und dezentralen Trainingsaufgaben in den Landesgesellschaften stößt an Grenzen. Die Trainingsnachfrage ist in den letzten Jahren permanent gestiegen, das Unternehmen selbst ist stark gewachsen, neue Mitarbeiter sollen möglichst rasch und mit minimalen Reiseaufwändungen in die Geschäfts- und Produktionsprozesse eingeführt werden. Zunehmend werden Aufträge länderübergreifend realisiert, d.h. internationale Zusammenarbeit über nationale und geographische Grenzen hinweg ist im Alltag gefordert. Der klassische Trainingsbetrieb sucht deshalb nach neuen Wegen, um diesen Anforderungen gerecht zu werden. Bisher wurden keinerlei technologiegestützte Lernformen eingesetzt. Im Unternehmen wurde allerdings vor sechs Monaten ein Intranet eingeführt, auf das von jedem Arbeitsplatz aus zugegriffen werden kann. Dieser Zugang wird mittlerweile rege benutzt.

Die Zielgruppe

- Mitarbeiter/innen des international verteilten Unternehmens, die über ein Intranet verbunden sind
- Interne und externe Teletutoren

Die Anforderungen im Überblick

- Einführung neuer Trainingsformen, die das selbstorganisierte Lernen fordern und fördern
- Die Kommunikation (persönlich oder über elektronische Medien) soll eher verstärkt als abgeschwächt werden.

- Leichter Zugriff auf job-relevante Informationen (auch im Internet und in Fachdatenbanken)
- Netzbasierte Administration des Trainingsbetriebs
- Einfacher Benutzungszugang
- Nutzung der Unternehmenssprache Französisch (alternativ: Englisch)

Die Konzeptionsidee

Das gerade eingeführte Intranet wird als Medium dienen, um Lerninhalte und Lernprozesse konzernweit zu übertragen. Auf Basis der technischen Infrastruktur Intranet wird ein hypertextbasiertes Informationssystem aufgebaut, über das nicht nur interne Informationen, sondern auch Informationsquellen im Internet und in kommerziellen Fachdatenbanken erschlossen werden. Die intensive Kommunikation der Lernenden untereinander sowie mit Teletutoren und Fachexperten ist zentrales Element der neuen Bildungsstrategie. Deshalb wird der Schwerpunkt im Trainingsbereich weniger bei rein selbst gesteuerten Lernangeboten als vielmehr bei Online-Tutorials (Abb. 6.2) liegen. Die Online-Tutorials ergänzen herkömmliche Trainingsveranstaltungen, ersetzen sie zum Teil aber auch. Interne Trainer sollen als Online-Autoren fähig sein, webbasierte Lernangebote zu gestalten. Nach einer Weiterqualifizierung zum Teletutor betreuen sie diese Tutorials selbst. Ihre Aufgabe ist es im zweiten Schritt, als Multiplikatoren externe Trainer ebenfalls zu Teletutoren auszubilden. Die Anwender greifen auf das System via Browser zu, möglichst ohne zusätzlichen Konfigurationsbedarf, da die EDV länderspezifisch verwaltet wird (d.h. der kleinste gemeinsame Nenner ist gefragt). Es ist außerdem vorgesehen, per Videoübertragung Entwickler aus der Konzernzentrale in Paris zu den internen Schulungen heranzuziehen (= Live Online Learning).

Die Konzeption im Detail – Software-Schnittstellen der Plattform

Lernmedien
Zielsetzung ist es, auf der Basis vorhandener Materialien Online-Tutorials als webbasierte Lernangebote ein-

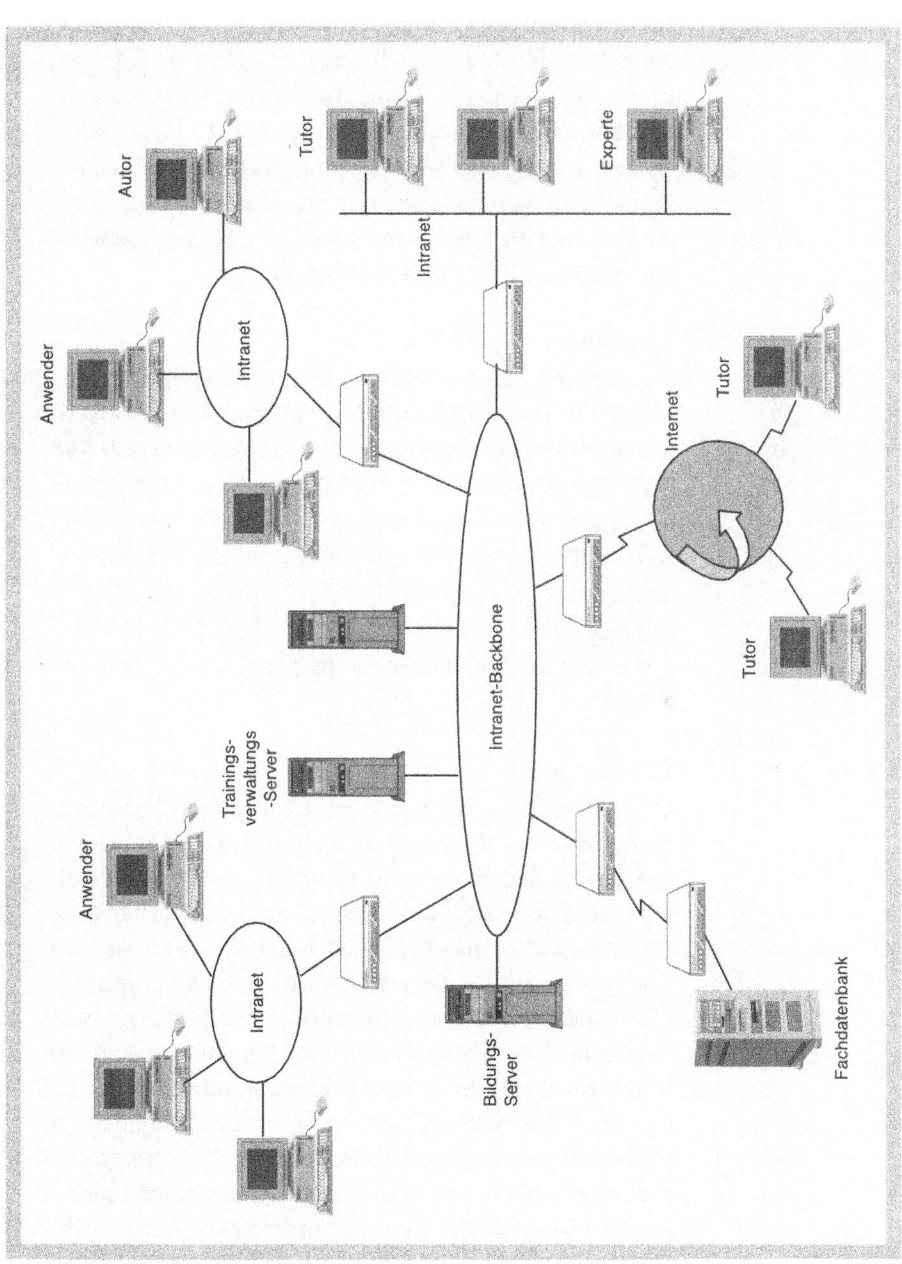

Abb. 6.2 Die Konzeptionsidee für die Nutzung webbasierter Online-Tutorials

zurichten. Mit zunehmender Akzeptanz und Integration in den Bildungsbetrieb werden auch neue Themen in das Online-Angebot aufgenommen. Es besteht kein besonderer Bedarf, andere Lernmedien zu integrieren, da die strategische Ausrichtung Web/Internet Based Training in Kombination mit Präsenz-Workshops lautet. Für die Live Online Learning-Sitzungen reichen die vorhandenen Präsentationsfolien aus.

Verwaltung
Das existierende Trainingsverwaltungssystem auf Basis einer SQL-Datenbank mit den Funktionen Interessenten- und Teilnehmerverwaltung, Rechnungswesen und Teilnehmerstatistik wird auf Intranet-Basis gestellt und um einen Online-Katalog erweitert. In diesem Online-Katalog finden die Mitarbeiter sowohl die Präsenzveranstaltungen als auch die Online-Tutorials und die Termine der Live-Sessions. Es ist möglich, sich via Intranet direkt anzumelden (Anmeldung per Kopie an den Vorgesetzten).

DV-Umgebung
Das vorhandene Netzwerk wird mit einem leistungsfähigeren Backbone ausgestattet, in dem die zentralen Server mit dem Lern- und Informationssystem installiert werden. Als Software-Basis dient das vorhandene Intranet. Sicherzustellen ist der Zugang der externen Teletutoren auf die Server (über die internen Firewall-(=Sicherheits-)Systeme hinweg). Andererseits muss auch von den Arbeitsplätzen aus der Zugang zum Internet gewährleistet sein. Sicherheitsrelevante Arbeitsbereiche (Entwicklung, Personal) werden deshalb in logisch und physisch getrennte Netzbereiche verlegt. Die Niederlassungen sind über ISDN-Standleitungen direkt an das Netzwerk der Zentrale angeschlossen. Per SQL-Schnittstelle ist die netzbasierte Lehr-/Lernumgebung mit dem weiterentwickelten Trainingsverwaltungssystem verbunden. Auch die Seminar- und Workshop-Räume sind weltweit an das Intranet angeschlossen, sodass die Teilnehmer an Präsenzveranstaltungen aus dem Seminar oder Workshop heraus auf die Lernumgebung und das Informationssystem zugreifen können.

Die Live-Sessions liegen in gespeicherter Form ebenfalls im Intranet, damit alle Mitarbeiter/innen auch nach der „Sendung“ die Informationen nutzen können.

Die Konzeption im Detail – die Plattform selbst

Interne Verwaltung des Online-Betriebs
Die Anwender buchen über das Intranet ihre Lernmodule. Sie erhalten einen Benutzernamen (identisch mit ihrem sonstigen Login-Namen) und ein Passwort für den Zugriff auf das System. Ein differenziertes Rechtesystem regelt den Zugriff auf die Datenbasis mit den Benutzertypen Anwender/Teilnehmer, Teletutor, Autor und Administrator. Darüber hinaus wird es Benutzergruppen geben. Die Zugriffe, die Nutzungszeiten und der Nutzungsumfang werden aufgezeichnet.

Methodisches Design
Methodisch ist die Entscheidung für teletutorielles Intranet Based Training gefallen. Die Online-Tutorials werden selbst entwickelt (im Einzelfall auch gemeinsam mit externen Partnern). Darüber hinaus kann jeder Anwender selbstständig im Intra- und Internet recherchieren. Dazu benutzt er das neue hypertextbasierte Informationssystem. Die Kommunikationsformen können flexibel an die unterschiedlichen Typen von Online-Tutorials angepasst werden und sind in die Lernumgebung integriert. Es soll kein Medienbruch auftreten, damit die Anwendung möglichst leicht ist. Es kommunizieren sowohl die Lernenden untereinander als auch Lernende, Teletutoren und Fachleute. Eine direkte Kommunikation mit dem Teletutor ist vorgesehen, um die individuelle Förderung zu verstärken. Mittelfristig werden Videokonferenzen auch von Arbeitsplatz zu Arbeitsplatz möglich sein. Dies ist abhängig von der Ausstattung der Arbeitsplätze und der Verfügbarkeit bidirektionaler Videokonferenztools im Browser. Kurzfristig werden zumindest die existierenden Videokonferenzstudios eingebunden.

Mediales Design
Das Design der Web-Präsenz des Unternehmens wird übernommen. Es entstehen also keine eigenen Design-

Standards bis auf solche, die sich auf die didaktisch-methodische Aufbereitung der Inhalte beziehen (vgl. hierzu ausführlich Kap. 3 – Mediales Design). Der Stil ist modern, funktional und gleichzeitig elegant.

Lernprozesssteuerung
Es wird ein Autorenwerkzeug zur Entwicklung eigener webbasierter Lernangebote eingekauft und für die eigenen Zwecke weiterentwickelt. Die Konzeption der Software zur Autorenunterstützung ist im Anschluss an diese Übersicht ausführlicher dargestellt. Im System wird eine Umgebung für die flexible Erstellung von Online-Tests integriert sein, die auch von Trainern in Seminaren und Workshops benutzt werden kann. Die Testergebnisse werden direkt nach dem Beenden des Tests dem Anwender angezeigt. Das System speichert die Resultate, auf die nur autorisierte Personen zugreifen können. Die Lernfortschrittskontrolle erfolgt bezogen auf einzelne HTML-Dokumente, d.h. mit sehr feiner Granularität.

Die Konzeption der Software zur Autorenunterstützung

Ablaufsteuerung
Lernprozessketten im Online-Tutorial werden frei definiert. Zwischen HTML-/XML-Seiten werden Parameter und Eingaben übergeben. Lernzustände werden im Server permanent gespeichert. Der Autor kann auf diese Daten jederzeit wieder zugreifen. Countdown- und Stoppuhr-Funktionen ermöglichen zeitkritische Übungen und Tests.

Freie Regeldefinition
Eine regelbasierte Auswahl durch Radiobuttons, Menü, Checkbuttons, freier Texteingabe und mit mehreren Eingabefeldern unterstützt die Interaktivität. An HTML-/XML-Seiten werden Parameter direkt oder basierend auf einer Benutzereingabe übergeben. Auch Bildkoordinaten für visuell aufbereitete Themen lassen sich an folgende Dokumente übergeben und anschließend auswerten.

Interaktion
INPUT-Felder werden über Regeln ausgewertet. Komplexe Interaktionen werden clientseitig über JavaScript und Parameterübergaben gesteuert. Hyperlink-basierte Auswahl für Verzweigungen, Sprünge und Interaktion sind ebenfalls möglich. Formulare können ausgewertet werden. Bilder und Inhalte anderer Frames können sich durch Anklicken oder Berühren mit der Maus verändern. Sensitive Flächen können definiert werden.

Animation
Die wichtigsten Animationstechniken wie aufleuchtende Buttons, klickende Links, Statusanzeige bei Berühren, Laufschrift in der Statusanzeige, Telex in einem Textfeld, sich bewegende Darstellung und Audio Feedback stehen zur Verfügung.

Kommunikation
Der Autor wählt inhaltliche und kommunikative methodische Elemente wie zum Beispiel unterschiedliche Rechte der Anwender bezüglich der Nutzung eines schwarzen Bretts und eines Diskussionsforums ganz differenziert aus. Über eine universelle Kommunikations-Schnittstelle stehen die verschiedenen Kommunikationsformen zur Verfügung. Online-Konferenz, schwarzes Brett, Diskussionsforum, Benutzergalerie sind Beispiele.

Erfolgskontrolle
Eine Testumgebung für computergestützte Tests ist integriert. Auf noch nicht beantwortete Fragen kann der Testkandidat aus der Übersicht heraus direkt zugreifen. Die Testergebnisse werden sofort ausgegeben und grafisch dargestellt. Im Server sind die Resultate gespeichert. Die richtigen Lösungen können auf Wunsch eingesehen (und mit den eigenen Antworten verglichen) werden. Unterschiedliche Methoden der Testfragen und Testauswertung werden unterstützt.

Hypermedia-System
Video- und Audio-Dateien, Screen-Shots, Screen Capture, Präsentationsfolien sowie WBT als Black Box wer-

den flexibel in das Informationssystem bzw. die Datenbank der Lehr-/Lernumgebung integriert.

Datenformat
Die Quelldaten liegen in XML-Dateien vor. Mithilfe von XSL-Stylesheets (= Layoutvorlagen) definiert der technische Autor das mediale Design und zusätzliche semantische Elemente wie zum Beispiel didaktische Zusätze. Erst beim Abruf der Lerneinheiten durch den Nutzer werden die entsprechenden HTML-Dateien dynamisch erzeugt, um die Inhalte mit einem Standard-Browser betrachten zu können.

6.2.2 Szenario 2: Konzeption eines WBT-Servers mit netz- und webfähiger Benutzerschnittstelle

Die Ausgangssituation

Ein mittelständisches, überwiegend in Deutschland tätiges Unternehmen mit 1500 Mitarbeitern will die vorhandenen WBT-Inseln, die parallel zum konventionellen Weiterbildungsbereich entstanden sind, in eine zukunftsorientierte Lehr-/Lerninfrastruktur einbetten. Ein Selbstlernzentrum, das leider nicht besonders rege benutzt wird, ist vorhanden. Allerdings kann auf dieses Selbstlernzentrum nicht vom Arbeitsplatz oder aus dem Seminarbereich heraus zugegriffen werden. Fast alle Mitarbeiter sind in der Zentrale ansässig, lediglich die Außendienstmitarbeiter schalten sich über externe ISDN-Verbindungen hinzu. Die Außendienststeuerung ihrerseits liegt jedoch bei der Zentrale.

Die Zielgruppe

- Lernende im Selbstlernzentrum, vom Arbeitsplatz aus bzw. von unterwegs (die Außendienstmitarbeiter)
- Benutzerservice, der die Lernenden auf Anfrage betreut (insbesondere bei technischen Problemen)

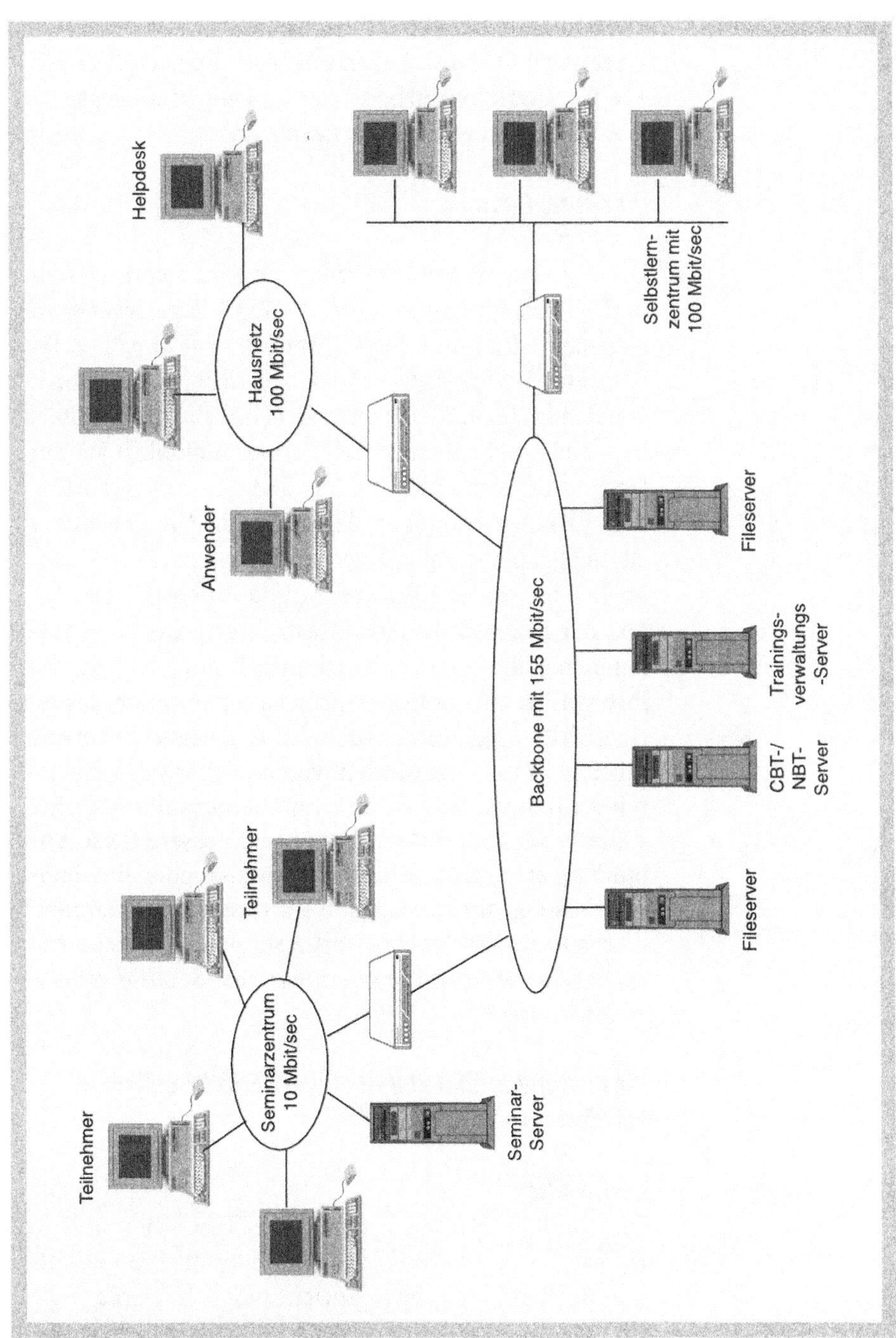

Abb. 6.3 Die Konzeptionsidee für die unternehmensweite Nutzung eines WBT-Servers

Die Anforderungen im Überblick

- Selbstständiges Erarbeiten von neuen Inhalten via WBT
- WBT-Zugriff am Arbeitsplatz und von unterwegs
- WBT-Zugriff im Selbstlernzentrum

Die Konzeptionsidee

Das vorhandene Selbstlernzentrum wird technisch und in der Einrichtung modernisiert. Ein WBT-Server wird aufgebaut, der vom Selbstlernzentrum aus und über das hausinterne Netzwerk auch von den Arbeitsplätzen bzw. von den mobilen Arbeitsplätzen der Außendienstmitarbeiter aus zugänglich ist. Der Schwerpunkt liegt auf der Integration vorhandener CBT- und neu zu beschaffender WBT-Anwendungen. Eine teletutorielle Begleitung ist nicht geplant – allerdings wird es einen „Help Desk" als Benutzerservice für Fragen und Probleme im Kontext der neuen Selbstlerninfrastruktur geben. Die vorhandenen internen und externen Trainer bleiben bei ihren bisherigen Aufgaben, wenn auch einige der bisherigen Präsenzseminare durch das selbstständige Lernen mittels WBT ersetzt werden. Vorsorglich werden die Seminarräume, so weit sie ihrerseits bereits mit DV ausgestattet sind, an das Netzwerk angeschlossen. Diese Anbindung erfolgt aus Sicherheitsgründen über eine Firewall-Lösung, um zu vermeiden, dass Seminarteilnehmer in das Hausnetz eindringen können. Zielsetzung ist es, ggf. in einem Präsenzseminar eine Selbstlernphase zu integrieren.

Die Konzeption im Detail – Software-Schnittstellen der Plattform

Lernmedien
Die traditionellen CBT werden als Black Box und in Hybrid-Form, das heißt im kombinierten Online-/Offline-Betrieb, integriert. Soweit möglich werden die CBT zu WBT konvertiert. WBT unterschiedlicher Hersteller kommen zum Einsatz, da ein breites Themenspektrum abgedeckt werden soll. Darüber hinaus werden keine weiteren Lernmedien integriert.

Verwaltung
Das vorhandene Trainingsverwaltungssystem mit den Funktionen Interessenten- und Teilnehmerverwaltung, Raum- und Trainerplanung, Rechnungswesen und Teilnehmerstatistik wird genutzt. Schnittstellen zum Datenaustausch zwischen dem Trainingsverwaltungssystem und dem WBT-Server werden neu geschaffen. Relevante Informationen z.B. über die Buchung eines CBT oder WBT durch einen Mitarbeiter werden an den WBT-Server weitergeleitet. Der Anwender kann ein Selbstlernangebot ganz analog zu einem Präsenzseminar buchen. Er erhält den Zugriff auf das Selbstlernangebot entweder zum Herunterladen auf seine lokale Festplatte (im Offline-Betrieb) oder als serverbasiertes Lernprogramm, das er im Online-Betrieb benutzt.

DV-Umgebung
Die DV-Infrastruktur besteht im Wesentlichen aus einem lokalen Netzwerk mit durchschnittlicher Datenübertragungsrate von ca. 10-15 Mbit pro Sekunde. Die zentrale Verwaltung realisieren Server unter Windows 2000; die zentralen Daten liegen in SQL-Datenbanken. Auch das Trainingsverwaltungssystem basiert auf einer SQL-Datenbank. Der Lernplattform-Server zur Verwaltung der CBT und WBT wird deshalb über eine SQL-Schnittstelle mit dem Trainingsverwaltungssystem verbunden. Ausgetauscht werden Buchungsdaten (welcher Mitarbeiter darf welches CBT oder WBT abrufen) und Nutzungsdaten (welcher Mitarbeiter hat wie lange mit welchem CBT oder WBT gearbeitet), um eine zeitbezogene Abrechnung zu ermöglichen. Kurzfristig ist es das Ziel, die WBT im Online-Betrieb nur mit möglichst kleinen Datenmengen zwischen Client und Server zu nutzen. In der Anfangsphase kann deshalb eine Kombination mit einer lokalen CD als Datenträger notwendig sein, auch wenn das den Verwaltungsaufwand erhöht. Langfristig muss die mittlere Datentransferrate auf ca. 100-150 Mbit/s gesteigert werden, um datenintensive Anwendungen bequem über das Netz laden zu können. Das Benutzerinterface ist der Browser.

Die Konzeption im Detail – die Plattform selbst

Interne Verwaltung des Online-Betriebs
Im WBT-Server reicht eine einfache Benutzerverwaltung mit Authentisierungs- und Rechtesystem (Benutzer, einfache Zuordnung von Benutzern zu Lernangeboten) vollkommen aus. Die Zugriffe der Benutzer, ihre Nutzungszeiten und der Nutzungsumfang werden protokolliert.

Methodisches Design
Die methodische Form ist Self-paced Online Learning mit Help Desk-Funktion. Wichtig ist die Qualifizierung der Mitarbeiter im Help Desk. Vorhandene und neue CBT/WBT sollen weitgehend selbstständig bearbeitet werden. Die neue Umgebung soll das selbstgesteuerte Einzellernen fördern.

Mediales Design
Der Zugriff auf die Selbstlernangebote erfolgt aus der Desktop-Umgebung heraus. Das Benutzerinterface des Katalogs entspricht dem Windows-„look and feel". Darüber hinaus ist das mediale Design festgelegt durch das Design des jeweiligen Selbstlernangebots.

Lernprozesssteuerung
Da ganz unterschiedliche Selbstlernangebote integriert werden müssen, beschränkt sich die Lernprozesssteuerung auf die Nutzungszeiten pro Lernmodul sowie auf die Daten, die innerhalb der einzelnen Lernangebote protokolliert werden. Eine wichtige Frage an die Anbieter der Lernprogramme ist in diesem Zusammenhang die, ob es möglich ist, die Lernfortschrittsdaten aus der Lernprogrammumgebung heraus in den Verwaltungsserver zu exportieren. Wenn ja, könnten CBT-/WBT-übergreifende Prozessdaten erfasst und analysiert werden, sofern betriebsintern nichts dagegen spricht. Eine wichtige Anforderung an den Content und an das Learning Management System, das heißt die Lernplattform, besteht darin, die entsprechenden internationalen Standards wie AICC, IMS und SCORM zu unterstützen. Das Modul Skill Management sorgt dafür, dass kleinere

Lerneinheiten in einem vordefinierten Prozess dem Nutzer zugänglich sind.

Die Konzeption der Software zur Autorenunterstützung

Es ist nicht geplant, Lernangebote eigenständig zu entwickeln. Wenn dies jedoch im Einzelfall getan wird, ist ein Authoring-Werkzeug einzusetzen, das die didaktischen und medialen Möglichkeiten der Lernplattform vollständig ausschöpft. Im Idealfall ist das Authoring-Werkzeug eine Komponente der Lernplattform.

6.2.3 Szenario 3: Konzeption eines netz- und webfähigen Dokumentenservers mit interaktiven Elementen

Die Ausgangssituation

Ein mittelständisches Unternehmen mit 450 Mitarbeitern, die auf verschiedene Standorte in Deutschland verteilt sind, beabsichtigt, die Informations- und Kommunikationsprozesse zu verbessern. Die Kommunikation zwischen den Standorten, aber auch die zwischen Standorten und Zentrale ist häufig schleppend, wichtige Informationen gehen auf den konventionellen Wegen immer wieder verloren, Bring- und Holschulden sind strittig. Die Geschäftsführung hat dieses Thema aufgegriffen und die Bereiche Marketing/Kommunikation, EDV und Personal/Weiterbildung an einen Tisch geholt. Da das Unternehmen sich in einem sehr schnelllebigen Markt bewegt, ist der Weiterbildungsbedarf grundsätzlich hoch – allerdings eher im Sinne eines Informations- und Kommunikationsbedarfs als im Sinne der klassischen seminarorientierten Weiterbildung. Viele Informationen sind in Datenbanken, auf Servern und in Papierform grundsätzlich vorhanden. Die Struktur ist jedoch nicht ausreichend transparent, der Zugriff teilweise umständlich oder gar nicht möglich und die Benutzungsoberfläche sehr heterogen bis hin zur Unbedienbarkeit. Wir sprechen hier vom hidden content (= verborgene Inhalte). Die Mitarbeiter, deren Informations- und Kommunikationsbedarf

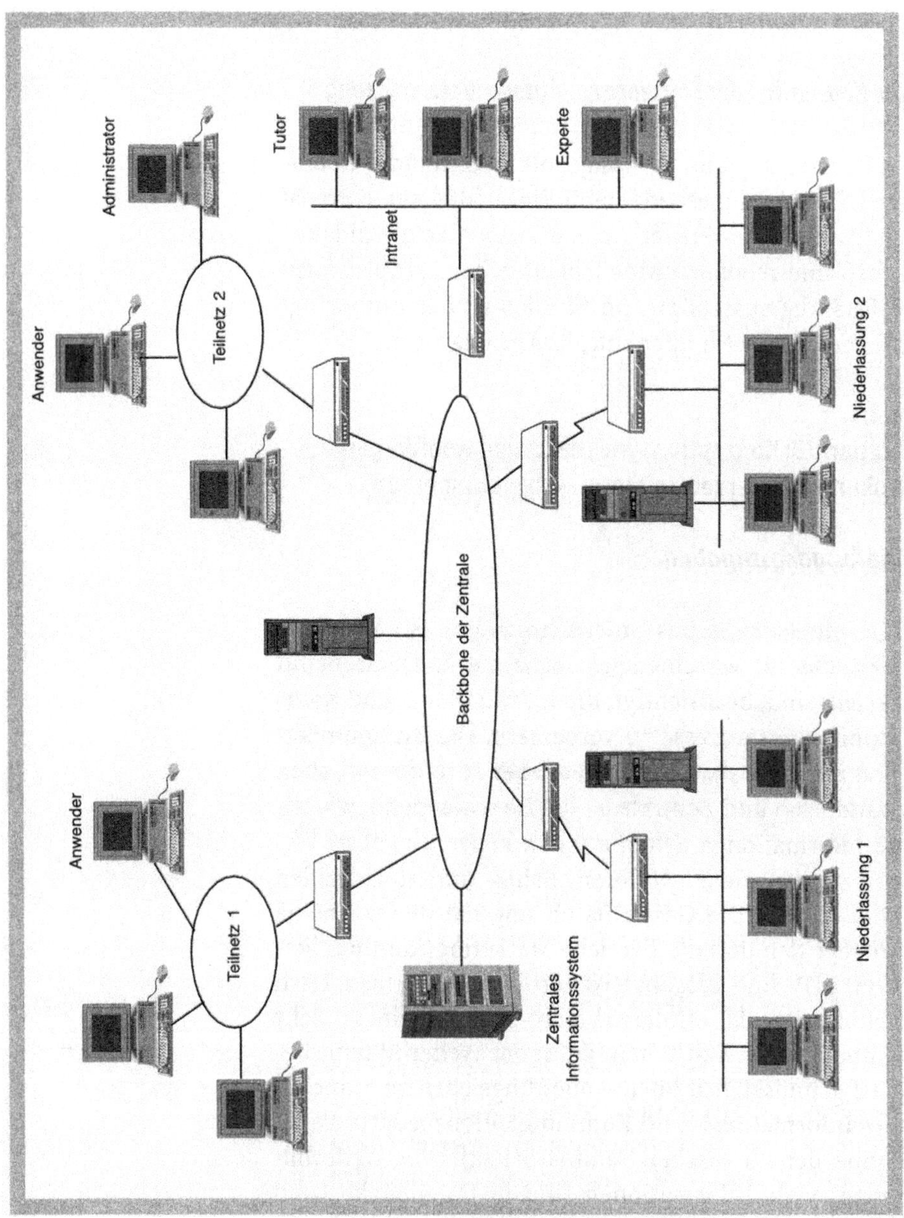

Abb. 6.4 Die Konzeptionsidee für den Einsatz eines netz- und webfähigen Dokumentenservers

durch das neue System besser gedeckt werden soll, sind stark autodidaktisch orientiert, selbstständiges Arbeiten gewohnt und daran interessiert, in einem umfassenden Informationspool die für sie relevanten Informationen zu selektieren.

Die Zielgruppe

- Mitarbeiter aus allen Bereichen, insbesondere in der Produktentwicklung, im Produktmarketing und im Vertrieb
- Dezentrale Tutoren, die bei Problemen technischer Art weiterhelfen können, aber auch hinsichtlich des geeigneten Lerninhalts und Lernwegs (didaktisch-methodisch) beraten

Die Anforderungen im Überblick

- Umfassendes Informations- und Kommunikationssystem
- Schneller, wahlfreier Zugriff auf jobrelevante, zum Teil tagesaktuelle Informationen
- Zugriff auf Hintergrundinformationen, die didaktisch-methodisch aufbereitet sein können (nicht zwingend)
- Automatisierung der Konversion unterschiedlicher Dokumenttypen (wie sie von verschiedenen Applikationen erzeugt werden) in ein einheitliches Format
- Supportsystem, um die Anwender zu beraten und bei Problemen zu helfen

Die Konzeptionsidee

Es wird ein zentrales Informations- und Kommunikationssystem aufgebaut, das dezentral benutzt wird. Parallel wird ein dezentrales Supportsystem eingeführt, um den Anwendern bei technischen und organisatorischen Problemen rasch zu helfen und um sie bei methodischen Fragen zu beraten. Die „Supporter" üben die Funktion ergänzend zu ihrer Fachtätigkeit aus und erwerben zu diesem Zweck weitere Qualifikationen.

Die Konzeption im Detail – Software-Schnittstellen der Plattform

Lernmedien
Es wird im ersten Schritt ein Hypertextsystem aufgebaut, das zu einem Hypermediasystem erweitert werden kann. Lernmedien sind die Elemente des Hypertextsystems, die aus unterschiedlichen Dokumenten erzeugt werden. Die Integrationsaufgabe besteht darin, die Umwandlung der bestehenden Dokumente in eine hypertextkonforme Form zu automatisieren. Und über eine entsprechende Datenbank eine komfortable Recherche zu ermöglichen.

Verwaltung
Schnittstellen zu anderen Verwaltungsprozessen sind nicht notwendig.

DV-Umgebung
Am Arbeitsplatz wird der Browser als Benutzerinterface zum Informations- und Kommunikationssystem eingeführt. Das System selbst läuft auf einem (später: mehreren) UNIX-basierten Server. Da in der ersten Ausbaustufe primär textuelle Informationen und Grafiken abgerufen werden sollen, ist die Bandbreite des existierenden Netzwerks und auch der standortübergreifenden Verbindungen ausreichend. Die vorhandenen Dokumente werden nach XML konvertiert und in das Hypertext-System eingepflegt. Neu hinzukommende Dokumente werden direkt bei der Erstellung bei Bedarf parallel in das Hypertext-Format umgewandelt und in das Informationssystem eingestellt. D.h. jede Information kann im Gesamtsystem doppelt vorkommen: z.B. als begleitendes Text-Dokument für die Präsentation des Produktmanagers und als Hypertext-Dokument im zentralen Informationssystem.

Die Konzeption im Detail – die Plattform selbst

Interne Verwaltung des Online-Betriebs
Das Informations- und Kommunikationssystem steht allen Mitarbeitern offen. Aus diesem Grund ist eine spe-

zifische Rechtestruktur nicht notwendig. Der Zugriff auf die Daten erfolgt nur aus dem Unternehmensnetzwerk heraus. Insofern hat sich jeder Mitarbeiter bereits mit dem Authentisierungsprozess mit Benutzername und Passwort für das Hausnetz auch für das Informations- und Kommunikationssystem autorisiert. Sehr wichtig sind jedoch ein gutes Katalogsystem und ausgereifte Suchfunktionen, um die jeweils interessanten Informationen aus den unterschiedlichen Bereichen auch schnell zu finden. Zu Zwecken der Evaluation der Akzeptanz des neuen Systems werden detaillierte, dokumentbezogene Nutzungsstatistiken (anonym) erstellt

Das vorhandene DV-Management-System verwaltet über die entsprechende DV-Management-Schnittstelle (in der Regel via SNMP = Simple Network Management Protocol) auch die neu aufgebaute Lernplattform. DV-orientierte Informationen zu Status und Auslastung des Systems stehen somit transparent zur Verfügung.

Methodisches Design

Eine Kombination aus Self-paced Online Learning und teletutoriellen Elementen prägt diese Lehr-/Lernumgebung. Einerseits greifen die Mitarbeiter selbst organisiert auf Informationen und Kommunikationsangebote zu, andererseits nutzen sie ein tutoriell begleitetes Kommunikationsangebot wie zum Beispiel einen Chat-Room zu einem festen Termin als virtuellen Jour fix. Zwischen Informationssystem und Anwendungssoftware (z.B. zwischen Präsentations-Software und Informationssystem) ist ein Datentransfer vorgesehen, um Redundanzen zu vermeiden.

Mediales Design

Nach dem Vorbild der Web-Präsenz des Unternehmens werden die Seiten gestaltet. Der Stil ist klar, funktional und sachorientiert.

Lernprozesssteuerung

Eine weitergehende Lernprozesssteuerung ist in diesem Szenario nicht sinnvoll. Differenzierte Suchfunktionen und perspektivisch intelligente wissensbasierte Systeme mit ihren Agenten erleichtern Zugriff und Navigation innerhalb des Systems.

Die Konzeption der Software zur Autorenunterstützung

Es wird eine Software eingesetzt, die die Konversion der Dokumente in Hypertextformat automatisiert. Die Anwender arbeiten in ihrer normalen Arbeitsumgebung. Die Administratoren des Informations- und Kommunikationssystems bearbeiten direkt mithilfe von XML-Editoren und auf der Basis der Konvertierungssoftware die Dokumente.

Die Administratoren qualifizieren sich weiter in der Anwendung und kompetenten Nutzung der Internet-Technologien XML, XSL und HTML. Die tutoriellen und kommunikativ-kooperativen Elemente lassen sich über die Autorensoftware der Lernplattform einrichten.

6.3 Realisierung

Und wie wird die Planung Wirklichkeit? Welche Schritte sind notwendig? Wer tut was? Was kostet die Realisierung?

Sie werden in diesem Abschnitt Anregungen für Antworten auf diese Fragen erhalten, aber keine fertigen Antworten. Aussagen über zeitliche und finanzielle Aufwändungen sind nur im Rahmen eines konkreten Projekts möglich und sinnvoll. Auch die Frage danach, welches Produkt oder welche Produktkombination die beste Lösung darstellt, kann und soll hier nicht beantwortet werden. Sie erfahren aber, in welchen Phasen Sie vorgehen, um Ihre Lehr-/Lernumgebung generell zu realisieren. Und Sie sehen auch – wiederum anhand unserer drei praktischen Beispiele – was das im Einzelfall bedeutet. Darüber hinaus erhalten Sie eine Entscheidungshilfe hinsichtlich der Produktauswahl.

Werfen Sie zunächst einen „globalen“ Blick auf die Tätigkeiten, die mit der Realisierung einer Lehr-/Lernumgebung verbunden sind (Tabelle 6.2).

Jetzt sind Sie sicherlich schon gespannt, wie das in unseren konkreten Fällen aussieht. Haben Sie sie noch im Kopf? Wir stellen Ihnen in den Abschn. 6.4.1–6.4.3 die Realisierung

- einer Umgebung für webbasierte Online-Tutorials,
- eines CBT-/WBT-Servers mit netz- und webfähiger Benutzerschnittstelle und
- eines netz- und webfähigen Dokumentenservers mit interaktiven Elementen

vor.

Dabei folgen wir den Elementen der Konzeption und betrachten zunächst die Realisierung der Software-Schnittstellen der Plattform mit den Aspekten Lernmedien, Verwaltung und DV-Umgebung und anschließend die Realisierung der Plattform selbst. Hier geht es detaillierter um die interne Verwaltung des Online-Betriebs, das methodische und mediale Design, die Lernprozesssteuerung sowie die Autorenunterstützung.

Tabelle 6.2 Phasen der Realisierung der Lehr-/Lernumgebung

Phase	Erläuterung
Projektmanagement (begleitet den gesamten Prozess)	Ist abhängig von der Größenordnung des Projekts eine durchaus umfassende Aufgabe. Liegt in den Händen des Projektleiters, der Zeiten, Personal und sonstige Aufwändungen kontrolliert.
Software-Entwicklung	Entwicklung spezifischer Funktionen für die Lernplattform
Anpassungsprogrammierung	Anpassungsprogrammierung z.B. für die Schnittstelle zwischen einer vorhandenen Trainingsverwaltungssoftware oder einer Wissensdatenbank und der Lernplattform
Netzwerkplanung	Planung notwendiger Änderungen oder Erweiterungen der technischen Infrastruktur. Kann die interne EDV oder ein externer Dienstleister (Ingenieurbüro, Netzwerk-Systemhaus) leisten.
Einkauf	Beschaffung der notwendigen Hard- und Softwarekomponenten
Installation und Konfiguration von Hard- und Softwarekomponenten	Bezieht sich in erster Linie auf die technische Infrastruktur. In zweiter Linie dann natürlich auch auf die Konfiguration der Lehr-/Lernplattformen entsprechend den Umgebungsvariablen
Qualifizierung	Die Hardware- und Software-Administratoren sollten schon vor der Pilotphase in das System eingewiesen werden, da sie ja während dieser Phase das System bereits betreuen. Wenn eigene Mitarbeiter die Datenbanken, die Lehr-/Lernumgebung und auch die Pilotkurse konfigurieren und erstellen, besteht hier ebenfalls in einer sehr frühen Phase Qualifizierungsbedarf.

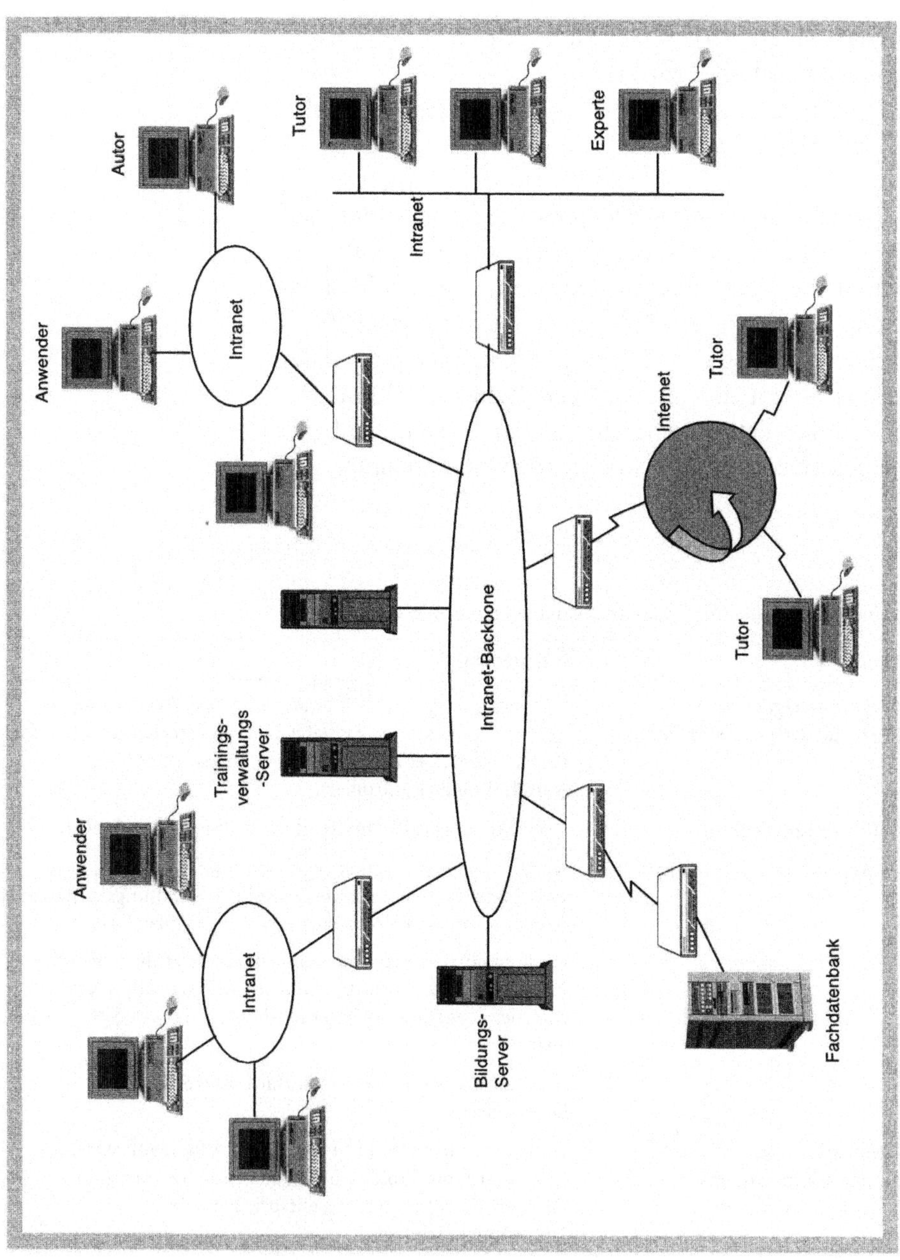

Abb. 6.5 Umgebung für den Einsatz webbasierter Online-Tutorials

6.3.1
Szenario 1: Realisierung eines webbasierten Online-Tutorials

Die richtige Umgebung für den Einsatz webbasierter Online-Tutorials verdeutlicht Abb. 6.5.

Wir beginnen mit den Software-Schnittstellen der Plattform. Die Anforderungen und deren Realisierung können Sie Tabelle 6.3 entnehmen.

Betrachten Sie anschließend die Realisierung der Plattform, so weit Anforderungen aus der Konzeption hervorgehen (Tabelle 6.4).

Für die Umsetzung dieses Fallbeispiels sind insbesondere diejenigen Systeme geeignet, die das Teletutoring unterstützen. Systeme für Web Based Training mit

Tabelle 6.3 Software-Schnittstellen der Plattform

Anforderung an die Lernmedien	Realisierung
Online-Tutorials entwickeln	Online-Kurse entwickeln (Aufwand pro Kurs: zwei bis acht Personenmonate) für das Hypertext-/Hypermediasystem
Anforderung an die Verwaltung	**Realisierung**
Trainingsverwaltungssystem intranetfähig mit Online-Katalog und -Anmeldung	Browserfähige Schnittstelle für Administration und Mitarbeiter programmieren
Anforderung an die DV-Umgebung	**Realisierung**
Leistungsfähigerer Backbone für die zentralen Server mit dem Lern- und Informationssystem	Neuvernetzung im zentralen Bereich; evtl. auch Neuverkabelung des Backbone
Zugang der externen Teletutoren	Firewall-System für die Teletutoren durchlässig machen (IP-Adressen!)
Zugang zum Internet von den Arbeitsplätzen aus	Firewall-System für die Mitarbeiter nach draußen öffnen
Logisch und physisch getrennte Netzbereiche	Rechtesystem überprüfen und ggf. das Netz neu strukturieren
SQL-Schnittstelle der netzbasierten Lehr-/Lernumgebung zum TVS	Programmierung des Datenimports und -exports
Seminar- und Workshop-Räume weltweit im Intranet	Vernetzung der Seminar- und Workshopräume

Tabelle 6.4 Realisierung der Plattform selbst

Anforderung an die interne Verwaltung des Online-Betriebs	Realisierung
Rechtesystem mit den Benutzertypen Anwender/Teilnehmer, Teletutor, Autor und Administrator	Sollte eine Standardfunktion der Plattform sein. Die konkreten Daten müssen eingegeben werden.
Nutzungsstatistik	Standardfunktion
Anforderung an das methodische Design	**Realisierung**
Online-Tutorials	Hohe Anforderungen an die Autorenunterstützung (s. Abschn. 6.3.1)
Recherche im Intra- und Internet	Standardfunktion der Plattform
Flexible und integrierte Kommunikationsformen	Je besser in der Plattform integriert, desto einfacher für Autor, Teletutor und Lernenden.
Einbindung der existierenden Videokonferenzstudios	Idealerweise direkt über das Browserfenster der Lernumgebung. Eine Anpassungsprogrammierung ist u.U. notwendig.
Anforderung an das mediale Design	**Realisierung**
Styleguide (didaktisch-methodisch)	Entwicklung des Styleguide gemeinsam von Autor und Designer
Anforderung an die Lernprozesssteuerung	**Realisierung**
Autorenunterstützung	Je mehr Funktionen das Autorenwerkzeug besitzt, desto geringer der Aufwand für die Anpassung desselben.

der Möglichkeit, Videokonferenzen zu integrieren, sind den anderen vorzuziehen. Sie verfügen über eine ausgereifte Autorenunterstützung und weisen einen höheren Integrationsgrad hinsichtlich der verschiedenen methodischen Elemente auf (vgl. hierzu ausführlicher Abschn. 4.3).

6.3.2 Szenario 2: Realisierung eines WBT-Servers mit netz- und webfähiger Benutzerschnittstelle

In dem Szenario, das in Abb. 6.6 und den Tabellen 6.5 und 6.6 dargestellt ist, wird ein WBT-Verwaltungsserver bzw. eine Lernplattform gemäß den Anforderungen eingekauft.

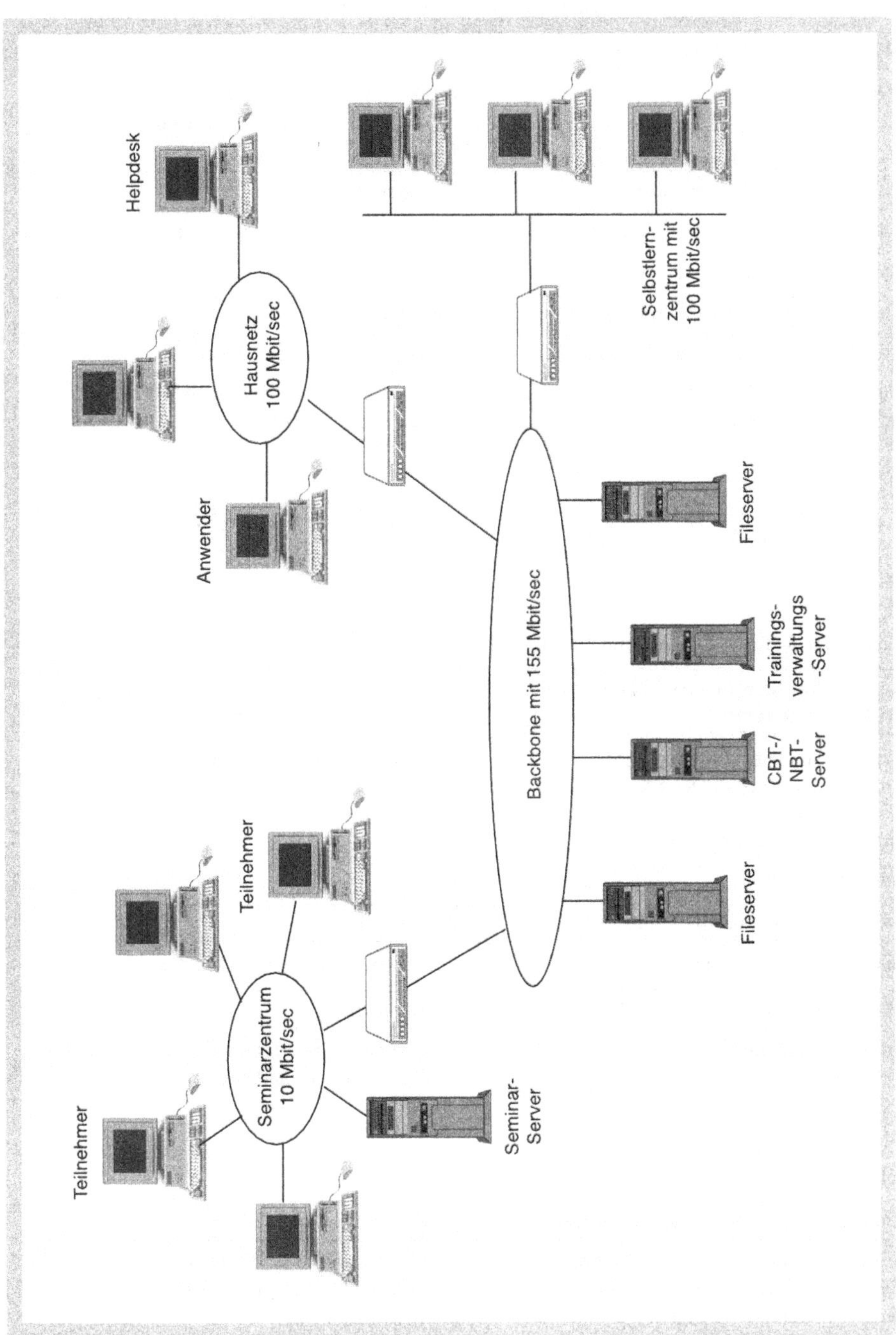

Abb. 6.6 Integration eines WBT-Servers in das Unternehmensnetzwerk

Tabelle 6.5 Realisierung der Anforderungen an die Software-Schnittstellen der Plattform

Anforderung an die Lernmedien	**Realisierung**
WBT	Aufbau eines WBT-Server (nicht sehr aufwändig, da die CBT/WBT als Blackbox geladen werden sollen).
Anforderung an die Verwaltung	**Realisierung**
Integration des Trainingsverwaltungssystem	Programmierung der SQL-Schnittstelle notwendig
Datenaustausch mit WBT-Server	s.o.
Anforderung an die DV-Umgebung	**Realisierung**
(Datei-)Server für die WBT-Datenbank	s.o. (Aufbau des WBT-Servers)
Steigern der mittleren Datentransferrate auf ca. 100-150 Mbit pro Sekunde	Restrukturieren der Netzinfrastruktur (Verkabelung, Netzwerkkarten, Infrastrukturkomponenten)

Tabelle 6.6 Realisierung der Anforderungen an die Plattform selbst

Anforderung an die interne Verwaltung des Online-Betriebs	**Realisierung**
Einfache Benutzerverwaltung mit Authentisierungs- und Rechtesystem (Benutzer, einfache Zuordnung von Benutzern zu Lernangeboten)	Konfiguration der Plattform des WBT-Servers
Nutzungsstatistik	s.o.
Anforderung an das methodische Design	**Realisierung**
Self-paced Online Learning	Basis ist der eingekaufte WBT-Server
Anforderung an das mediale Design	**Realisierung**
Browser-"look and feel" des Benutzerinterface	Kein Anpassungsaufwand, da Standardfunktionalität der Lernplattform
Abhängig vom Design des jeweiligen Selbstlernangebots	
Anforderung an die Lernprozesssteuerung	**Realisierung**
Nutzungszeiten pro Lernmodul sowie Lernfortschrittsdaten innerhalb der einzelnen Lernangebote sind verfügbar.	Konfiguration der Skill Management- und Management Information-Komponente der Lernplattform
Erfassen WBT-übergreifender Prozessdaten	Evtl. möglich; erfordert Rücksprache mit den WBT-Lieferanten (Thema: Standardisierung nach AICC/SCORM)

6.3.3 Szenario 3: Realisierung eines netz- und webfähigen Dokumentenservers mit interaktiven Elementen

Bei der Umsetzung dieses Fallbeispiels sind Lernplattformen für Teletutoring sowie für Self-paced Online Learning geeignet, die auch als Informations- und Wissensdatenbank nutzbar sind. Der Vorteil einer Lernplattform gegenüber einem reinen Dokumentenservers oder einer reinen Wissensdatenbank liegt darin, dass die methodische Unterstützung bezogen auf inhaltliche und kommunikative Elemente besser ist. Welche Alternative hier die Richtige ist, hängt demnach davon ab, ob der Schwerpunkt eher beim Lernen oder eher bei der Informationssuche liegt.

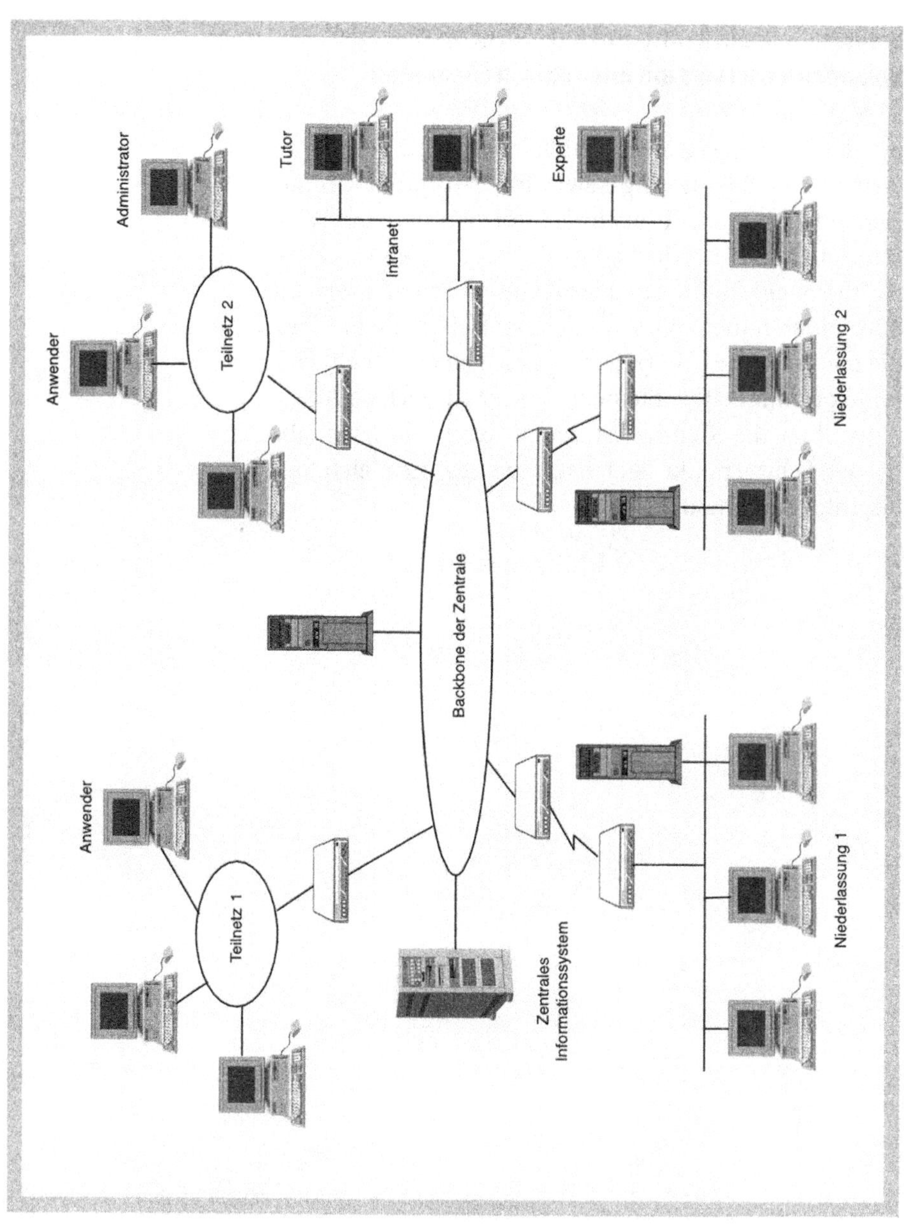

Abb. 6.7 Einbindung eines netz- und webfähigen Dokumentenservers als Informationdatenbank

Tabelle 6.7 Realisierung der Anforderungen an die Software-Schnittstellen der Plattform

Anforderung an die Lernmedien	**Realisierung**
Aufbau eines Hypertextsystems Umwandlung der bestehenden Dokumente in eine hypertextkonforme Form	Entwurf und Entwicklung des Hypertextsystems (u.U. Einkauf eines bestehenden Systems und Programmierung der Anpassungen) Nutzung verfügbarer Konversions-Software (idealerweise Bestandteil der Lernplattform)
Anforderung an die Verwaltung	**Realisierung**
Keine Schnittstellen zu anderen Verwaltungsprozessen	kein zusätzlicher Aufwand
Anforderung an die DV-Umgebung	**Realisierung**
Browser	Standard-Software

Tabelle 6.8 Realisierung der Anforderungen an die Plattform selbst

Anforderung an die interne Verwaltung des Online-Betriebs	**Realisierung**
Keine spezifische Rechtestruktur	kein Aufwand
Katalogsystem mit ausgereiften Suchfunktionen	Sollte im Hypertextsystem integriert sein. Gegebenenfalls Zusatz-Programmierung
Nutzungsstatistiken (anonym)	Zusatz-Programmierung
Anforderung an das methodische Design	**Realisierung**
Kombination aus Open Distance Learning und teletutoriellen Elementen	Zugriff über den Standard-Browser
Tutoriell begleitetes Kommunikationsangebot ("Chat")	Nutzung der Browser-Funktionen (Alternative: Integration einer IBT-/WBT-Lösung oder eigene Zusatz-Programmierung)
Anforderung an das mediale Design	**Realisierung**
Vorbild der Web-Präsenz des Unternehmens	kein zusätzlicher Aufwand für den Styleguide
Anforderung an die Lernprozesssteuerung	**Realisierung**
Bearbeitung der Dokumente mithilfe von HTML-/JavaScript-Editoren und auf der Basis der Konvertierungssoftware	Unterstützung der Administratoren und Autoren durch ein geeignetes Interface notwendig (Eigenentwicklung auf Basis vorhandener Editor-Systeme)

6.4 Zusammenfassung

Die drei Szenarien zeigen exemplarisch Varianten netz- und webbasierter Lehr-/Lernumgebungen. Die Basis bilden konkrete Anwendungsfälle, die leicht abgewandelt und modelliert wurden, um die Anschaulichkeit zu erhöhen. Sie werden in Ihrem Unternehmen, in Ihrer Organisation mit Sicherheit nicht genau einen der drei Wege gehen, sondern einen neuen Pfad einschlagen und die für Ihr Haus passende, spezifische Kombination der verschiedenen Aspekte entdecken.

Bei der Suche nach einer geeigneten Plattform und bei der Gestaltung derselben, sofern Sie sie denn gefunden haben, mögen Sie abschließend folgende Überlegungen unterstützen.

Es ist wichtig, dass Sie sich hinsichtlich der didaktischen Modelle und methodischen Formen Ihrer netz- und webbasierten Lernangebote nicht (oder höchstens am Rande) durch die Funktionalität der Plattform einschränken lassen. Sie brauchen Wahlfreiheit in allgemeinen didaktisch-methodischen Designfragen. Diese Variabilität ist auch hinsichtlich des medialen Designs wünschenswert. Doch bei aller Freiheit: wenn die Lernumgebung Planern, Autoren und Teletutoren Standardkomponenten, Standardmodule und auch -Designs anbietet, arbeiten Sie schneller und das vor allem am Anfang. Hinterfragen Sie sorgfältig die Schnittstellen zu Standard-Dokumenttypen, -Datenformaten und -Datenbanken. Ein geschlossenes System ist in diesem Umfeld in den meisten Fällen mittelfristig nicht tragfähig. Eine offene Hardware- und Software-Architektur erlaubt es Ihnen, die Lernumgebung in heterogene und sich ändernde DV-Infrastrukturen einzubinden und mitwachsen zu lassen. Ein differenziertes Verwaltungssystem für die Benutzer, die Daten und die Prozesse ermöglicht erst ein Reporting, das bei der Einführung des Systems vielleicht noch gar nicht im Vordergrund steht. Wenn Sie eigene internet- oder intranetbasierte Selbstlernangebote oder Tutorials entwickeln wollen, sollten Sie ganz besonders auf Funktionen wie Autorenunterstützung, Makros, Erfolgskontrolle oder regelbasierte Auswertung achten. Anhand der Checkliste aus Kap. 4 können Sie die Qualität im Sinne der Eignung für Ihre Zwecke beurteilen.

6.5 Literatur

Issing L J, Klimsa P (1997), Information und Lernen mit Multimedia, 2. überarb. Auflage, Psychologie Verlags Union, Weinheim

Kerres M (2001), Multimediale und telemediale Lernumgebungen, Konzeption und Entwicklung, 2. vollst. überarb. Auflage, R. Oldenbourg Verlag, München

Sather A et al. (1997), Creating Killer Interactive Web Sites, Hayden Books, Indianapolis

Schulmeister R (^{2}1997), Grundlagen hypermedialer Lernsysteme, Theorie - Didaktik - Design, R. Oldenbourg Verlag, München

Siegel D (^{2}1998), Web Site Design, Killer Web Sites, Markt und Technik, Haar bei München

7 Konzeption und Realisation des Content

Der Schwerpunkt dieses Kapitels liegt hier – wie auch in den zwei vorhergehenden Kapiteln – auf der Konzeption. Die Gründe hierfür sind schnell genannt:

- Mit der Konzeption legen Sie den Kostenrahmen fest, bestimmen das didaktisch-methodische und das mediale Design und entscheiden über die Qualität der Einzelmedien.
- Die Konzeption hat durchschnittlich einen Anteil von etwa 40 % an der Gesamtarbeitszeit und an den Gesamtkosten des Projekts.
- 56% der Fehler in einer Software resultieren aus Fehlern in der Konzeption (Walraet 1991).
- Als Entscheider sind Sie mit der Konzeption, aber in den seltensten Fällen mit der Produktion befasst.

Kapitelübersicht

Ein Projekt beginnt mit der Formulierung des Projektziels und der Klärung seiner Rahmenbedingungen. Diese Arbeitsschritte müssen sorgfältig durchgeführt werden und benötigen dementsprechend viel Zeit. Im Anschluss daran arbeitet das Projektteam an der Konzeption. Die in dieser Phase zu treffenden Entscheidungen werden in Abschn. 7.2 dargestellt. Als besonders zeit- und damit auch kostenintensiv präsentiert sich regelmäßig die Drehbucherstellung in der Gesamtkalkulation. Auf die Bedeutung des Drehbuchs als Arbeitsgrundlage und die Möglichkeiten, den für die Drehbucherstellung benötigten Zeitaufwand zu reduzieren, gehen wir in Abschn. 7.3 ein. Hinweise für eine gelungene Content-Produktion und Qualitätsmerkmale für Content runden das Kapitel ab.

7.1 Das Projektziel und seine Rahmenbedingungen

Kommunikation

Entscheidend für einen erfolgreichen Projektverlauf ist eine offene und konstruktive Kommunikation des Bildungsanbieters – sei er nun externer Auftragnehmer oder interner Anbieter (s. Kap. 5) – mit dem Auftraggeber und natürlich zwischen allen am Projekt Beteiligten. Die Weichen hierfür werden bereits in den Gesprächen vor der Auftragserteilung gestellt. In den Vorgesprächen informiert Sie Ihr interner oder externer Kunde über:

- das Unternehmen (Unternehmensdaten, Unternehmensphilosophie, Position am Markt), wenn Sie als externer Bildungsanbieter auftreten,
- die Projektidee und die bisher intern entwickelten Vorstellungen,
- den erwarteten Nutzen durch das Projekt (Behebung eines Bildungsdefizits, Image/Außenwirkung, neue Kundenkreise erschließen usw.),
- den Kontext (steht das Kursangebot allein, ist es in ein Curriculum eingebunden, gibt es Folgeprojekte),
- die Zielgruppe (für wen wird das Lernangebot entwickelt; die genaue Analyse der Zielgruppe gehört in der Konzeptionsphase zu Ihren Aufgaben),
- die technischen Bedingungen (voraussichtliche Ausstattung der Nutzer, Hard- und Software),
- den Kostenrahmen.

Das Briefing

Auf der Grundlage dieser Vorgespräche erstellen Sie ein Angebot oder eine Konzeptidee. Wird das Projekt genehmigt, definieren Sie in einem in der Regel arbeitsintensiven ersten Treffen, dem Briefing, zusammen mit dem Auftraggeber möglichst genau das Projektziel und legen die Rahmenbedingungen für das Projekt fest. Auf der Grundlage dieses Gesprächs erarbeiten Sie eine Grobkonzeption, aus der Sie die Feinkonzeption bzw. das Storyboard oder Drehbuch generieren.

Zahlreiche Briefingleitfäden sind in der gängigen Literatur wiedergegeben. Nutzen Sie diese als Anregungen und entwickeln Sie einen Leitfaden, der Ihren Anforderungen entspricht.[1] Der ausgearbeitete Leitfaden sollte im Vorfeld durchgesprochen und bei Bedarf verändert werden. Beide „Seiten“ sind dann optimal auf den Termin vorbereitet.

Teilnehmer am Briefing

Am Briefing sind beteiligt:

- Projektverantwortlicher
- Fachberater
- Projektleiter
- Autor bzw. Konzeptionist
- Programmierer, wenn Projektleiter und Autor die Möglichkeiten der Programmierung und den damit verbundenen Aufwand nicht einschätzen können.

Erfolgt die Produktion durch einen externen Contentanbieter, ist dieser in der Regel durch den Projektleiter, den Autor und in manchen Fällen auch einen Programmierer vertreten.

Gemeinsam klären Sie die folgenden Fragen:

Themen im Briefing

- Wer steht als Ansprechpartner für fachliche und wer für organisatorische Fragen zur Verfügung?
- Wie wird der Projektverlauf dokumentiert, wie wird die Kommunikation geregelt und wie erfolgt die Abnahme der Arbeitsschritte?
- Wie viel Zeit steht für die Entwicklung zur Verfügung? Gibt es feste Termine, Präsentationstermine, Abgabefristen usw., die eingehalten werden müssen? Wie lange ist die Durchführungszeit (das ist die Dauer des Kurses bzw. die Nutzungszeit des Systems)?
- Sind die notwendigen Produktionstools vorhanden oder müssen sie angeschafft werden? Liegen bereits Materialien in digitalisierter oder herkömmlicher Form vor (Video, Schulungsunterlagen, Folien)?
- Welche Qualität ist innerhalb des Kostenrahmens erreichbar? Schätzformeln helfen Ihnen bei dieser Frage weiter. Im nächsten Abschnitt lernen Sie drei Formeln dazu kennen.

---

1) Titel zum Thema finden Sie in der Literaturliste.

- Was soll der Lernende nach Durchführung des Kurses können? Aus der ersten Zielformulierung geht eine Eingrenzung der Inhalte hervor. Welche Medien eignen sich zur Umsetzung? Welche Lebensdauer hat das Lernangebot? Wie schnell veralten die Inhalte? Können sie zügig und ohne Aufwand aktualisiert werden?
- Wo wird gelernt? Am Arbeitsplatz, existiert ein Lernzentrum, werden Lerninseln eingerichtet oder wird zu Hause gelernt?
- Wie läuft der Kurs ab? Zu festen Terminen oder kann der Lernende immer auf das Lernprogramm zugreifen (just-in-time)? Sollen die Lernenden durch einen Tutor betreut werden? Wird das Lernangebot einmal durchgearbeitet oder ist es so anzulegen, dass immer wieder darauf zugegriffen werden kann?

In der Praxis hat es sich bewährt, das Briefing als Workshop durchzuführen und mit Brainstorming, Metaplan-Methode und ähnlichen Methoden die Inhalte zu erarbeiten. Die gemeinsame Arbeit stärkt die Identifikation mit dem Projekt, die Teilnehmer legen sich auf eine gemeinsame Richtung fest und werden auf das Projekt eingestimmt.

Das Projektziel

Am Ende des Briefings bzw. Workshops einigen Sie sich auf ein Projektziel. Nehmen Sie sich auch für diesen Arbeitsschritt ausreichend Zeit und feilen Sie an einer klaren und eindeutigen Formulierung. Das Projektziel ist Voraussetzung für ein effizientes Qualitätsmanagement. Nur wenn Sie präzise formuliert haben, lässt sich während des Projektverlaufs prüfen, ob Sie Projektziele erreichen oder ob Sie Anpassungen vornehmen müssen.

Welche Informationen stecken im Projektziel?

Das Projektziel beschreibt zum einen, was der Lernende nach der Durchführung des Kurses bzw. der Lernangebots wie gut können sollte (Sachziel). Zum anderen wird festgelegt, in welcher Zeit Sie mit welchem Aufwand in welcher Qualität das Lernangebot realisieren (Formalziel). Die drei Komponeten Kosten, Qualität und Zeit beeinflussen sich dabei wechselseitig („magisches Dreieck“).

Halten Sie die Ergebnisse des Briefings zusammen mit der Projektzielbeschreibung im Pflichtenheft fest, lassen Sie es vom Auftraggeber unterzeichnen und machen Sie es allen Beteiligten zugänglich.

Das Pflichtenheft

Wie bereits angekündigt, stellen wir Ihnen nun drei Formeln vor, mit deren Hilfe Sie abschätzen können, welche Qualität mit welchem finanziellen Aufwand zu realisieren ist.

Kostenrahmen

Wollen Sie ein Lernangebot mit tutorieller Betreuung realisieren, müssen Sie zwischen den Entwicklungskosten und den Durchführungskosten unterscheiden. Die Durchführungskosten werden anhand detaillierter exemplarischer Betrachtungen in Kap. 5 behandelt. Die Entwicklungskosten berechnen sich ähnlich wie bei einer herkömmlichen Multimedia-Produktion. Einen groben Überblick, mit welchen Geldmitteln welche Qualität erreicht werden kann, liefern verschiedene Schätzformeln.

Bergman-und-Moore-Formel

Eine auf den ersten Blick sehr einfache Schätzformel stellen Bergmann und Moore[2] auf.

Q-Faktor x 51.130 Euro x Gesamtnutzungszeit
= Gesamtkosten [in Euro]

Der nicht einfach zu bestimmende Q-Faktor drückt die Qualität der Multimedia-Anwendung aus. Er liegt zwischen 0 und 6,5 und ergibt sich aus dem Interaktionsgrad, den Navigationsmöglichkeiten, der Medienqualität und daraus, ob die Medien selbst produziert werden müssen oder ob auf preisgünstige, vorproduzierte Massenmedien zurückgegriffen werden kann.

Der Qualitätsfaktor

2) in: Bergmann, Moore, Managing Multimedia Projects. Die beiden Autoren haben die Schätzgleichung für Multimedia-Produktionen aufgestellt.

Segerer (1996) nennt einige Beispiele für die Bestimmung des Q-Faktors:

- 0,5 – 1,5 für ein konventionelles CBT
- 2,5 – 5 bei Anwendungen für Marketing und Handel

Ein einfaches Beispiel:
Sie erstellen einen Online-Kurs, präsentieren die Inhalte durch Text und Grafiken und verzichten auf Video oder Animation. Die Grafiken liegen bereits in digitalisierter Form oder als Folien vor. Da dem Lernenden mehrere Lernwege zur Auswahl angeboten werden, ist der Q-Faktor bei 0,5 anzusetzen. Die Gesamtnutzungszeit beträgt 2 h. Nicht eingerechnet werden die Zeiten, die der Lernende im Austausch mit anderen Teilnehmern oder mit seinem Tutor verbringt. Die Gleichung stellt sich wie folgt dar:

0,5 x 51.130 Euro x 2h = 51.130 Euro

Die 51.130 Euro beziffern die Entwicklungskosten, hinzu kommen die Kosten für die Durchführung des Kurses.

High-Text-Formel

Mit der High-Text-Formel[3] können Sie ausgehend von der gewünschten Qualität der Medien und der didaktischen Konzeption das Gesamtbudget für die Produktion ermitteln. Bestehen von Auftraggeberseite bezüglich dieser Punkte sehr genaue Vorstellungen, können Sie in Abhängigkeit von der gewünschten Qualität einen Richtwert für die Gesamtkosten angeben. Die Bestimmung der Faktoren für die mediale und didaktische Qualität erfordert allerdings viel Erfahrung.

Gesamtnutzungszeit x (mq + dq) x 51.130 Euro + hw
= Gesamtkosten [in Euro]

3) Sie finden die High-Text-Formel im Multimedia Honorarleitfaden, s. Literaturliste.

mq = Medienqualität. Sie setzt sich zusammen aus

Medienqualität

- Grad der Verfügbarkeit der Medien
  0,1 = alles vorhanden bis
  3 = alles komplett neu zu produzieren
- Qualität der Medien
  0,1 = Qualität unwichtig bis
  3 = sehr hohe Qualität

Die Addition der zwei Faktoren ergibt den Wert mq.

dq = Didaktische Qualität.

Didaktische Qualität

Sie besagt, wie intelligent das System auf die Benutzereingaben reagiert.

- 0,1 = Slideshow, streng linear bis
- 5 = Spiel/Simulation

hw = Hardwarekosten, z.B. für die Installation von Lernplätzen, Kiosksystemen o.Ä.

Ein einfaches Beispiel:
Nehmen wir in diesem Fall einen mäßig aufwändig gestalteten Online-Kurs: Viele Grafiken und alle Texte müssen neu erstellt werden. Das heißt, Sie müssen einen Großteil der Medien neu produzieren. Da es sich aber um vergleichsweise einfache Medien handelt, darf der Faktor nicht zu hoch angesetzt werden. Der Grad der Verfügbarkeit beträgt demnach 0,5.

Die Qualität der Medien ist wichtig, da Sie aber nur Text und Grafik einsetzen, liegt der Faktor bei 0,5.

Da Sie dem Lernenden mehrere Zugriffsmöglichkeiten anbieten und die Informationseinheiten vielfältig untereinander verknüpft sind, liegt die didaktische Qualität bei 1.

Der Benutzer soll zwei Stunden mit dem aufbereiteten Lernmaterial arbeiten. Die Kosten für die Hardware vernachlässigen wir an dieser Stelle, da Ihre Teilnehmer von ihren Privatrechnern auf das Angebot zugreifen. Mit diesen Kosten müssen Sie der Formel zufolge für die Entwicklung rechnen:

2h x (1mq + 1dq) x 51.130 Euro + 0 Euro (hw)
= 204.520 Euro

Da die so errechneten Gesamtkosten sehr hoch liegen, lohnt sich der Vergleich mit den Gesamtkosten, die die nächste Formel errechnet.

Abschätzgleichung für hypermediabasierte Lernprogramme

Grundlage dieser Schätzgleichung ist die Auswertung der Daten von 72 ähnlichen Lernprogrammen. Die Gleichung erfasst den Aufwand in Personentagen in Abhängigkeit von den eingesetzten Medien (Witte 1995). Als Ergebnis der empirischen Untersuchung wurde ein Koeffizient für die Erstellung der Medien Text, Grafik, Animation und Video ermittelt. So besagt der Koeffizient 0,4, dass für die Erstellung einer Seite Text ein Aufwand von 0,4 PT zu berechnen ist.

Wie viele Personentage?

$$A\,(PT) = 27{,}1\,PT + 0{,}4\,PT \times S(T) + 1{,}1\,PT \times S(G) + 61{,}7\,PT \times h(A) + 103{,}7\,PT \times h(V)$$

A (PT) = Erstellungsaufwand in Personentagen

S = Seite	G = Grafik
h = Stunde	A = Animation
T = Text	V = Video

27,1 PT als fixer Anteil (Kosten für Konzeption, Präsentation, Organisation usw.)
0,4 PT für die Erstellung einer Seite Text
1,1 PT für die Erstellung einer Seite Grafik
61,7 PT für die Erstellung einer Stunde Animation
103,7 PT für die Erstellung einer Stunde Video

Legt man einen Personalkostensatz von 50 Euro/h zugrunde, erhält man sehr präzise Werte. Hilfreich ist es, auf eine Tabelle zugreifen zu können, in der beispielhaft die Kosten für unterschiedlich aufwändige Produktionen aufgeführt sind.

Das Beispiel von oben:
Nur zur Erinnerung: Sie erstellen einen Online-Kurs mit Texten und Grafiken, die produziert werden müssen. Der Lernende ist 2 h mit dem Programm beschäftigt. Geht man von einer durchschnittlichen Bearbeitungszeit einer Bildschirmseite von 1,5 min aus, so müssen für 120 min 80 Seiten produziert werden. Da Sie Grafiken und Text zu gleichen Anteilen verwenden wollen, erstellen Sie 40 Seiten Text und 40 Seiten Grafiken. Es ergibt sich folgender Aufwand in Personentagen:

$$A(PT) = 27{,}1\,PT + 0{,}4\,PT x 40\,S(T) + 1{,}1\,PT x 40\,S(G)$$
$$A(PT) = 27{,}1\,PT + 16\,PT + 44\,PT$$
$$A(PT) = 87{,}1\,PT$$

Bei einem Personentag von acht Stunden beträgt die Gesamtstundenzahl 696,8 h. Legt man den durchschnittlichen Stundensatz von 50 Euro[4] zugrunde, belaufen sich die Entwicklungskosten auf 34.840 Euro. Sie kommen damit auf gut 17.400 Euro Entwicklungskosten für eine Stunde Lernprogramm. Diese Zahl ist unter den genannten Bedingungen (nur Text und Grafik) durchaus realistisch. Sie sehen aber auch, dass sich mit dieser Schätzformel die Kosten um knapp 170.000 Euro gegenüber der High-Text-Formel reduzieren. Die Praxis zeigt, dass die Ergebnisse mit der High-Text-Formel tendenziell höher ausfallen. Der große Unterschied in diesem Beispiel lässt sich dadurch erklären, dass die High-Text-Formel für die aufwändigere CD-ROM-Produktion erstellt wurde. Bei Projekten der entsprechenden Größenordnung liegen die Werte nicht so weit auseinander, da die Bestimmung der Qualitätsfaktoren leichter vorzunehmen ist.

7.2 Die Konzeption

Übersicht

In der Konzeption werden, wie zu Kapitelbeginn schon angeführt, alle wesentlichen Entscheidungen für die Kursentwicklung getroffen. Die Projektmitglieder arbeiten in dieser Phase eng zusammen. Deshalb ist neben deren fachlicher auch ihre soziale Kompetenz wichtig. Der erste Abschnitt behandelt die Zusammensetzung des Projektteams. Bevor Sie in Abschn. 7.2.3 eine Übersicht über die Entscheidungsfelder der Konzeptionsphase erhalten, befassen Sie sich in Abschn. 7.2.2 mit den Zielgruppenmerkmalen, die in Ihre konzeptionellen Entscheidungen einfließen.

4) s. Honorarleitfaden und Etat-Kalkulator im Literaturverzeichnis

7.2.1 Das Projektteam

Nach dem Briefing folgt die Arbeit an der Konzeption. Die erste Aufgabe ist dabei der Bildung des Projektteams gewidmet. Bei der Erstellung eines Lernangebotes sind viele verschiedene Kompetenzen gefragt. Wer gehört demnach in ein funktionierendes Team?

Verschiedene Typen

- Projektleiter, Typ Allrounder (kommunikativ, sachorientiert und durchsetzungsstark)
- Didaktiker, Typ Allrounder (kommunikativ, konzeptionsstark, trainingserfahren, idealerweise als Teletutor, günstige Kombination: Didaktiker und Drehbuchautor in einer Person)
- Fachexperte, Typ Berater (kommunikativ, Spezialist)
- Drehbuchautor, Typ Berater (kommunikativ, konzeptionsstark, Kenntnis der Produktions- und Autoren- bzw. Programmiertools, um die Realisierungsmöglichkeiten der Ideen und den damit verbundenen Aufwand (finanziell, zeitlich, personell) einschätzen zu können, phantasievoll, zielgruppenorientiert)
- Screen-Designer, Typ Kreativer (kommunikativ, kennt sein Werkzeug (Photoshop, Freehand, QuarkX Press usw.) in- und auswändig, idealerweise ist er mit HTML/XML und dessen Gestaltungsmöglichkeiten vertraut)
- Programmierer, Typ Spezialist (kommunikativ, strukturiert und methodisch, idealerweise verfügt er über didaktische und gestalterische Grundkenntnisse oder zumindest über das entsprechende Verständnis)
- Produzent Einzelmedien, Typ Spezialist und Macher (kommunikativ, weiß, welche Inhalte sich wie visualisieren lassen, beherrscht die Produktionstechniken)
- Zielgruppe; Kontakt zur Zielgruppe hilft bei der Zielgruppenorientierung, die alle relevanten Entscheidungen leiten sollte.

Fachliche und soziale Kompetenz

Neben ihren fachlichen Qualitäten und der kommunikativen Stärke müssen die Mitarbeiter Verantwortungsbewusstsein, Kollegialität und Teamfähigkeit mitbringen und die Bereitschaft zeigen, über ihren Fachbereich hinaus sich in die Tätigkeitsfelder der anderen Teammitglieder hinein zu denken. Nur so kann das Projekt zum Erfolg geführt werden.

Nachdem das Team formiert ist, beginnt die Projektgruppe mit der Arbeit. Die Arbeitsschritte gemäß Tabelle 7.1 werden umgesetzt.

Produktionsverlauf

Beim Phasenmodell werden alle relevanten Entscheidungen in der Konzeptionsphase getroffen. Die Fehlerquote von 56 %, die aus dieser Phase resultiert, zeigt, wie sorgfältig gearbeitet werden muss! Die besondere Problematik ergibt sich daraus, dass wichtige Entscheidungen gefällt werden, ohne dass ihr Wechselspiel und ihre Auswirkungen zu diesem Zeitpunkt überblickt werden können. Den Mitwirkenden wird folglich ein hohes Maß an Vorstellungskraft abverlangt.

Diese Schwierigkeiten können Sie vermeiden, wenn Sie analog zu dem „mehrdimensionalen Reißverschlussmodell" sukzessive in Abstimmung mit den Ergebnissen der anderen Prozessschritte (Implementation und Test) vorgehen. Auf diese Weise lassen sich neue Ideen oder Modifizierungen während des gesamten Projekt-

Tabelle 7.1 Arbeitsschritte

Phase	Kommentar
Vorgespräch	Der Auftraggeber (extern oder intern) stellt seine Projektidee und die damit verknüpften Vorstellungen und Erwartungen vor. Das Gespräch ist Grundlage für die Angebotserstellung. Bei Auftragserteilung trifft man sich zum Briefing.
Briefing	Das Projektziel, seine Rahmenbedingungen und die Art und Weise der Zusammenarbeit werden geklärt. Das Ergebnis wird im Pflichtenheft festgehalten.
Konzeption	Die didaktische und inhaltliche Konzeption wird erarbeitet und die gestalterischen Richtlinien werden festgelegt. Die Projektleitung übernimmt die Ressourcenplanung. Das Exposé dokumentiert die getroffenen Entscheidungen.
Preproduction: Drehbuch	Ausgehend vom Expose, erstellt der Autor das Drehbuch und das Flowchart als Arbeitsgrundlage für Programmierer, Screen-Designer und Produzent. Die Abnahme erfolgt durch den Auftraggeber.
Production: Einzelmedien	Screen-Design, Text, Grafiken, Ton und Bewegtbilder werden produziert
Implementation	Das Lernangebot wird in die Lernumgebung implementiert.
Test	Die Testphasen werden idealerweise mit der Zielgruppe durchgeführt.

verlaufs leichter integrieren (s. Abschn. 5.5 – Realisierung der Lehr-/Lernumgebung und der Angebote).

Bevor aber nun an der inhaltlichen und didaktischen Konzeption gefeilt wird, ist eine Analyse der Zielgruppe zu erstellen. Sie dient als Grundlage für die weiteren Entscheidungen.

7.2.2 Die Zielgruppenanalyse

Die genaue Kenntnis der Zielgruppe ist der wohl wichtigste – in der Praxis jedoch häufig vernachlässigte – Faktor bei der Erstellung eines Lernangebots, da jede Zielgruppe bestimmte Merkmale besitzt, die sich auf die Rezeption der medial aufbereiteten Inhalte auswirken. In der Zusammenfassung des Abschn. 3.2 haben wir bereits auf die Wechselbeziehung zwischen den Merkmalen der Lernenden und den Merkmalen der jeweiligen Medien hingewiesen. Mit einem Lernangebot für eine größere Personengruppe können Sie natürlich nur denjenigen Merkmalen gerecht werden, die in ähnlicher Ausprägung bei allen Nutzern vorliegen.

Merkmale der Lernenden

Neben der üblichen Erhebung der demografischen Daten (Alter, Bildung, Geschlecht, Tätigkeit) sind vor allem für die Rezeption der Medien interessant:

- Vorwissen
- Grad der Motiviertheit
- Einstellung zum Medium und zum Lernangebot
- Medienkompetenz

Sie können die Antworten anhand von Gesprächen mit der Zielgruppe, der Auswertung von Fragebögen oder der Befragung von Experten ermitteln. Die folgenden Fragen sind als Anregung für Ihre Zielgruppenanalyse gedacht.

Fragen an die Zielgruppe

Vorwissen
- Sind theoretische oder praktische Vorkenntnisse vorhanden?
- Befinden sich die Teilnehmer auf einem vergleichbaren Kenntnisstand?
- Wie tief gehen die Kenntnisse?

Grad der Motiviertheit
- Erfolgt die Teilnahme am Lernangebot freiwillig?
- Wer finanziert die Kursteilnahme?
- Welchen Nutzen versprechen sich die Lernenden von dem Lernangebot?
- Sind die Teilnehmer geübte Lernende?

Einstellung zum Medium und zum Lernangebot
- Wie stehen die Teilnehmer den neuen Bildungsmedien gegenüber?
- Sind die Lernenden erfahrene PC-Benutzer?
- Welches Interesse haben die Lernenden an den Inhalten?
- Wie viel Zeit steht den Lernenden zur Bearbeitung des Lernangebots zur Verfügung?

Medienkompetenz
- Bereitet der Zugang zum Lernangebot Schwierigkeiten?
- Haben die Lernenden Erfahrung mit Kommunikationstools?
- Sind sie Hypermedia-erfahren?
- Nutzen sie das Internet und wenn ja, für welche Zwecke?
- Sind sie in der Lage, eigenständig Dokumente zu bearbeiten oder zu erstellen?

Ergänzen und modifizieren Sie diese Fragen gemäß Ihren Anforderungen. Aus den Antworten erstellen Sie ein Zielgruppenprofil, das als Entscheidungsmatrix für Ihre didaktische Konzeption dient. Zwei Beispiele:

Zielgruppenprofil

1. Merkmal Motivation: Die Befragung ergibt, dass die Lernenden hoch motiviert in den Kurs gehen. Gewähren Sie diesen Lernenden die Möglichkeit, den Lernweg eigenständig zu bestimmen. Eine streng geführte Unterweisung würde sich auf den Lernerfolg der Zielgruppe negativ auswirken. Umgekehrt verfahren Sie bei einer gering motivierten Lernendengruppe.
2. Merkmal Medienkompetenz: Ihre Teilnehmer sind erfahrene Trainer, die neben ihrer Neugierde auch eine gehörige Portion Skepsis den neuen Bildungsmedien

gegenüber besitzen. Starten Sie Ihren Online-Kurs wenn möglich mit einer Kickoff-Veranstaltung und bieten Sie den Teilnehmern damit eine Diskussionsplattform. Die „Betroffenheit" der Lernenden verlangt einen offenen Austausch. Vorbehalte, Erwartungen an das Lernmedium können im Vorfeld erörtert werden und wirken später nicht negativ auf den eigentlichen Kursverlauf.

7.2.3 Das Exposé

Die Entscheidungen und Ergebnisse der Konzeptionsphase gehen üblicherweise in schriftlicher Form als Exposé an den Auftraggeber. Die wesentlichen Bestandteile des Exposés sind:

Inhalt

- Einleitung
- inhaltliche Konzeption
- didaktisch-methodisches Design
- mediales Design
- technische Voraussetzungen
- Projektablauf
- Grobkalkulation

Einleitung

In die Einleitung übernehmen Sie die Projektzieldefinition und die Angabe der Zielgruppe aus dem Pflichtenheft.

Inhaltliche Konzeption

In diesem Abschnitt stellen Sie die Strukturierung der Inhalte und des Lernangebots vor. Besonders anschaulich ist Ihre inhaltliche Konzeption, wenn Sie sie mit Hilfe eines Struktogramms schematisch aufbereiten.

Struktogramm

Bei linear geführten Lernprogrammen bietet sich dafür die Leitermetapher, bei Hypermedia-Systemen die Netzwerkmetapher an.

Anhand des Struktogramms (Abb. 7.1) erkennt der Auftraggeber auf einen Blick, welche Inhalte wie miteinan-

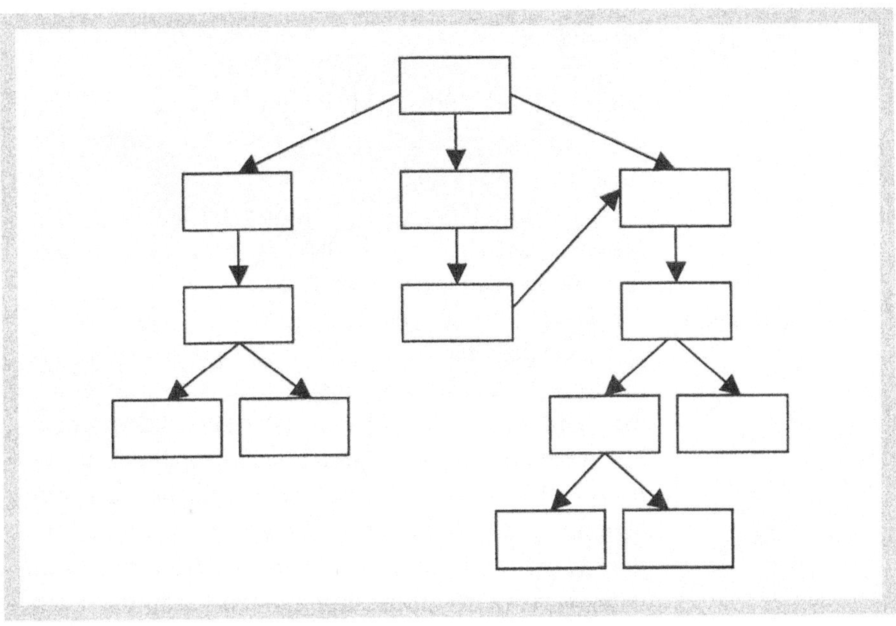

Abb. 7.1 Schema für ein Struktogramm

der verknüpft sind. Aus dem Struktogramm ersieht er aber nicht, wie viele Bildschirmseiten Sie für den jeweiligen Inhalt vorgesehen haben.

Neben der inhaltlichen Strukturierung ist der Lernzielkatalog wesentlicher Bestandteil der inhaltlichen Konzeption. Den Lernzielkatalog können Sie entsprechend der in Abschn. 2.3.2 Lernziele vorgeschlagenen Vorgehensweise zusammen stellen.

Didaktisch-methodisches Design

In der Konzeptionsphase bestimmen Sie die Rahmenbedingungen für das didaktisch-methodische Design, indem Sie Entscheidungen treffen bezüglich:

- Interaktivität,
- Adaptivität/Adaptierbarkeit
- Kommunikation der Teilnehmer

Mit den folgenden Fragestellungen möchten wir Sie bei der Entscheidungsfindung unterstützen:

Adaptierbarkeit/ Adaptivität

Welches Maß an Adaptivität/Adaptierbarkeit bietet das Lernangebot?

Je umfassender die Adaptivität/Adaptierbarkeit (s. Abschn. 2.3.1 – Didaktische Prinzipien) des Lernangebots ausfällt, desto aufwändiger und damit kostenintensiver wird die Realisierung. Da eine solchermaßen gestaltete Lernumgebung jedoch die Benutzerfreundlichkeit steigert und einen höheren Lernerfolg verspricht, sind Kosten und Nutzen genau abzuwägen.

Interaktivitätsgrad

Wie hoch ist der Interaktivitätsgrad?

Die Interaktivität (s. Abschn. 2.3.1) gilt als Qualitätsmerkmal neuer Bildungsmedien, da sie entscheidenden Einfluss auf die Motivation der Lernenden besitzt. Ein hoher Interaktivitätsgrad erlaubt die Gestaltung einer persönlichen und benutzerfreundlichen Lernumgebung, in der sich niemand so gut zurecht findet wie der Lernende selbst. Diese Benutzerfreundlichkeit wirkt sich wiederum positiv auf den Lernprozess aus. Ein hoher Interaktivitätsgrad setzt freilich ein intelligentes und d.h. aufwändiges System voraus.

Zugriffsmöglichkeiten

Wie erhält der Lernende die Lerninhalte?

Kann er jederzeit auf sie zugreifen wie auf eine Wissensdatenbank oder erhält er in regelmäßigen Abständen aufeinander aufbauende Lerneinheiten via Mail oder erweiterter Zugriffsberechtigung?

Kommunikationsformen

Wie kommuniziert der Lernende mit dem Lehrenden?

Gibt es neben der asynchronen Kommunikation (Mail, Newsgroup, Diskussionsforen, s. Abschn. 2.5. – Methodische Elemente) für die Lernenden auch die Möglichkeit zeitgleich mit dem Tutor zu sprechen (z.B. über Chat oder Video-/Audiokonferenz)? Ist der Tutor nur für inhaltliche oder auch für technische und organisatorische Probleme zuständig? In welchen zeitlichen Abständen erfolgt die Betreuung?

Wie kommunizieren und interagieren die Lernenden untereinander?

Können die Nutzer asynchron und synchron kommunizieren? Sollen Aufgaben gemeinsam bearbeitet werden und wenn ja, wie wird die Zusammenarbeit der verteilt sitzenden Lernenden organisiert?

Mediales Design

Medieneinsatz

Im Exposé legen Sie fest, welche Medien mit welcher Zielsetzung zum Einsatz kommen (z.B. Videosequenzen zur Veranschaulichung von Produktionsabläufen oder im Kommunikationstraining, Sprechertext, um den Lernenden „persönlich" anzusprechen, Musik zur Einstimmung usw.). Die im Zielgruppenprofil erarbeiteten Merkmale fließen selbstverständlich in die Entscheidung über den Medieneinsatz mit ein.

Navigation

Sie bestimmen zudem die Navigationsmöglichkeiten der Lernenden:

- Möchten Sie Ihren Kursteilnehmern die Navigation durch eine metaforische Kursumgebung erleichtern?
- Wie erhält der Lernende Informationen über seinen Standort im System (s. Abschn. 2.1 -Kompositionselemente)?

Gestalterische Richtlinien

Die Antworten auf diese Fragen und erste Richtlinien für die Gestaltung der Bildschirmoberfläche geben Sie in diesem Teil des Exposés.

Technische Voraussetzungen

Spezifizieren Sie sorgfältig die technischen Anforderungen an Hard- und Software der Benutzer.

Projektablauf

Im Exposé dürfen die Angaben zum Projektablauf nicht fehlen. Geben Sie die Dauer der Entwicklung und der Durchführung des Lernangebots ebenso an wie bereits feststehende Präsentationstermine, Abnahmetermine für einzelne Arbeitsschritte usw.

Grobkalkulation

In der Grobkalkulation veranschlagen Sie die Gesamtkosten des Projekts. Aus der Kalkulation sollte zudem hervor gehen, welche Arbeitspakte welchen Anteil an den Gesamtkosten haben.

Wird das Exposé vom Auftraggeber abgenommen, dient es als Grundlage für die Drehbuchentwicklung. Nach dem Phasenmodell entwickelt der Autor noch vor Produktionsbeginn das Drehbuch, das – einmal fertig gestellt und vom Auftraggeber abgesegnet – in der Regel nicht mehr verändert wird.

Die Vorgehensweise nach dem Spiralmodell hat den Vorteil, dass während des gesamten Entstehungsprozesses sowohl an der Konzeption als auch am Drehbuch gearbeitet wird und die Entscheidungen nicht alle auf einmal in dieser sehr frühen Phase getroffen werden müssen.

7.3 Das Drehbuch

Ein Projektverlauf nach dem Phasenmodell erfordert ein komplettes Drehbuch zu Beginn der Produktion der Einzelmedien. Das bedeutet, dass der Autor detailliert in der Sprache des Screen-Designers den Aufbau der Bildschirmseiten beschreibt, dem Programmierer alle notwendigen Informationen über die einzubindenden Dateien, Verweise und Links liefert und mit seinem Drehbuch eine Arbeitsanweisung für den Produzenten

Beispiel Drehbuchseite

der Einzelmedien bereit stellt. Üblicherweise liegt das Drehbuch in Text- bzw. Tabellenform vor (Abb. 7.2, 7.3).

Eine Drehbuchseite beschreibt eine Bildschirmseite, deren Aufbau und alle auf dieser Seite abgelegten Elemente und durchführbaren Aktionen. Je komplexer die Anwendung und je tiefer die Verzweigungsmöglichkeiten, desto aufwändiger gestaltet sich die Arbeit am Drehbuch. Gleichzeitig wird es zunehmend schwieriger, anhand des Drehbuchs eine Vorstellung von der Anwendung zu erhalten. Da bisher kaum geeignete Tools zur Drehbucherstellung auf dem Markt sind, ist eine nachträgliche Bearbeitung und Verbesserung der eingegebenen Werte schwierig. Der zeitliche

Aufwand

Aufwand für das Drehbuchschreiben beträgt Götz und Häfner (1992) zufolge durchschnittlich 40 % der

---

5) s. Götz/Häfner 1992, pp 118

Drehbuch Führungskompetenz

Endfassung Dienstag, 3.Oktober 2000, überarbeitet von X, Y, Z, die hinterlegten Farben korrespondieren mit der Strukturgrafik

Lfd.Nr	Name nach Grafik	Inhalt	Sonstiges	Links zu	Medien	Dateien
1.	Intro LE Führungs-verhalten	Lerneinheit Führungsverhalten In dieser Lerneinheit beschäftigen Sie sich mit Ihrem Führungs-verhalten. Zu wissen, wie Sie auf andere Menschen wirken, ist die Grundlage für den strategischen Einsatz von Softskills im Management. Hier können Sie sich über Führungsprofile und –stile informieren, Sie können Ihre eigene Position und Kompetenzen in diesem Bereich selbst testen und Sie bekommen nützliche Materialien und Know-how für den Einsatz in Ihrem Berufsfeld mit auf den Weg. Für diese Lerneinheit sollten Sie sich ungefähr zwei Stunden Zeit nehmen. Wollen Sie eine differenzierte grafische Darstellung zu diesem Bereich?	Vielleicht Photo grauskaliert in blau im Hintergrund? Symbole für Ziele, Hinweise, Inhaltsübersicht? Mouse Over-Text „Softskills“: Kompetenzen im Umgang mit Menschen, Kommunika-tion, Sozialverhalten, Konfliktelösen können, Präsentierenkönnen, etc... Führverhalten.ppt fehlt noch!	Weiter-Button (auf allen Seiten, im folgenden nicht mehr explizit erwähnt.	Grafik oder Photo	Führverhalten.ppt
2.	Maslow Pyramide	Die Bedürfnisse des Menschen berücksichtigen Andere Menschen führen heißt sie kennen, auf ihre Bedürfnisse eingehen und sie zu motivieren. Als Manager wissen Sie : Moti-vation ist alles! Schon vor einem halben Jahrhundert hat Maslow eine Theorie von der Rangfolge der Bedürfnisse des Menschen entwickelt, die vielen Unternehmen auch heute noch gute Dienste leistet, nichtzuletzt, um die Motivation der Mitarbeiter zu steigern. In dieser Theorie werden fünf Bedürfnisebenen unterschieden, die aufeinander aufbauen. So müssen zunächst die Grundbe-dürfnisse befriedigt werden, bevor weitere Bedürfnisse ent-stehen. Dieses Modell wird in der Grafik unten dargestellt. (Hier die Grafik.)				Maslow.ppt

Abb. 7.2 Exemplarische Drehbuchseite

Projekt Industria[illegible]ung

Titel: Cockpit/Keller — Nr.: 6/1

Beschreibung: Sch ler ist mit der Zeitmaschine im Keller einer Arbeiterwohnung gelandet (B4): Blick aus dem Cockpit in den d steren Raum. Einzelteile der Maschine liegen deutlich sichtbar verstreut im Raum und sind besch digt. Die Maschine ist defekt. **Warnblinkl mpchen** leuchten (An3), einige Armaturen geben bei RO Signalt ne (At6-8) von sich, die **Datumsanzeige** zeigt das Jahr 1860 (G10).
Anzeige auf dem G4-**Monitor** (T3) entspricht weitgehend Sprechertext (S3): Inhalt: eingeschr nkte Funktionsf higkeit; schwache Stromversorgung ; Aufforderung, die Ersatzteile in der Stadt zusammenzusuchen und in die **Werkzeugkiste** (G9) im Fach rechts vom Monitor zu packen.
Sensitiv :
Werkzeugkiste (G9): RO: Mz zu Faust; K: rutscht in die Ablageleiste und klappt dort auf (An4); Sobald die Werkzeugkiste unten am Bildschirmrand liegt, ist die Cockpitt r sensitiv:
Cockpitt r (G11): RO: Mz zu Faust; K: f llt nach unten in den Kellerraum (An5), automatischer

Wechsel zu I.A.1 (Cockpit offen/Keller)

[X] Sprecher:
Datei: sec: S [3]

[ ] Musik:
Datei: sec. M [ ]

[X] Atmo At6-8: Signale, Warnt ne
Datei: sec. At [6-8]

[X] Bild: 3D-Zeichnung des Cockpits im Keller
Datei: B [4]

[X] Grafik: G6: Sprechersymbol, G9: Werkzeugkiste, G10: Datumsanzeige (1860), G11: Cockpitt r
Datei: G [9-11]

[X] Animation/Video: An3: Warnblinkl mpchen , An4: Werkzeugkiste klappt auf; An5: Cockpitt r f llt nach unten weg
Datei: An/V [3-5]

Navigation :

Interaktivit t :
Ablageleiste:
B cher, Stadtplan, Weberschiffchen, Auftragszettel, s. Screen 3/0.A2
Werkzeugkiste:
RO: Mz zu Faust
K: rutscht in die Ablageleiste und ffnet sich (An4)
Cockpitt r:
RO: Mz zu Faust
K: f llt nach unten weg (An5), automatischer Wechsel zu I.A.1

Text 3:
Flugphase OK
Ziel erreicht
Achtung Achtung:
Probleme in der Landephase
Motor defekt
Steuerger te defekt
Zeitkapsel defekt
Achtung Achtung
Zeitmaschine ben tigt Ersatzteile
Kiste f r Ersatzteile anklicken
Ersatzteile in der Stadt suchen
Achtung Achtung
Stromversorgung kann nicht aufrecht erhalten werden
Computersystem deaktiviert

Zeitwirbelanimation, Zoom auf Arbeiterwohnung ⇦ ⇨ I.A.1: Cockpit offen/Keller

Drehbuch

Abb. 7.3 Exemplarische Drehbuchseite

Gesamtentwicklungszeit[5]. Hier liegt ein großes Einsparungspotential bei der Realisierung von Multimediaprojekten.

Varianten

Denkbar ist es, auf die Beschreibung jeder einzelnen Seite zu verzichten, die verschiedenen Seitentypen wie z.B die Frageseite, die Testseite oder die Erläuterungsseite exemplarisch im Detail zu beschreiben und dann über einfache Listen die jeweils einzubindenen Dateien und ihre Verlinkungen zu erfassen. Mithilfe eines Flowcharts, d.h. eines Ablaufdiagramms, das jede Bildschirmseite mit ihrer Verknüpfung abbildet, und der exemplarischen Drehbuchseiten stellen die Listen eine geeignete Arbeitsgrundlage für alle an der Realisation Beteiligten dar.

Weniger zeitintensiv gestaltet sich die Arbeit am Drehbuch, wenn man sich bei der Projektabwicklung am Spiralmodell orientiert. Da die Komplexität des Lernangebots sukzessive entwickelt und abgebildet wird, muss vom Drehbuchautor nicht jeder Arbeitsschritt für alle Beteiligten im Vorfeld beschrieben werden.

Verständlichkeit

Mit dem Drehbuch, ob der Autor es nun sukzessive erstellt oder es bereits vor Produktionsbeginn vorliegt, arbeiten der Programmierer, der Screen-Designer und der Produzent der Einzelmedien. Für sie alle muss die Sprache des Drehbuchautors verständlich sein – bei der unterschiedlichen Ausbildung der Beteiligten kein leichtes Unterfangen. Deshalb erweist sich eine schriftlich festgehaltene Nomenklatur als hilfreich.

Auf die Drehbuchentwicklung folgt die Content-Produktion. Hier gestalten und realisieren Sie Kursumgebung, Einzelmedien und Inhaltselemente sowie die interaktiven Elemente. Eine deutliche Steigerung der Effektivität der Content-Produktion als solcher erzielen Sie, wenn Sie aus dem Drehbuch heraus direkt der Content erzeugen. Dies erfordert eine enge Verzahnung der Werkzeuge, die Sie bei der Drehbucherstellung einsetzen, mit den Autorenwerkzeugen im engeren Sinne. Ein Werkzeug, mit dessen Hilfe automatisch aus dem Drehbuch der Kurs erzeugt wird, ist eine Bereicherung Ihres Learning Management Systems im Sinne der Kostensenkung und Steigerung der Effektivität.

7.4 Die erfolgreiche Content-Produktion

Woran erkennen Sie nun die erfolgreiche Content-Produktion? Wir haben Ihnen in einer umfassenden Checkliste die Kriterien für ein qualitativ hochwertiges Lernangebot zusammengestellt und dabei zwischen den Inhalten und der Plattform unterschieden. Ziehen Sie diese Kriterien heran, wenn Sie Ihr Kursangebot erstellen und wenn Sie einen bereits erstellten Online-Kurs bewerten möchten – sei es Ihr eigener oder der eines anderen Anbieters.

Alle Projektpartner wünschen sich als Ergebnis ihrer Arbeit ein qualitativ hochwertiges Lernangebot unter Einhaltung der zu Projektbeginn gemeinsam festgelegten Rahmenbedingungen. Auf dem Weg dorthin werden Sie mit sehr großer Wahrscheinlichkeit ein paar

Tabelle 7.2 Qualitätsmerkmale

1 Allgemeine Informationen über Programm und Benutzung	--	-	+/-	+	++	**Kommentar**
Angabe zu Zielgruppe und Lernnutzen						
Angabe der (mittleren) Bearbeitungsdauer						
Qualität weiterer beiliegender Materialien (Booklet, CD-Hülle)						
Hinweise zur Programmbedienung						
Instruktionen zum Programmstart und -abbruch						
2 Inhaltliche Überprüfung	--	-	+/-	+	++	**Kommentar**
Lehr-/Lernziele (Formulierung, Differenzierung, Vollständigkeit, Angemessenheit)						
Zusammenhang von Lernzielen und Lerninhalten						
Vermeidung redundanten Inhalts						
Angemessenheit von Inhalt und Zielgruppe						
Korrektheit der inhaltlichen Darstellung						
Raum für eigenes Handeln und eigene Erfahrungen						
Angemessene und vollständige Darstellung des Inhalts						

Tabelle 7.2 Fortsetzung

3 Benutzerkontrolle	--	-	+/-	+	++	**Kommentar**
Orientierungshinweise						
Kontrollelemente (Icons, interaktive Texte, Fortschrittsanzeige, Auswahlknöpfe, Druckknöpfe, maussensitive Bildschirme, spezifische Mauszeiger)						
Zugriff zum Programminhalt (gezielter Aufruf bestimmter Kapitel, individuelle Lernwege)						
Benutzerkontrolle über einzelne Sequenzen (Hin- und Herblättern, Überspringen, Videosteuerung, wiederholter Aufruf von Text/Grafik/Video, Abbruch jederzeit möglich (Lesezeichen))						
4 Fragen und Übungen	--	-	+/-	+	++	**Kommentar**
Frageformen (Typen, Variantenreichtum, Angemessenheit)						
Frageformulierung (klar, eindeutig)						
Motivation durch Testfragen						
Anwendungsbezug der Testfragen						
Feedback und Responsezeiten						
Hilfen						
5 Motivation und Lernstrategien	--	-	+/-	+	++	**Kommentar**
Sprache ist der Zielgruppe angemessen						
Lernweg ist der Zielgruppe angemessen						
Programmwiederholung (Attraktivität bei wiederholtem Durcharbeiten)						
Alternative Lernwege und -strategien						
Realitätsgrad/Praxisnähe						
Unterhaltungswert (Spaß, Vergnügen)						
Berücksichtigung unterschiedlicher Voraussetzungen der Lernenden						
Umgang mit Fehleingaben						
Diagnose auftretender Lernprobleme						
Gesamtdesign						
Lernlogische Sequenzierung						
6 Informations- und Aufzeichnungsmöglichkeiten	--	-	+/-	+	++	**Kommentar**
Hilfe-Funktion						
Lexikon						
Suche						

Tabelle 7.2 Fortsetzung

Textverarbeitung für individuelle Notizen						
Drucker						
Dokumentation des Lernfortschritts						
7 Text, Farben, Grafiken, Video	--	-	+/-	+	++	**Kommentar**
Schriftdesign (Schriftart, -qualität, -konsistenz)						
Textlayout (Größe des Textfeldes, Hervorhebungen, Texttypen)						
Strukturierter Text (Textschema, Länge der Sätze, Textstil)						
Rechtschreibung und Zeichensetzung						
Farbenkonsistenz						
Verhältnis der verwendeten Farben zueinander (Harmonie, Kontrast, Vordergrund/Hintergrund)						
Qualität und Effektivität von Grafiken, Animationen, Video						
8 Kommunikation	--	-	+/-	+	++	**Kommentar**
Direkte/synchrone/asynchrone Kommunikation mit Teletutoren/Helpdesk						
Direkte/synchrone/asynchrone Kommunikation mit anderen Teilnehmern						
Direkte/synchrone/asynchrone Kommunikation mit anderen über das Netz erreichbaren Partnern						
Direkte/synchrone/asynchrone Kommunikation ohne Medienbruch (ohne Wechsel in eine andere Benutzungsoberfläche)						
Umfang und Art der Kommunikationsfunktionen (vielfältig, anwenderfreundlich, erweiterbar)						
Integration von Kommunikationsfunktionen in Kursinhalte						
9 Kollaboration/Teamarbeit	--	-	+/-	+	++	**Kommentar**
Definition kursbezogener Gruppen/Teams						
Direkte/synchrone/asynchrone Kommunikation mit Teletutoren/Helpdesk						
Direkte/synchrone/asynchrone Kommunikation mit anderen Teilnehmern						
Direkte/synchrone/asynchrone Kommunikation mit anderen über das Netz erreichbaren Partnern						
Direkte/synchrone/asynchrone Kommunikation ohne Medienbruch (ohne Wechsel in eine andere Benutzeroberfläche)						
Nutzung von Teamwork und Kooperation (Document Sharing, Application Sharing, geführtes Browsen)						

Tabelle 7.2 Fortsetzung

Individuelle bzw. gemeinsame Terminkalender						
10 Präsentation, Verpackung	--	-	+/-	+	++	**Kommentar**
11 Programmierung	--	-	+/-	+	++	**Kommentar**
Fehlerfreie Programmierung (Programmfehler, Abbruch)						
Programmiersprache/Autorensystem (Hinweis auf Autorensprache)						
12 Technische Informationen	--	-	+/-	+	++	**Kommentar**
Hinweise zu notwendiger Hardware, evtl. weiterer Software, Installation						
Lizenzen						

Probleme zu meistern haben. Das können personelle oder technische Probleme sein, unvorhergesehene Wartezeiten oder Kommunikationsprobleme mit dem Auftraggeber. Diese Probleme sind typisch für Projekte und Multimediaproduktionen – bereiten Sie sich also darauf vor und ergreifen Sie frühzeitig Maßnahmen, um ihre Auswirkungen möglichst gering zu halten.

Stellen Sie sich doch bitte folgende Situation vor: Der Abgabetermin naht, das Projekt liegt gut im Zeitplan und plötzlich erkrankt Ihr Screen-Designer. Ein Glück, wenn Sie viele Leute in der Branche kennen: Netzwerke machen sich hier bezahlt. Aber natürlich ist Ihr Screen-Designer nicht so einfach zu ersetzen, genauso wenig wie jedes andere Mitglied im Team. Eine gute Dokumentation der Absprachen und geleisteten Arbeitsschritte hilft, solche unerwarteten Ausfälle leichter zu kompensieren.

Wissen Sie schon, wie Sie auf Geräteausfälle, Systemabstürze, Probleme mit der Software reagieren werden? Vor Problemen dieser Art ist kaum ein Projekt gefeit. Schadensbegrenzung leisten hier nur kompetente und kreative Teammitglieder, die um Alternativen nicht verlegen sind und ein großzügig bemessener Zeitpuffer in der Projektplanung.

Apropos Zeitpuffer: Wie gehen Sie mit ungewollten Wartezeiten um?

Da Sie nicht alles alleine machen können, sind Sie auf die reibungslose Zusammenarbeit mit Lieferanten und anderen Dienstleistern angewiesen. Klare Absprachen und entsprechend spezifizierte Verträge bewahren vor größeren Überraschungen. Manchmal lässt aber auch der Auftraggeber mit der Lieferung versprochener Materialien auf sich warten. Damit Ihnen keine Nachteile erwachsen, achten Sie auch in diesen Fällen darauf, dass die Absprachen schriftlich festgehalten werden. Schriftliche und mündliche Absprachen sind wichtig. Besonderes Augenmerk werden Sie auf die Kommunikation mit Ihrem Auftraggeber legen. Transparenz ist die Grundlage einer guten Zusammenarbeit. Informieren Sie den Projektverantwortlichen von Auftraggeber- bzw. Auftragnehmerseite in regelmäßigen Abständen über den Projektstand und vereinbaren Sie im Briefing die Anzahl der Präsentationstermine und der Besprechungen in größerer Runde. Jedes zusätzliche Meeting bedeutet Zusatzkosten, die entsprechend abgegolten werden müssen.

7.5 Online-Kurse – Übersicht

Nachdem Sie einiges über die Konzeption und Produktion von Online-Kursen gelesen haben, sind Sie sicherlich daran interessiert, in einige Online-Kurse „hineinzuschnuppern“. Wir haben eine Liste mit Kursanbietern für Sie zusammengestellt (Tabelle 7.3). Wenn Sie weitere Informationen über die Kursorganisation und Kursbetreuung durch die jeweiligen Anbieter wünschen, wenden Sie sich am besten per E-Mail an die angegebenen Kontaktadressen.

Tabelle 7.3 Anbieter von Online-Kursen

akademie.de **die internet-akademie** Dircksenstr. 47 10178 Berlin Fon: 0 30/28 00 00 Fax: 0 30/28 00 012 www.akademie.de	**Berlitz Online** www.global-learning.de/berlitz
ets GmbH Verlag **für didaktische Medien** Kirchstr. 3 87642 Halblech Fon: 0 83 68/91 04 0 Fax: 0 83 68/91 04 10 www.ets-online.de	**FernUniversität Hagen** **Virtuelle Universität** Postfach 940 58084 Hagen Fon: 0 23 43/987-41 10 Fax: 0 23 43/33 77 89 www.fernuni-hagen.de
IOA **Internationale Online Akademie** time4you GmbH communication & learning Maximilianstraße 4 76133 Karlsruhe Fon: 0721/83 01 60 Fax: 0721/83 016 16 www.ioa.de	**Sessions.edu** www.sessions.edu
Teleakademie Furtwangen Gerwigstr. 11 78120 Furtwangen Fon: 0 77 23/91 20 53 Fax: 0 77 23/91 20 54 www.tele-ak.fh-furtwangen.de	

7.6 Literatur

Etat-Kalkulator, creativ collection, Freiburg. (Das Nachschlagewerk der Multimediabranche mit Schwerpunkt Marketing. Erscheint halbjährlich und hat den stolzen Preis von 80 DM.)

Multimedia Honorarleitfaden 97/98, High Text Multimedia Verlag, München (Der Leitfaden erscheint alle 2 Jahre und listet wesentlich preisgünstiger als der Etat-Kalkulator (nämlich für 29,80 DM) die Honorare für alle an einer MM-Produktion Beteiligten auf. Zudem gute Tipps und Hinweise.)

Reinmann-Rothmeier G, Mandl H, Prenzel M (1994) Computergestützte Lernumgebungen, Planung, Gestaltung und Bewertung, Publicis MCD Verlag, München. (Als Anregung: ein Briefingleitfaden für eine erfolgreiche Zusammenarbeit.)

Segerer J (1996) Interaktive Verkaufsförderung, Bonn, Paris et al.

Walraet B (1991) A disciplin of software engineering, North-Holland, New York

Witte K-H (1995) Nutzeffekte des Einsatzes und Kosten der Entwicklung von Teachware. Empirische Untersuchung und Übertragung der Ergebnisse auf den praktischen Entwicklungsprozess, Unitext Verlag, Göttingen

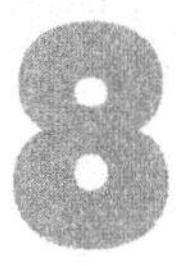

Integration in das Unternehmen

Strategie

Die Erfahrungen mit dem Einsatz von CBT in der beruflichen Weiterbildung haben gezeigt, dass auch E-Learning oder multimediales netzbasiertes Lernen nur dann erfolgreich sein wird, wenn es als Lernform integriert ist in den Kanon anderer Lernformen und in die Lernprozesse der Organisation. Akzeptanzhürden sowohl auf der Seite der Lernenden, im Management und bei den Trainern lassen sich nur mit einem integrativen Ansatz überwinden. Das Selbstlernzentrum ohne enge Beziehungen zum Seminarbetrieb, ohne Nutzung durch Trainer und Teilnehmer der Präsenzveranstaltungen und ohne didaktisch-methodisches Konzept und Betreuung ist auch bei der Nutzung von Online-Lernen zum Scheitern verurteilt. Diesen hohen Integrationsgrad erreichen Sie jedoch nur, wenn technologiebasiertes Lehren und Lernen ein strategisches Instrument der Informations- und Kommunikationspolitik Ihrer Organisation darstellt.

Kapitelübersicht

In diesem Kapitel betrachten wir im ersten Abschnitt Randbedingungen und Möglichkeiten, netz- und webbasiertes Lernen in der Organisation einzuführen und als arbeitsplatznahes Lernen zu implementieren. Für das Thema Evaluation als Qualität sichernde und Akzeptanz steigernde Maßnahme verweisen wir auf die umfangreiche Literatur. Gegenstand von Abschn. 8.2 ist die Qualifizierung der Anwender, Trainer und Multiplikatoren – hier erhalten Sie wiederum zahlreiche praktische Hinweise. Das „Tagebuch eines Teletutors" gibt einen Einblick in die veränderte Arbeitswelt des Trainers mit ihren Tiefen und Höhen. Mit einem Fazit und den gewohnten Literaturhinweisen schließt das Kapitel und damit auch dieser Band.

8.1 Die Einführung der neuen Lehr-/Lernumgebung

8.1.1 Die Sicht der Kunden

Der Blick auf Ihren Kunden, ob intern oder extern, führt Sie wieder zu den strategischen Aspekten zurück, nachdem Sie sich intensiv mit der Konzeption und Realisierung des netzbasierten Lehrens und Lernens befasst haben. Wie in Kap. 5 bereits angedeutet: das interne oder externe Marketing, und zwar als strategisches Marketing, steht jetzt im Zentrum der Aktivitäten.

Wer braucht multimediales Lernen im Netz und warum? Wenn Sie diese Frage beantworten können, wissen Sie, wie Sie in Ihrem Haus die neue Lehr-/Lernumgebung bekannt und „beliebt" machen. Und wenn sie beliebt ist, wird sie auch genutzt!

8.1.2 Wege der Einführung

Netzbasiertes Lernen kommt typischerweise zum Einsatz

- um Teilnehmer am Arbeitsplatz oder zu Hause auf Präsenzveranstaltungen vorzubereiten,
- um Präsenzveranstaltungen am Arbeitsplatz oder von zu Hause aus nachzubereiten,
- um innerhalb von Präsenzveranstaltungen sich eigenständig weitere Informationen zu beschaffen oder ein in sich abgeschlossenes Thema selbstständig zu erarbeiten,
- um im Selbstlernzentrum, am Lern-PC oder in der Lern-Insel, am Arbeitsplatz oder zu Hause selbstständig zu lernen mit oder ohne Unterstützung durch Experten oder Tutoren.

Bei der Einführung wählen Sie idealerweise einen bis zwei dieser Bereiche aus, um die Einsatzmöglichkeit zu demonstrieren und zu erproben. Welcher Bereich der Richtige ist, hängt davon ab, nach welcher Einsatzvariante bei Ihnen der größte Bedarf besteht, wo die Vorerfahrungen die Nutzung der neuen Technik und Umgebung vereinfachen und in welchem Bereich die technischen Voraussetzungen am besten sind (stabile und leicht nutzbare Infrastruktur). Einen Überblick über die Einführungsphase vermittelt Tabelle 8.1.

8.1.3 Das Pilotprojekt als Element des Change Management

Im Pilotprojekt haben Sie die Chance, Fehler in einer geschützten Umgebung zu machen und daraus so viel

Tabelle 8.1 Die Einführungsphase im Überblick

Phase	Beteiligte	Kommentar
Piloteinsatz	Projektleiter, Personal- und Weiterbildungs-verantwortliche, die Pilotgruppe und Teletutoren/-trainer	Der erste Liveeinsatz will sorgfältig vorbereitet sein. Wichtig sind deshalb die technischen Rahmenbedingungen und die Qualifizierung der Anwender des neuen Systems. Irritationen in dieser Phase aufgrund vermeidbarer Fehler beeinträchtigen den Erfolg des Gesamtprojekts.
Evaluation der Pilotphase	Projektleiter, DV-Verantwortliche, Pilotgruppe und Teletutoren/-trainer	Sowohl die Integration in die DV-Infrastruktur als auch die "usability" aus Sicht der Anwender und Teletutoren werden überprüft.
Korrekturen aufgrund der Ergebnisse der Evaluation	Projektleiter, Autor, Designer, Software-Entwickler, Programmierer	Abhängig von den Inhalten der Korrektur sind hier wieder alle gefragt.
Qualifizierung der Anwender und Administratoren	Projektleiter, Personal- und Weiterbildungsverantwortliche, (Tele-)Trainer	Anwender sind nicht nur die Benutzer der neuen Lehr-/Lernumgebung, sondern ebenfalls die Teletrainer/-tutoren, die die Benutzer begleiten und unterstützen. Hier kann bereits das neue System integriert werden. Multiplikatorentrainings reduzieren den Aufwand und tragen zur besseren Integration bei.

Das "Go" für die flächendeckende Einführung (oder ein zweites Teilprojekt, wenn Sie schrittweise vorgehen).

wie möglich zu lernen. Bei einem Projekt zum netzbasierten Lernen ist diese Pilotphase möglich, da in den seltensten Fällen mit dem Abschluss der Entwicklungstätigkeit die neue Software im gesamten Unternehmen gleichzeitig benötigt wird. Die im Folgenden skizzierten Beispiele für mögliche Pilotprojekte zeigen Ihnen das Spektrum, aus dem Sie die für Sie geeignete Lösung auswählen können.

Piloteinsatz in Seminaren

Die Lehr-/Lernumgebung wird zunächst im klassischen DV-Trainingszentrum installiert. Von jedem DV-Trainingsraum aus besteht ein Zugang zum Bildungsserver. Eine kleine Gruppe von Trainern mit Interesse an der neuen Lehrmethode qualifiziert sich in Workshops so weit, dass sie die Angebote des Bildungsservers kompetent benutzen kann. Innerhalb eines vorher festgelegten Zeitabschnitts von drei Monaten integrieren diese Trainer Selbstlernphasen in ihre Präsenzveranstaltungen. Alle vierzehn Tage trifft sich die Gruppe, um ihre Erfahrungen auszutauschen. Die Erfahrungen der Teilnehmer im Umgang mit dem neuen System werden in speziellen Fragebögen ermittelt. Nach Abschluss dieser Phase treffen sich die Projektgruppe, die Trainer und einige der Seminarteilnehmer in einem Workshop, um die Pilotphase zu reflektieren und weitere Schritte zu besprechen.

Durchführung eines Online-Tutorials

Die Lehr-/Lernumgebung wird im Unternehmensnetzwerk eingerichtet, sodass jeder Mitarbeiter vom Arbeitsplatz aus auf die Lernumgebung zugreifen kann. Die zukünftigen Teletutoren sind in diese Phase des technischen Aufbaus des Systems bereits integriert und werden in Workshops auf ihre Betreuungsaufgabe vorbereitet. Im Vordergrund steht zunächst die Bedienung des Systems und seiner Komponenten. Die Führungskräfte der Bereiche werden vorab informiert und im Rahmen einer halbtägigen Veranstaltung zur Vorab-Präsentation mit anschließender Diskussion eingeladen. Das Online-Tutorial wird unternehmensweit ausgeschrieben. Ab ca. zehn Teilnehmern kann dieses erste Online-Tutorial durchgeführt werden. Ein Teletutor betreut diese Gruppe ohne Schwierigkeiten mit einem Aufwand von durchschnittlich einer Stunde pro Tag. Dieser Aufwand wächst mit einer größeren Gruppe nicht zwangsläufig – allerdings sollte die Gruppe, die ein Teletutor betreut, nicht mehr als 25 bis maximal 35 Personen umfassen, um eine individuelle Kommunikation zu gewährleisten. Der Projektleiter und insbesondere der Autor und der Entwickler des Online-Tutorials stehen in dieser Phase dem Teletutor ganz kurzfristig, d.h. innerhalb von ein bis vier Stunden zur Verfügung. So ist der Teletutor sicher, dass er mit allen auftauchenden Schwierigkeiten zurechtkommt, und darüber hinaus kann das System sehr schnell den Anforderungen aus der Praxis angepasst werden. Evaluation, Auswertung und Reflexion werden analog zum ersten Beispiel durchgeführt.

Alternative für einen externen Bildungsanbieter

Der Bildungsserver wird bei einem Internet-Service-Provider aufgebaut. In einem kleinen Pre-Test greifen die zukünftigen Teletutoren auf das System von ihren Arbeitsplätzen und von zu Hause aus zu. Parallel dazu läuft die Werbung für den ersten Online-Kurs im Kundenkreis. Mit der ersten Gruppe führen Sie dieses Tutorial durch. Da die Lernform für alle Beteiligten neu ist, ist eine vorbereitende Präsenz-Veranstaltung zwingend notwendig. Erfahrungsaustausch und Reflexion werden analog zum internen Bildungsanbieter realisiert. Den Bildungsserver können Sie nach erfolgreichem Abschluss der Pilotphase im eigenen Haus installieren – oder aber er verbleibt bei dem externen Dienstleister.

Variante: Piloteinsatz innerhalb eines in sich geschlossenen Bereichs oder einer Abteilung

In den oben skizzierten Beispielen wurde das neue Lernangebot stets der gesamten potenziellen Nutzergruppe angeboten. Genauso ist es möglich, zunächst nur einen Bereich mit hohem Interesse und guten Voraussetzungen für eine erfolgreiche Nutzung herauszugreifen und dort die erste Praxisphase durchzuführen. Dieser Weg ist vor allem dann empfehlenswert, wenn insgesamt im Unternehmen relativ große Vorbehalte gegenüber der neuen Lernform bestehen, die das Projektteam auch nicht vorgängig zur erfolgreichen Praxis auflösen kann. Auf diese Weise – einen erfolgreichen Abschluss vorausgesetzt – bildet das Projektteam weitere Promotoren für das neue System aus und verschafft diesem eine breitere Unterstützungsbasis.

Der Lernort, an dem die Vorteile netz- und webbasierten Lernens intensiv ausgeschöpft werden können, ist der Arbeitsplatz. Mehr über die besonderen Bedingungen dieses Lernorts erfahren Sie im nächsten Abschnitt.

8.1.4 Lernen am Arbeitsplatz

Der Arbeitsplatz entspricht nicht dem typischen und üblicherweise geforderten Lernplatz. Am Arbeitsplatz klingeln abwechselnd Telefon und Fax, es kommen Kollegen mit wichtigen Fragen, die Arbeitsunterlagen müssen beiseite geräumt werden usw. Da der Arbeitsplatz als Lernort besonders störanfällig ist, ist neben dem technisch reibungslosen Ablauf die Benutzerfreundlichkeit und ein auf diese Bedingungen ausgerichtetes System Voraussetzung für den Lernerfolg. Neben dem Arbeitsplatz hat sich die Lerninsel als alternativer arbeitsplatznaher Lernort etabliert. Dieser Abschnitt bietet Ihnen einen kurzen Überblick über diese Lernorte und die Anforderungen, die daraus für das Lernangebot resultieren. Am Ende des Abschnitts wird diesen arbeitsplatznahen Lernorten das Selbstlernzentrum gegenübergestellt.

Lernort Arbeitsplatz

Multimediales netzbasiertes Lernen ist grundsätzlich hinsichtlich Methode und Medium sehr gut für das Lernen am Arbeitsplatz geeignet. Nicht übersehen werden darf allerdings bei der Konzeption und Realisierung entsprechender Lehr-/Lernumgebungen, dass der Arbeitsplatz als Lernort einige Schwierigkeiten mit sich bringt. Folgende Kriterien sollte ein Lernangebot erfüllen, das am störanfälligen Arbeitsplatz eingesetzt wird:

- Modularer Aufbau: Die Aufbereitung der Inhalte in kleinen, überschaubaren Lerneinheiten, die der/die Lernende in Leerlaufzeiten bearbeitet.
- Navigation: Der Lernende benötigt insbesondere in dieser Lernsituation den schnellen Überblick über seinen Standort: Wie viel Arbeit liegt noch vor ihm? Wie viel hat er schon erledigt?
- Multitaskingfähigkeit: Der Lernende muss parallel zu seinem Online-Kurs andere Programme auf seinem Computer öffnen können, um beispielsweise zwischendurch eine wichtige Anfrage eines Kollegen zu beantworten.
- Speicher- und Ladefunktion: Der Lernende muss seinen Lernweg an genau der Stelle wieder aufnehmen können, an der er ihn unterbrochen hatte. Sinnvoll ist gerade in netzwerkartig strukturierten Lernumgebungen eine History- und Bookmark-Funktion, die die letzten Arbeitsschritte protokolliert und die der Lernende jederzeit abrufen kann. Der Lernweg ist dadurch wieder nachvollziehbar und erleichtert dem Lernenden den Wiedereinstieg ins Thema.

Ein motivierter, geübter Lernender, der in der Lage ist, sich schnell auf die neuen Inhalte zu konzentrieren, wird von einem Lernangebot am Arbeitsplatz profitieren.

Lerninseln

Die Lerninsel bezeichnet eine in der Nähe des Arbeitsplatzes eingerichtete Lernecke. Ohne Voranmeldung, eventuell nur in Absprache mit den betroffenen Kollegen, kann der Mitarbeiter eine Lerneinheit in den Arbeitstag integrieren. Gegebenenfalls auftretende Leerlaufzeiten können effektiv genutzt werden. Bei Bedarf ist der Mitarbeiter jedoch schnell zu erreichen. Da in der Lerninsel genauso wie am Arbeitsplatz für Fragen zum Inhalt oder Problemen mit der Technik kein Ansprechpartner zur Verfügung steht, sollte bei der Auswahl der Lernangebote vor allem darauf geachtet werden, dass

- die Lerninhalte und die mit ihnen zu erreichenden Lernziele gut beschrieben sind,
- die Lernangebote schnell und einfach aufgerufen werden können,
- die Angebote auf ihre Betriebssicherheit und Stabilität überprüft sind.

Besonders gut geeignet sind Online-Kurse mit tutorieller Betreuung, da bei technischen und inhaltlichen Fragen ein Teletutor oder Telecoach weiterhilft.

Selbstlernzentrum

Schauen Sie sich jetzt im Selbstlernzentrum um. Hier findet der interessierte Mitarbeiter neben Lernprogrammen häufig auch Bücher, Lehrfilme, Folien usw. In der Regel kann der Lernende selbstständig sein Wissen mithilfe der Lernmaterialien vertiefen oder zusammen mit Kollegen in organisierten Kursen lernen. Dazu bucht er nach Absprache mit seinem Vorgesetzten die benötigten Unterrichtsstunden. Vor Ort hilft ihm bei technischen, organisatorischen und inhaltlichen Fragen der zuständige Mitarbeiter weiter. Idealerweise pflegt und aktualisiert dieser Mitarbeiter den Bestand an Lernmaterialien, führt Evaluationen durch und überprüft die Benutzerzufriedenheit. Nicht zu unterschätzen ist der organisatorische und finanzielle Aufwand, den die Führung eines Lernzentrums bedeutet: die Nutzung der Lernplätze muss geplant und koordiniert, Räumlichkeiten müssen angemietet, ein Betreuer für das Lernzentrum muss abgestellt und ein Vorrat an Lernmaterialien bereit gehalten werden.

Abhängig von der Unternehmensgröße, dem Weiterbildungsbedarf und der zu erwartenden Auslastung des Lernzentrums stellt dieser Lernort eine sinnvolle Alternative für Lernen in arbeitsplatznaher, aber ruhiger Lernatmosphäre dar. Folgende Voraussetzungen sollten erfüllt sein:

- Die Unternehmensführung fördert die Auslastung des Lernzentrums, indem beispielsweise den Mitarbeitern ein bestimmtes Stundenkontingent zur Weiterbildung zur Verfügung steht.
- Der Betreuer ist nicht nur Verwalter der Lernplätze und Materialien, sondern besitzt die Kompetenz, die Lernenden bei Lernproblemen, inhaltlichen, organisatorischen und technischen Fragen zu beraten.
- Die Mitarbeiter können aus einer Vielzahl aktueller Kursangebote und Lernmaterialien das geeignete Lernangebot auswählen.
- Die Mitarbeiter können schnell, unkompliziert und ohne organisatorischen Aufwand Lernstunden buchen.
- In der Praxis sind viele Lernzentren eher funktional und fast steril eingerichtet. Eine stärkere Orientierung an Freizeit- und öffentlichen Kulturräumen würden den Nutzungsgrad sicher steigern. Ein Selbstlernbereich lässt sich auch in einen ruhigeren Abschnitt einer Kantine oder einer Cafeteria integrieren!

Wer in der Nähe des Arbeitsplatzes nicht in der Lage ist, konzentriert zu lernen, wird das Selbstlernzentrum oder den Lernort „zu Hause“ vorziehen.

8.2 Qualifizierung

Die Integration netz- und webbasierter Lehr-/Lernumgebungen in eine Organisation kann, muss aber nicht einen Wechsel der Lernkultur bedeuten. Mindestens verursacht dieser Schritt jedoch eine Kulturveränderung. Diese Veränderung setzt ein bei der Lernkultur, wirkt sich auf aus Informations- und Kommunikationskultur und prägt damit die Unternehmenskultur. Oder sie beginnt bei Information und Kommunikation und endet beim Lernen. Sich verändern heißt lernen, und dazu beitragen, dass andere sich verändern, heißt trainieren. Insofern kommt jede kulturelle Veränderung nicht ohne Lernen und Trainieren aus. Wichtigster Adressat ist der Anwender selbst, an zweiter Stelle kommt der Trainer. Und begleitend sollten sich Führungskräfte, Multiplikatoren und Experten mit der neuen Lehr-/Lernumgebung vertraut machen können.

Qualifizierung der Anwender

Beginnen wir mit den Anwendern. Sind Ihre Anwender bereits darin geübt, mit konventionellen Lernprogrammen zu arbeiten? Dann haben Sie eine große Hürde schon genommen. Wenn nicht, müssen Sie ganz vorne anfangen. Der oder die Anwender/in eines netz- und webbasierten Lernangebots braucht folgende Kenntnisse und Erfahrungen:

- Erfahrung im Einsatz von PC oder allgemeiner Computern als Arbeitsgerät (Anwender-Niveau).
- Erfahrung in der Nutzung von Netzwerkanwendungen (Browser, Groupware-Applikation).
- Fähigkeit und Möglichkeit, sich am Arbeitsplatz den Freiraum für das Lernen zu schaffen.
- Fähigkeit, bei Lernproblemen gleich welcher Art sich entweder selbst zu helfen oder aber eigeninitiativ eine externe Hilfefunktion zu benachrichtigen (Software, Helpdesk, Teletutor, Kollege).
- Fähigkeit, sich mündlich oder schriftlich zu artikulieren (ist besonders wichtig bei stark textorientierten Programmen) mit Bezug zu den Lerninhalten und – sofern eine tutorielle Form eingesetzt wird – in der Kommunikation mit dem Tutor.

Qualifizierung der Trainer

Der Trainer und Weiterbildner ist aus zwei Gründen die zentrale Figur bei der Integration des Online-Lernens. Zum einen spielt er immer die Rolle des Multiplikators und Meinungsmachers, selbst dann, wenn er die technologiegestützten Formen und Medien nicht persönlich benutzen wird. In seinen Präsenzveranstaltungen ist er derjenige, der die Akzeptanz seiner Teilnehmer hinsichtlich der netzgestützten Trainingsformen schmälert oder fördert. Zum anderen verändert sich sein eigenes Aufgabengebiet erheblich, sobald er eine

Funktion im Rahmen der neuen Lehr-/Lernumgebung übernimmt. Das heißt, er wird sich auch persönlich verändern. Abhängig von der konkreten Ausprägung seiner zukünftigen Aufgaben sind die Qualifizierungsbedürfnisse zu sehen. Ein Trainer, der webbasierte Trainingsangebote mitentwickelt, benötigt zusätzliche Kenntnisse als Web-Autor. Ein Trainer, der mithilfe der Videokonferenztechnik weit entfernte Mitarbeiter und Kollegen erreichen will, muss wissen, wie er seine persönliche Ausstrahlung auch vermittelt durch eine Videokonferenz transportiert und wie er mit der neuen Technik ganz selbstverständlich umgeht. Und ein Trainer, der als Teletutor Teilnehmer eines Online-Tutorials begleitet, wird sich zusätzliche technische Kenntnisse aneignen und basierend auf einem gewandelten Selbstverständnis auch seine kommunikativen und sozialen Kompetenzen ergänzen.

Anforderungsprofil des Teletrainers

Das folgende Anforderungsprofil eines Teletrainers deckt alle angesprochenen und in den Tabellen 8.2–8.6 aufgeführten Arbeitsfelder ab. Die Ausprägung und Gewichtung der einzelnen Kompetenzen ist individuell und bezogen auf die Organisation, in der der Teletrainer aktiv ist, verschieden. Die gesetzten Markierungen deuten eine Gewichtung (Sollprofil) an. Die Skala reicht von 1 = unwichtig bis 5 = sehr wichtig (1 = unwichtig, 2 = relativ unwichtig, 3 = neutral, 4 = wichtig, 5 = sehr wichtig).

Tabelle 8.2 Anforderungsprofil Kommunikator

Kompetenzen des Kommunikators	**Bewertung**				
	1	2	3	4	5
Response-Zeit					x
Netiquette (Etiquette im Netz/Internet)					x
Aufbau von Kommunikation in verteilter Situation/ohne physische Präsenz					x
Integration von Aktion/Reaktion-Elementen in die Kursgestaltung				x	
Online-Motivation (trotz physischer Entfernung und häufig ohne Sichtkontakt)				x	

Tabelle 8.3 Anforderungsprofil Didaktiker/Methodiker

Kompetenzen des Didaktikers/Methodikers	**Bewertung** 1	2	3	4	5
Zielgruppenorientierung					x
Inhaltliche Individualisierung			x		
Kooperation in Netzen					x
Moderation					x
Integration von Sammelpunkten (für Kommunikation/Interaktion)				x	
Roter Faden				x	
Recherche				x	
Methodenpool (interaktives Whiteboard, Video-/Audiokonferenz, Chat, E-Mail, Newsgroups, Schwarzes Brett, Brainstorming in Chat-Rooms, Moderierte Online-Konferenz)					x

Tabelle 8.4 Anforderungsprofil Lernberater

Kompetenzen des Lernberaters	**Bewertung** 1	2	3	4	5
Wissensmanagement			x		
Beratung beim individuellen Lernen (Auswahl von Inhalten, Unterstützung beim Erwerb von Lerntechniken, Unterstützung bei der Suche nach und Aneignung von geeigneten Wissensquellen)				x	
Fachliche Begleitung des Lernprozesses		x			

Tabelle 8.5 Anforderungsprofil des Supporters

Kompetenzen des Technikers/Supporters	**Bewertung** 1	2	3	4	5
DV-Technologie (Hardware, Software)				x	
Computernetzwerke			x		
Internet (Technische Infrastruktur, Zugang)				x	
Internet-Software (E-Mail, Dateitransfer, HTML, ...)				x	
Internet-Dienste (E-Mail, Chatting, Newsgroups, Mailinglists, ftp)				x	
Videoconferencing				x	
Audio-Conferencing				x	

Tabelle 8.6 Anforderungsprofil Autor

Kompetenzen des Autors	Bewertung 1	2	3	4	5
Curriculum-Planung			x		
Storyboard Design		x			
Screendesign		x			
HTML/XML		x			
JavaScript/CGI		x			
Autorensystem für Entwicklung von Online-Kursen			x		
Bild-/Videobearbeitung	x				

Beim Anforderungsprofil Autor wird deutlich, dass der Teletutor zwar ein breites Kompetenzspektrum abdeckt, aber dann in den einzelnen Kompetenzen kein tieferes Wissen und Know-how benötigt. Er wird ja in der Regel nicht selbst das Lernangebot erstellen, was Aufgabe des Autors ist. Dennoch ist es gegebenenfalls notwendig, während des Online-Tutorials inhaltliche Änderungen und Ergänzungen innerhalb der Lehr-/-Lernumgebung vorzunehmen. Und dies geschieht umso schneller und damit für die Nutzer komfortabler, je besser sich der Teletutor mit den Werkzeugen der Lehr-/ -Lernumgebung auskennt.

Der konkrete Qualifizierungsbedarf ergibt sich dann offensichtlich aus der Differenz zwischen dem Anforderungsprofil und dem Ist-Profil (in der Eigen- und zur Kontrolle in der Fremdsicht).

Wie steht es derzeit um Qualifizierungsangebote externer Anbieter zu diesen Themen?

Das Feld Technik und Teile des Bereichs Autorentätigkeit decken traditionell Schulungsanbieter ab, die im DV-Training zu Hause sind. Hier finden Sie vielfältige Trainingsangebote – vielfältig hinsichtlich des Themenspektrums und der Methode (Präsenz, Online, CBT/WBT).

Autorenqualifizierung ist darüber hinaus mit kurz- und langfristigen Maßnahmen seit 1993/1994 beheimatet in den Multimedia-Akademien (Berlin, München, Köln, Friedrichshafen, Dortmund, Karlsruhe, Stuttgart und Nürnberg, um nur einige Standorte zu nennen). Der Schwerpunkt der Weiterbildungstätigkeit liegt allerdings bei fast allen Anbietern bei den mehrmonatigen Lehrgängen und weniger bei Firmentrainings oder offenen Seminaren. Auch einige Online-Lehrgänge sind im Kontext Autorenqualifizierung bereits verfügbar. So werden beispielsweise Online-Kurse zu Internet-Technologien wie HTML und Java angeboten oder auch zu Autorentools.

Die Profile Didaktiker/Methodiker und Kommunikator erkennen Sie teilweise in den oben genannten Lehrgängen zur Autorenqualifizierung wieder. Seit 1999/2000 finden Sie in Deutschland unterschiedliche Weiterbildungen für Teletutoren, Teletrainer und -coaches. Bei Ihrer Recherche werden Sie Anbieter von Langzeitqualifizierungen im Vollzeit- und Teilzeitunterricht entdecken wie auch berufsbegleitende Kompaktlehrgänge. Einige Anbieter sind die Teleakademie Furtwangen, das ets Kolleg, die International Online Academy und die Siemens SQT. Die Integration von Online-Phasen ist in unseren Augen ein wesentliches Element der Teletrainer-Qualifizierung. Der zukünftige Teletrainer sollte unbedingt die Teilnehmersicht selbst erfahren haben, insbesondere dann, wenn er oder sie nur wenig Erfahrung im Einsatz der technischen Komponenten wie Videokonferenztechnik, ISDN oder Internet besitzt. Wir haben heute alle 10-20 Jahre Teilnehmererfahrung in Präsenzveranstaltungen hinter uns, während sich unsere Erfahrung im Online-Lernen auf wenige Monate beschränkt.

Eine Übersicht über Multimedia-Firmen und -Institutionen in Deutschland stellt das „Who is Who in Multimedia" dar. Im Web erreichen Sie die Informationen unter der Adresse www.whois.de.

8.3 Aus dem Tagebuch eines Teletutors

Und wie sieht multimediales Lernen im Netz konkret aus? Wie findet sich der Teletrainer in der virtuellen Realität zurecht?

Lesen Sie Auszüge aus dem Tagebuch eines Teletutors!

3. August 2001 (erster Online-Kurstag)

Ausgerechnet am ersten Tag ist beim Provider der Strom ausgefallen und der Bildungsserver hängt nicht an einer Notstromversorgung. Die Info habe ich gleich mit der Begrüßung ans schwarze Brett gehängt.
Antwort an X. X war ganz frustriert, weil er im Test nur 40 % hatte. Antworten an Y, Z; Sichten der Konferenzräume, ob schon etwas los ist.

4. August

Fragen beantwortet. Neuer Aushang am schwarzen Brett. Habe mir alle Testergebnisse angeschaut! Ich war überrascht, 1. dass so viele schon den Test gemacht haben und 2. dass keiner bestanden hat. Die beste Prozentzahl war 60 (bei M). Da ist wohl etwas schief gelaufen.

8. August

Fragen beantwortet. Die erste Stunde im Konferenzraum lief ganz gut. Meine Entschuldigung wegen des Tests wurde – glaube ich wenigstens – akzeptiert. Scheinen alle einigermaßen zufrieden zu sein. Das erste Team hat konkrete Schritte zur Teamfindung unternommen.

9. August

Wir wollen kleine Fotos der Teilnehmer in der Benutzergalerie aufhängen. Ich habe versucht, mich noch an die Personen zu erinnern, die an der Kickoff-Veranstaltung teilgenommen hatten. Heute waren sehr viele Fragen und Einsendungen da. Die Frage zur Technik war offensichtlich provokativ genug!

Es kamen auch einige Kommentare und Fragen heute per E-Mail rein. Das schwarze Brett wurde zum ersten Mal und gleich recht ausgiebig genutzt. Ein Diskussionsforum wird vermisst. Gute Tipps. Die interne Info-Scheibe beginnt sich zu drehen. Allerdings sind nicht alle nach außen gewandt (viele konzentrieren sich noch auf den Tutor).

14. August

In den letzten Tagen hat sich mein Tutorkollege um den Kurs gekümmert. Das hat gut geklappt. Ich bin neugierig, wie sich die Lerngruppen entwickelt haben! Zweite Online-Konferenz, moderiert. Das ist für alle noch übungsbedürftig; wir haben ein paar Regeln vereinbart. Fragen und Einsendungen beantwortet; Protokoll der Konferenz ans schwarze Brett gehängt ; weitere Infos ans schwarze Brett. Die Kommunikation ist mittlerweile ziemlich lebhaft; einige kommen aber auch nicht so ganz mit dem lockeren und virtuellen Stil zurecht.

15. August
Systemcheck (schwarzes Brett, ...). Fragen und Einsendungen beantwortet. Einige E-Mails getrennt abgeschickt über die Benutzergalerie. N macht sich über den Drang lustig, die Meetings zu formalisieren. Ich werde im nächsten Meeting etwas zu den beiden Varianten (spontan/frei und moderiert/kontrolliert) sagen. C hat Anwendungsprobleme. L ist sehr konstruktiv.

16. August
Schwarzes Brett aufgeräumt! Fragen und Einsendungen beantwortet. Der Versuch, ein Protokoll des Konferenzraums auszudrucken, ist wegen der Farbe erst einmal gescheitert (weiße Schrift auf weißem Grund ...). N und X haben sich im Konferenzraum getroffen und intensiv dialogisiert (es war wohl auch für sie anstrengend). Beide setzen sich sehr mit dem neuen Medium auseinander. Soll ich versuchen, auch andere stärker zu aktivieren? Ich mache vielleicht ein Rund-Mail nach dem nächsten Mittwoch-Meeting.

Am Abend noch einmal kurzer Check im System. Eintrag in Benutzergalerie geändert. Konferenzraum und schwarzes Brett ausgedruckt (nach Ändern der Text-Farbe im HTML-Dokument). Frage von C beantwortet (hat Probleme mit dem Download). Was ich unbedingt brauche, ist ein (bequemer) Zugang zum Dateisystem des Kurses. So könnte ich neuen Content direkt einbinden, ohne meinen Administrator immer zu belästigen.

17. August
Systemcheck; Fragen beantwortet (X); Link gecheckt; Aushang am schwarzen Brett gemacht mit der Info,

dass die angegebene Adresse gerade überarbeitet wird, d.h. im Augenblick nicht verfügbar ist. Mit Y hat sich ein Dialog entsponnen. Ich bin gespannt, wer im Konferenzraum heute Abend dabei ist. Es waren einige Benutzer parallel zu mir aktiv (S, F, G u.a.).

Die dritte Konferenz. Da kam richtig der Frust raus.

20. August
Kleine Fehlerkorrekturen (zusammen mit dem Administrator); Dateien in den Content-Pool gestellt.

Am Abend noch einmal kurzer Systemcheck; Aushänge am schwarzen Brett gelesen; Fragen beantwortet; Einsendungen noch nicht; Info ans schwarze Brett gehängt, dass ich morgen nicht an der Online-Konferenz teilnehme. Langsam pendelt es sich ein.

21. August
Systemcheck; Fragen und Einsendungen beantwortet; allgemeine Informationen ans schwarze Brett gehängt. Die Konferenz am Dienstag ging wohl besser als am Freitag (ich hoffe, es lag nicht nur daran, dass ich nicht dabei war!!).

22. August
Kurzer Systemcheck; Fragen und Einsendungen beantwortet. Habe eine aufmunternde Mail von N erhalten. Er schreibt auch noch mal, dass es mit der Konferenz vorangeht. Es tauchen immer wieder neue Nutzer auf. P z.B. hat wohl gerade mit der ersten Guided Tour begonnen. Was mich wundert ist, dass ich zur Technik-Tour überhaupt kein Feedback bekomme. Aber vielleicht hatten wir da auch keine Tutor-Einsendung eingebaut. Ich muss mal nachsehen.

23. August
Kurzer Check und die Fragen beantwortet.
Am Abend noch die Einsendungen beantwortet. Die Team-Konferenzräume angeschaut. In den Teams ist (bis auf ein Team) ziemlich viel gelaufen. Es war wichtig zu sehen, wo die Einzelnen stehen. Die Team-Konferenzräume sind wichtig für die Teamfindung, wenn es auch am Anfang ziemlich schwierig ist (Termine, Sys-

tem, Umgang). Ich bin sehr gespannt auf die gemeinsame Konferenz morgen Abend.

24. August
Wenig Beteiligung an der Konferenz. N, kurz Q und C, R. A meldete sich kurz aus Berlin! Verlief ruhig und geregelt. Anschließend noch Fragen und Einsendungen beantwortet. Die Teilnehmer brauchen die Asynchronität der Bearbeitung. Das merke ich an den Einsendungen. Der Content-Pool beginnt langsam zu leben.

25. August
Systemcheck; Fragen und Einsendungen beantwortet; Content-Pool gefüllt; zwei neue Lexikon-Artikel erstellt zu Stichworten, die einem Teilnehmer noch fehlten; individuelle Mails geschrieben. Der Administrator hat mir einen Zugang zum Authoring-Modul eingerichtet. Nun kann ich direkt und sehr bequem die Dokumente auf dem Server verändern. Ich bin begeistert. Und fahre jetzt mit der Familie zum Baden! Schließlich ist ja Wochenende!!

27. August
Auch die Konferenz klappt jetzt besser; es zeichnet sich auch in diesem Kurs folgendes Verlaufmuster ab: Begrüßung – Geplänkel – organisatorische Fragen und Handling-Fragen – Themen (parallel dazu Handling; Coaching) – Philosophisch-Persönliches – Geplänkel – Abschied. Aber interessant ist sie schon, diese Art der Kommunikation. Systemcheck, Fragen und Einsendungen beantwortet; Dokumente in den Content-Pool eingestellt.

Und so weiter … Immer wieder aufs Neue. Und am besten fünf Online-Kurse parallel (was ja rein zeitlich betrachtet kein Problem ist!).

8.4 Fazit

Erfolgsfaktor Nr. 1

Multimediales Lernen im Netz ist an sich noch kein Garant für Lernerfolg. Diese Lernform wird dann erfolgreich sein, wenn sie als integraler Bestandteil des Informations- und Wissensmanagement auch strategisch positioniert ist. Sie wird auf diese Weise zum Erfolgsfaktor im Kontext der Wertschöpfungsprozesse des Unternehmens oder der Organisation. Diese Betrachtungsweise führt zu zwei Rahmenbedingungen für den erfolgreichen Einsatz. Multimediales Lernen im Netz sollte als eine Lernform und ein Lernmittel neben vielen anderen in die klassischen Weiterbildungsprozesse integriert sein. Genauso wichtig ist die Integration von E-Learning in die vorhandene DV-Infrastruktur. Betrachten wir abschließend diese beiden Rahmenbedingungen.

8.4.1 Rahmenbedingung 1: Integration in die klassischen Weiterbildungsprozesse

Sobald der „klassische" Präsenztrainer netzbasiertes Lernen als eine Lernform neben anderen im Methodenmix akzeptiert und selbst in den Präsenzveranstaltungen Selbstlernphasen einplant, ist ein entscheidender Erfolgsfaktor erzielt. Diesen kritischen Punkt können Sie gar nicht überbewerten. So ist es in vielen Organisationen sinnvoll und notwendig, die Methodenkompetenz auch der Präsenztrainer in dieser Hinsicht zu erweitern durch Workshops, Selbstlernphasen und ähnliche Qualifizierungen. Der Präsenztrainer, der Online-Lernen als Konkurrenz oder als ungeeignete Lernform betrachtet, teilt diese Auffassung implizit und explizit allen Teilnehmern seiner Veranstaltungen mit.

Daneben ist es wichtig, netzbasiertes Lernen als Lernform in das vorhandene Bildungssystem einzubetten. Verantwortliche der Selbstlernzentren in den Unternehmen klagen heute oft darüber, dass die Mitarbeiter ihr Lernangebot nicht ausreichend nutzen. Sie erkennen aber auch, dass der Nutzungsgrad direkt zusammenhängt mit dem Bindungsgrad zwischen dem existierenden Bildungssystem und dem WBT-Angebot. Dies gilt entsprechend für netzbasiertes Lernen. Erfahrungen erfolgreicher Einbettung im skizzierten Sinne liegen vor.

Ein Beispiel sei hier stellvertretend skizziert. Bei einem größeren Unternehmen wurden Einführungsseminare komplett durch WBT in Kombination mit Online-Tutorials ersetzt. Die eigenständige Erarbeitung des Grundlagen-Wissens ist Voraussetzung für die Teilnahme am folgenden Aufbauseminar. Damit erzielt das Unternehmen eine Kostenreduktion bei der Basis-Qualifizierung und eine homogenere Teilnehmergruppe im Aufbauseminar, das für alle Beteiligten jetzt befriedigender verläuft.

8.4.2 Rahmenbedingung 2: Integration in die vorhandene DV-Infrastruktur

Sobald das multimediale netzbasierte Lernangebot in das Unternehmensnetzwerk integriert ist, kann der Anwender den Lernprozess auch an den eigenen Arbeitsplatz holen und damit als Werkzeug im Arbeitsprozess nutzen.

Darüber hinaus ist die Integration in die DV-Infrastruktur notwendige Voraussetzung dafür, dass die qualitativen Faktoren der neuen Lernform wie Mehrfachnutzung der vorhandenen DV-Ressourcen oder zentrale Administration der Lerninhalte zur Wirkung kommen. Nicht zuletzt können nur die EDV-Mitarbeiter des eigenen Unternehmens für ein reibungsloses Online-Lernen via Unternehmensnetzwerk sorgen!

Im Unterschied zu anderen Lernformen und Lernmitteln verlangt multimediales Lernen im Netz deshalb in hohem Maße die Zusammenarbeit zwischen dem Personal- oder Weiterbildungsbereich und der DV-Abteilung. Dies gilt auch dann, wenn das Angebot auf einem Server eines externen Dienstleisters vorgehalten wird. Der Zugriff auf die Lernangebote sollte vom Arbeits- oder Lernplatz aus erfolgen und demzufolge in Abstimmung mit der DV-Abteilung eingerichtet werden. Gerade beim Zugriff auf externe Daten existieren in vielen Unternehmen Sicherheitsbestimmungen, die einzuhalten sind.

Die intensive Nutzung von ASP- und Hosting-Angeboten zeigt, dass die Integration organisatorisch und teilweise auch aus technischen Gründen schwierig ist. Viele Organisationen weichen deshalb auf existierende Installationen und Dienstleistungsangebote für Bereitstellung und Wartung der DV-Infrastruktur aus. Und nehmen den Nachteil des möglicherweise erschwerten Zugriffs aus dem Intranet der Organisation heraus in Kauf.

Ideal ist es, wenn Sie ein „mitwachsendes" System aufbauen. Die Beispiele in Abschnitt 8.2 haben gezeigt, wie ein derartiges System aussehen könnte. Sie helfen sich selbst und Ihren Anwendern, wenn Sie nicht alle Anwendungsfälle auf einmal vorhersehen müssen und entsprechend Ihrem aktuellen Kenntnisstand realisieren. Gehen Sie lieber schrittweise vor, machen Sie Ihre Erfahrungen, verarbeiten Sie diese, und gehen wieder in Konzeption und Implementation. Immer nach dem Motto „Start small – think big"!

„Ja, die Idee vom Wesen der Zeit, die ich mir gebildet hatte, sagte mir, es sei an der Zeit, mich an dieses Werk zu begeben. [...] Der Geist hat seine Landschaften, deren Betrachtung ihm nur eine Zeit lang gestattet ist." (Proust 1980 p 4167).

8.5 Literatur

Fackiner C (1995) Konzepte für die Integration von Computer Based Training (CBT) in die betriebliche Weiterbildung am Beispiel Banken, Wiehl, Stuttgart

Götz K, Häfner P (1992) Computerunterstütztes Lernen in der Aus- und Weiterbildung, Deutscher Studienverlag, Weinheim

Götz K, Tschacher W (1995) Interaktive Medien im Betrieb – Ergebnisbericht über die Pilotphase „Computerunterstütztes Lernen" der Mercedes-Benz AG, Deutscher Studienverlag, Weinheim

Proust M (1980) Auf der Suche nach der verlorenen Zeit, Suhrkamp Verlag, Frankfurt/M.

Schäfer M (1997) Gestaltung von lernenden Unternehmen unter Einsatz von multimedialen Technologien, M & P Verlag für Wissenschaft und Forschung, Stuttgart

Schwarzer R (1998) Hg. Multimedia und TeleLearning, Lernen im Cyberspace, Campus Verlag, Frankfurt/M., New York

Glossar

A

Adaptierbarkeit
Ein System ist adaptierbar, wenn der Benutzer es den eigenen Bedürfnissen anpassen kann. Ein Lernangebot ist beispielsweise adaptierbar, wenn der Lernende zwischen verschiedenen Lernerniveaus oder unterschiedlichen Darstellungsweisen wählen kann. Die Einstellung wird von außen, d.h. vom Benutzer vorgenommen und hat Bestand bis zur nächsten Anpassung.

Adaptivität
Ein Lernprogramm ist adaptiv, wenn es sich selbstständig den unterschiedlichen Bedürfnissen der Benutzer anpasst. Ein adaptives Lernprogramm verzweigt beispielsweise den Nutzer entsprechend seiner letzten Eingabe zu einer tiefer gehenden Darstellung, einer schwierigeren Aufgabe oder zu einer Wiederholungssequenz.

Animated Gif (Animated Graphics Image Format)
Variante des Gif-Dateiformats, bei der mehrere Einzelbilder in einer Datei gespeichert sind und filmähnlich hintereinander ablaufen.

Applet
Bezeichnung für ein kleines (Unter-)Programm. In einer Web-Seite kann ein Java-Applet oder ein ActiveX-Control eingebaut werden. Dieses Applet wird dann vom Server geladen und auf dem Client-Computer aus-

geführt. In Netzwerken werden häufig Java-Applets benutzt, um die Darstellungs- und Einsatzmöglichkeiten der Web-Seiten zu erweitern.

Application Sharing
Beim Application Sharing arbeiten entfernt sitzende Benutzer via Datenübertragung an derselben Software. Dieses Konferenzsystem eignet sich insbesondere zur Demonstration bestimmter Funktionsweisen in Schulungen oder zur gezielten Hilfe bei Anwendungsfehlern (Support), da der Lernende auf seinem Bildschirm zuschauen kann, wie der Lehrende das Problem löst. Application Sharing ist Bestandteil von Desktop-Konferenzsystemen (z.B. NetMeeting, Netscape Conference).

Asynchrone Kommunikation
Eine Kommunikation ist asynchron, wenn die Kommunikationspartner nicht zeitgleich senden bzw. empfangen. In der Regel wird asynchrone Kommunikation über räumliche Entfernung hinweg angewendet. Beispiele sind E-Mail, Fax oder der herkömmliche Brief.

Autorenwerkzeuge
Ein Autorenwerkzeug ist gewöhnlich eine Software-Applikation, die den CBT- oder Online-Autor beim Erstellen von CBT oder WBT unterstützt. Bekannte Autorenwerkzeuge aus der CBT-Entwicklung sind Toolbook von Asymetrix (frame-basiert), Director von Macromedia (timeline-basiert) und Authorware von Macromedia (flowchart-basiert). Bei der Entwicklung von Online-Kursen dienen neben HTML-/XML-Editoren und den Plattformen selbst die oben genannten Programme mit speziellen Ergänzungen als Autorensystem.

B

Bandbreite
Bezeichnung für die Größe des Frequenzbereichs, der für die Datenübertragung zur Verfügung steht. Je größer die Bandbreite, desto mehr Informationen kön-

nen pro Zeiteinheit übertragen werden (Angabe normalerweise in bps).

Benutzerinterface
Das Benutzerinterface ist die Schnittstelle oder das Interface zwischen einem Computer bzw. der Applikation und dem Anwender selbst.

Bookmark
Mit einem Bookmark setzen Sie ein Lesezeichen auf einer Webpage im WWW, die Sie besonders interessiert und die Sie später anhand Ihrer Bookmark-Liste direkt aufrufen können.

bps
Bits per Second; maximales Datenvolumen, das innerhalb einer Sekunde über eine Leitung übertragen werden kann (üblich sind auch 1 Kbps oder 1 Kilobit/sec für 1.000 bps und 1 Mbps oder 1 Megabit/sec für 1.000.000 bps).

Browser
Ein Browser ist eine Anwendungssoftware auf dem Computer eines Internet-Nutzers. Bekannte Browser sind der Navigator von Netscape und der Internet Explorer von Microsoft. Der Browser stellt HTML-Seiten in lesbarer Form am Bildschirm des Benutzers dar.

Browsing
Der Ausdruck Browsing bezeichnet die „Bewegung" eines Benutzers im Hypermedia-System: Der Benutzer ist entweder auf der Suche nach einer bestimmten Information (gerichtetes Browsing) oder er lässt sich ohne Plan im System treiben (ungerichtetes Browsing).

Business-TV
Business-TV ist Unternehmensfernsehen, das auf TV-Geräten ausgestrahlt wird und auf Videorecordern aufgezeichnet werden kann. Bei einem synchronen Rückkanal besteht die Möglichkeit der zeitnahen und zweiseitigen (bidirektionalen) Kommunikation.

C

CBT (Computer Based Training)
CBT bezeichnet Lernprogramme, die seit den 80er Jahren auf der Basis von Computern zum Selbstlernen eingesetzt werden. Die ersten CBT lehnten sich stark an die programmierte Unterweisung an. Inzwischen ist das Angebot an CBT sehr vielfältig sowohl in methodischer Hinsicht als auch mit Bezug auf die Inhalte, die mithilfe von CBT trainiert werden können. Ein anderer Ausdruck ist CUL (Computerunterstütztes Lernen).

CD-ROM (Compact Disc Read Only Memory)
Einmal aufgezeichnete Daten lassen sich auf diesem Speichermedium (ca. 650 MB) nicht mehr verändern. Es ist wohl nur noch eine Frage der Zeit, bis die CD-ROM endgültig durch ein wieder beschreibbares und noch leistungsfähigeres Speichermedium abgelöst wird.

Chat
Chat steht für „Plauderei" und bezeichnet eine synchrone Kommunikationsform, die vor allem im Internet genutzt wird und dadurch auch bekannt wurde. Via Chat können mittels Tastatur Gespräche online geführt werden.

Client
Client ist ein Ausdruck aus der Welt der Computernetzwerke. Software auf dem PC des Anwenders (Lernender, Tutor) fordert als Client vom Server die Dienste an, die der Anwender im Augenblick nutzen möchte. So fordert der Browser als Client vom Web-Server das nächste HTML-Dokument an.

Coaching
Maßnahme zur Sicherung des Transfers vom Lernfeld in das Anwendungsfeld. Das Coaching erfolgt in der Regel in Form einer unmittelbaren und individuellen Betreuung am Arbeitsplatz und in der Arbeitsumgebung. Die Betreuungsperson beobachtet das Verhalten des „Klienten". Gemeinsam werden die Beobachtungen

besprochen und Vorschläge erarbeitet, die zu einer Weiterentwickung führen.

Content Provider
Im Unterschied zum Service Provider, der den Zugang zum Netz verfügbar macht, liefert der Content Provider die Inhalte im Internet, beispielsweise Nachrichten, Börsenkurse, Datenbanken, etc. Damit ein Service Provider seinen Kunden ein möglichst attraktives Angebot machen kann, benötigt er Content Provider, die nicht nur für sich selbst werben, sondern interessante Informationen bieten.

Cyberspace
William Gibson „schuf" das Cyberspace in seinem Roman Neuromancer (1984). Es ist ein virtueller Raum, in den sich die Benutzer über einen Computer-Terminal einschalten. Heute beschreibt Cyberspace die computergenerierte virtuelle Realität, in der der Benutzer mittels Datenhandschuh und Datenhelm interagieren kann. Wird auch als Bezeichnung für das Internet verwendet.

D

Datenbank
In einer Datenbank sind große Datenmengen strukturiert hinterlegt, die von mit entsprechenden Rechten ausgestatteten Personen ergänzt und verändert werden können. Die Einträge der Datenbank sind mit Schlüsselbegriffen versehen, sodass der Benutzer gezielt nach bestimmten Datensätzen suchen kann.

Datenkompression
Datenkompression meint die verschiedenen Verfahren, den Speicherbedarf digitaler Daten zu reduzieren. Je nach Kompressionsverfahren geht die Reduktion mit oder ohne Informationsverlust vonstatten.

Diskussionsforen
s. Newsgroups

Distribution
CBT-/WBT-Distribution meint die Verteilung von CBT oder WBT über Computernetzwerke. In der Regel modular aufgebaute computergestützte Lernprogramme sind dabei auf einem CBT-/WBT-Server abgelegt. Sie können (individuell zugeschnitten) vom Anwender angefordert, vom Server an diesen verteilt („distribuiert") und auf seinem lokalen Rechner bearbeitet werden.

Domain
Als Domäne oder domain wird ein logisches Teilnetz im Internet bezeichnet. Jedes Unternehmen versucht, im Internet den eigenen Firmennamen und wichtige Produkte als Domäne einzutragen. So hat z.B. die Firma IBM die Domäne ibm und ist entsprechend unter der Web-Adresse www.ibm.com weltweit zu erreichen.

Download
Beim download lädt der Anwender Daten eines Online-Dienstes oder -Servers über ein Computernetzwerk wie z.B. das Internet auf seinen eigenen Rechner. Die Daten können dann lokal auf der Festplatte gespeichert werden. Im Internet wird der Download in der Regel mithilfe des Netzwerkprotokolls ftp (file transfer protocol) durchgeführt.

E

Edutainment
Edutainment setzt sich als Kunstwort zusammen aus den Begriffen „education" und „entertainment". Man bezeichnet damit Computerspiele mit Lernanspruch oder Lernprogramme mit „Spaßcharakter". In der Ausgabe 20/98 der Computerzeitschrift c´t wurde das Thema Edutainment mit der Überschrift „Der Weg ist das Spiel" angekündigt.

E-Mail
E-Mail ist die Abkürzung von Electronic Mail oder – auf Deutsch – elektronische Post. Via E-Mail können beliebige Dokumente zwischen Rechnern übertragen

werden. Die E-Mail-Adresse kennzeichnet weltweit eindeutig einen Benutzer eines E-Mail-Dienstes. Sie besteht in der Regel aus einem Nutzer- und einem Domänen-Namen.

F

FAQ (Frequently Asked Questions)
Listen mit Frequently Asked Questions helfen Mitgliedern von Newsgroups dabei, die gewünschten Informationen schnell zu finden und dabei aus den Erfahrungen anderer Benutzer zu lernen.

Feedback
Das Feedback im Kontext technologiegestützter Lernsysteme ist die visuelle und/oder akustische Rückmeldung, die der Benutzer für seine Interaktion mit dem System erhält. Es unterstützt und motiviert den Benutzer beim Gebrauch des Systems.

Firewall
Ein Firewall ist ein Sicherheitssystem, das interne Netze und deren Daten beispielsweise vom Internet und damit von externen Zugriffen abschirmt. In der Regel besteht eine Firewall aus einem Router und einer speziellen Software, die zum Beispiel nur ganz bestimmten Computern von außen den Zugriff auf das interne System erlaubt.

Frames
Frames unterteilen HTML-Seiten in mehrere Teildokumente. Üblicherweise werden verschiedene Frames für den Inhaltsbereich und für den funktionalen Bereich angelegt.

FTP (File Transfer Protocol)
FTP ist ein Protokoll aus der TCP/IP-Protokollfamilie. FTP regelt den Dateitransfer zwischen zwei Computern in einem Netzwerk. Dabei spielt stets einer der beiden Computer den ftp-Server der andere den ftp-Client. Als ftp-Client holt Ihr PC z.B. eine Datei von einem UNIX-Server in Tokio ab.

G

Geführte Unterweisung
s. Guided Tour

Gif (Graphics Image Format)
Das Dateiformat Gif komprimiert Bilddateien und wird vor allem im WWW eingesetzt, um kleine Dokumente zu erzeugen, die sich schnell laden lassen.

Groupware
Softwaretyp und gleichzeitig Konzept einer computergestützten kooperativen Arbeitsweise, die ein breites Spektrum von Anwendungen sowohl im kommerziellen als auch im Ausbildungsbereich umfasst mit jeweils unterschiedlichen Schwerpunkten zur Unterstützung von Kommunikation, Information und Koordination von Gruppen.

Guided Tour
In der Guided Tour werden dem Benutzer die Informationseinheiten eines Informationssystems in einer festgelegten Reihenfolge präsentiert.

H

Homepage
Die Homepage ist die erste Seite einer Website (Internetauftritt), die der Benutzer nach Eingabe der Adresse zu sehen bekommt.

HTML (Hypertext Markup Language)
HTML ist die im WWW verwendete Sprache zur Beschreibung des Layouts eines Dokuments.

HTTP (Hypertext Transfer Protocol)
HTTP regelt den Austausch von Hypertext-Dokumenten zwischen zwei Computern. HTTP ist das wichtigste Protokoll im WWW.

Hybrid
Hybrid sind Systeme, die zwei Welten in sich vereinen. So z.B. Systeme, die sowohl mit analogen als auch mit digitalen Signalquellen arbeiten. Im Umfeld neuer Lernmedien bezeichnet man häufig eine Lösung als hybrid, wenn die Lernsoftware nicht nur von einem Server im Netzwerk heruntergeladen bzw. aufgerufen wird, sondern parallel auch von einer lokalen CD-ROM. Diese beinhaltet vielleicht große Bild- oder Videodateien, deren Ladezeit vom Server über das Netzwerk sehr lang ist.

Hyperlink
Ein Hyperlink ist ein direkt ausführbarer Verweis auf ein anderes Dokument im WWW. Das referierte Dokument kann an beliebiger Stelle im WWW stehen, also auch auf einem anderen Server in einem anderen Land. Eine Hypertext-Struktur ist eine baumartige Struktur von Hypertext-Dokumenten, innerhalb der der Benutzer über die Hyperlinks sehr schnell navigieren kann.

Hypermedia
Hypermedia bezeichnet die Verbindung unterschiedlicher Medien (Text, Bild, Ton, Bewegbild) zu einem vernetzten Dokumentensystem. Der Benutzer kann sich seinen Weg durch die Informationseinheiten, die sogenannten Informationsknoten, frei wählen (Browsing), der Guided Tour folgen oder das System als Wissensdatenbank nutzen.

Hypertext
Hypertext ist eine Softwaretechnologie, die es dem Benutzer erlaubt, innerhalb einer mit Querverweisen verknüpften Dateistruktur anhand von Schlüsselworten (Hyperlinks) zu navigieren.

I

IBT (Internet Based Training)
IBT bezeichnet eine Lehr-/Lernform, bei der die Lernangebote (Hypermediasysteme, CBT, Kommunikati-

onsinstrumente, interaktive Übungen, Tests) dem Lehrenden oder Lernenden via Internet-Technologien zur Verfügung stehen. Eine alternative Bezeichnung ist Web Based Training.

Icon
Ein Icon oder eine Ikone ist im Kontext von Benutzeroberflächen ein kleines bildhaftes, grafisches Symbol. Das Icon stellt eine Funktion der Applikation dar und macht diese in der Regel anschaulicher und damit leichter merkbar und begreifbar.

Informationsknoten
Der Informationsknoten bezeichnet eine Informationseinheit in einem Hypertext- bzw. Hypermediasystem. Die Informationeinheit kann aus Text, Bild (Hypertext) und Ton und Video (Hypermedia) bestehen.

Instruktionsparadigma
Dem Instruktionsparadigma zufolge wird der Lernstoff in kleinen, aufeinander aufbauenden Lerneinheiten vermittelt. Nach jeder erfolgreich bearbeiteten Lerneinheit erhält der Lernende ein positives Feedback, das ihn zum Weiterlernen ermuntert.

Interaktivität
Interaktivität beschreibt die Eigenschaften von Software, dem Benutzer eine Reihe von Eingriffs- und Steuermöglichkeiten zu eröffnen. Für Lernprogramme werden nach Haack (1995) verschiedene Stufen des Interaktionsniveaus unterschieden.

Interface
Als Interface wird eine Schnittstelle zwischen zwei Komponenten bezeichnet. In der EDV erlaubt eine Schnittstellendefinition beispielsweise den Austausch von Daten zwischen zwei Programmen oder zwischen zwei Computern.

Internet
Das Internet ist ein öffentliches Computernetzwerk, das ursprünglich - ausgehend von den USA - vor allem im

Forschungsumfeld genutzt wurde. Seit Mitte der 90er-Jahre erlebt das Internet einen Boom zunächst im kommerziellen Sektor, inzwischen auch im Privatbereich.

Intranet

Das Intranet ist ein unternehmenseigenes Netzwerk, in dem mit Internet-Technologien gearbeitet wird. Das heißt beispielsweise, dass als Netzwerkprotokoll TCP/IP verwendet wird und dass der Benutzerzugang zum Netzwerk via Browser erfolgt.

IP-Adressen (Internet Protocol)

Die IP-Adresse bezeichnet eindeutig jeden Computer, der mit anderen via TCP/IP Daten austauscht. Die IP-Adresse ist eine weltweit eindeutige Zahlenkombination. Diese Zahlenkombination wird in der Regel als logischer Name angegeben. Dem Mail-Server mit dem logischen Namen mail.phantasie.com entspricht (hoffentlich!) eine weltweit eindeutige IP-Adresse.

ISDN (Integrated Services Digital Network)

Digitaler Übertragungsstandard, der mit 2x64 Kbit/s und einem Steuerkanal von 16 Kbit/s arbeitet. Zwei Kanäle sind parallel nutzbar für die Übertragung von Sprache, Daten, Bild und Bewegtbild.

J

Java

Java ist eine objektorientierte Programmiersprache, die vor einigen Jahren von Sun entwickelt wurde. Java hat zwei Vorzüge: Eine in Java entwickelte Software kann auf jedem beliebigen Betriebssystem ausgeführt werden. Java-Programme können außerdem auf beliebigen Computern in einem Netz laufen und von jedem beliebigen anderen Computer aus benutzt werden. Diese beiden Eigenschaften machen Java zur beliebtesten Programmiersprache für Netz- und Internet-Applikationen.

Javascript
JavaScript hat nichts mit Java zu tun. JavaScript ist eine einfache Programmiersprache zum Erzeugen von kleineren Programmen. Sie ähnelt Makrosprachen, Scriptsprachen oder auch Visual Basic. JavaScripts können in HTML-Seiten ausgeführt werden.

JPEG
Ein von der Joint Photograph Experts Group definiertes und im WWW recht verbreitetes Bildformat; kann im Gegensatz zu GIF beliebig viele Farben darstellen; ein spezieller, verlustbehafteter Kompressionsalgorithmus sorgt dafür, dass die Dateigröße der Bilder trotzdem klein bleibt.

Just-in-time Schulung
Taucht während der Arbeit ein Problem auf, kann der Benutzer über seinen Rechner am Arbeitsplatz auf ein Lernprogramm zugreifen, das ihm bei der Lösung des Problems hilft.

K

Knoten
s. Informationsknoten

Kognitive Überlast
In einem Hypertext- bzw. Hypermedia-System kann sich der Lernende durch die zu treffenden Entscheidungen überfordert fühlen ("cognitive overhead", Conklin 1987): Er muss nicht nur neue Informationen aufnehmen und verarbeiten, sondern auch Entscheidungen über die Reihenfolge der Abarbeitung treffen, seine Entscheidungen kontrollieren und eventuell revidieren.

Kommunikation
s. asynchrone und synchrone Kommunikation

L

LAN (Local Area Network)
Mit LAN bezeichnet man ein räumlich begrenztes privates Netzwerk von Computern, meist innerhalb eines Unternehmens, einer Behörde oder einer Organisation.

Lernen im Netz
Beim Lernen im Netz sind Lehrende und Lernende im Computernetzwerk, z.B. einem LAN, angeschlossen. Die im Netz verfügbaren Daten und insbesondere Kommunikationsmittel werden für Trainingszwecke eingesetzt. Im weiteren Sinne lässt sich auch eine Videokonferenzschaltung über ISDN-Leitungen zwischen Teletutor und Teilnehmern als „Lernen im Netz“ verstehen.

Lehr-/Lernumgebung
Eine Lehr-/Lernumgebung ist alles, was den Lernenden beim Lernprozess umgibt: Bücher, Seminarraum, Trainer, Flipchart, WBT, ... Im engeren Sinne ist die Online-Lehr-/Lernumgebung die zentrale Verwaltungseinheit für Lerninhalte, Kommunikationsprozesse und Anwenderdaten sowie deren Benutzerschnittstelle. Letzteres ist die „Oberfläche“ der Lehr-/Lernumgebung, in der Lehrende und Lernende sich während des Lernprozesses bewegen.

Link
Ein Link ist eine Verbindung. Ein physisches Link ist z.B. das Kabel, das zwei Computer miteinander verbindet. Diese Verbindung ist Voraussetzung dafür, dass zwischen den beiden Computern Daten ausgetauscht werden. Von einem Link in einer Software spricht man, wenn beispielsweise durch Klick auf eine bestimmte Textstelle (Hotword) oder bestimmte Bildschirmfläche (Hotspot) eine Grafik aufgerufen oder ein Fenster geöffnet wird. Die Verknüpfungen zwischen den Informationsknoten eines Hypertext- bzw. Hypermedia-Systems werden ebenfalls als Links bezeichnet (s. Hyperlink).

M

Multimedia
Multimedia wird charakterisiert durch folgende Eigenschaften:
Multimedialität (die Verknüpfung von zeitabhängigen und zeitunabhängigen Medien),
Multimodalität (Multitasking, d.h. mehrere Prozesse laufen gleichzeitig ab),
Parallelität (Medien werden parallel präsentiert) und
Interaktivität (eine Interaktion findet statt). Diese technische Dimension des Multimediabegriffs muss um die Dimension der Anwendung ergänzt werden. Multimedia ist ein Konzept, das technische und anwendungsbezogene Dimensionen integriert.

N

Navigation
In der Informationstechnologie verwendete Metapher, um die Bewegungsmöglichkeiten des Benutzers in einem System und seine Orientierung in demselben zu beschreiben.

NBT (Network Based Training)
NBT bezeichnet CBT, die über Netzwerke ausgeführt und verteilt werden.

Netiquette
Die Benimmregeln des Internet. Drei der ältesten Regeln, die aber nur noch bedingt Anwendung finden:
1. Werbung nicht ungefragt verschicken;
2. das Internet nicht einseitig als Informationsquelle nutzen, sondern auch selbst Informationen für die Allgemeinheit zur Verfügung stellen;
3. derbe Sprache ist tabu.

Netzwerk
In der Informationstechnologie meint Netzwerk die Verbindung einer beliebigen Anzahl von Computern zu einem Gesamtsystem.

Netzwerkprotokoll
Ein Netzwerkprotokoll regelt den Austausch von Daten zwischen zwei oder mehr Computern in einem Computernetzwerk. Diese Daten können Textdateien, Videosequenzen, Steuerinformationen, Audiosequenzen, CBT u.a. sein. Ein im Internet sehr weit verbreitetes Netzwerkprotokoll ist TCP/IP.

Newsgroup
Newsgroups bezeichnet als Sammelbegriff alle Diskussionsgruppen im Computernetzwerk, insbesondere im Internet.

O

Offline
Wenn ein Benutzer offline arbeitet, ist keine Verbindung zwischen seinem Computer und einem Datennetz aktiv - alle Daten, die benötigt werden, werden von einem lokalen Speichermedium eingelesen.

Online
Der Benutzer ist online, wenn er über eine Netzwerkverbindung mit einem anderen Computersystem verbunden ist und über diese Verbindung Daten transportiert werden.

Online-Lernen
Beim Online-Lernen oder Lernen im Netz greifen die Lernenden und Tutoren auf einen Server zu, auf dem die relevanten Daten gespeichert sind. Tutoren und Lernende können untereinander synchron oder asynchron kommunizieren.

Open Distance Learning
Open Distance Learning bezeichnet alles Lernen auf Distanz. In der Regel ist keine Lerner-Trainer-Interaktion vorgesehen, sondern es werden Fernstudienbriefe oder CBT bzw. WBT von einem CBT- oder WBT-Server abgerufen. Bisweilen ist eine Hotline zur Unterstützung der Lernenden vor allem in technischen Fragen vorhanden.

P

Pfad

In einem Hypertext- bzw. Hypermedia-System bestimmt der Benutzer eigenständig seinen Pfad durch die Informationsknotenpunkte oder er folgt – wenn angeboten – der Guided Tour.

Plattform

Eine Plattform kann vielerlei sein. So ist z.B. das Betriebssystem eines Computers eine Plattform für unterschiedliche Applikationen. Der Computer selbst kann eine Plattform für unterschiedliche Betriebssysteme sein. Plattformunabhängigkeit ist eine in der EDV begehrte Eigenschaft.

Plug-in

Hilfsprogramm zur Erweiterung von z.B. Web-Browsern und -Servern durch weitere Funktionen; oft von Drittherstellern entwickelt (ActiveX-Controls, Java). So erlaubt beispielsweise ein spezielles Plug-In, dass PowerPoint-Folien aus dem Browser heraus gestartet werden können und als Präsentation ablaufen. Häufig werden Plug-Ins nach einer gewissen Zeit in die Standardfunktionalität des Browsers übernommen.

Provider

Ein Provider ist ein Dienstleister. Im Internet-Umfeld meint der Ausdruck einen Service oder Internet Provider. Dieser Dienstleister stellt seinen Kunden einen Zugang ins Internet (in der Regel zum Ortstarif) zur Verfügung.

Proxy

Eine Zwischenstation für das Abrufen von Internet-Daten (z.B. Web-Seiten); Provider setzen Proxys häufig ein, um die aus dem Internet geladenen Daten ihrer Kunden zwischenzuspeichern, damit sie bei einem erneuten Zugriff nicht noch ein zweites Mal geladen werden müssen; Firmen setzen Proxys häufig als Firewall ein, um den Datenfluss in die Firma hinein und aus der Firma heraus besser kontrollieren zu können.

R

Router
Ein Router ist ein Gerät zur Verbindung verschiedener Netzwerke. Der Router sorgt dafür, dass die Datenpakete den günstigsten Weg in einem komplexen Netzwerk wählen. Das wichtigste Element des Routers ist die Router-Software, die diese Wegewahl steuert.

S

Schnittstelle
s. Interface

Server
Ein Server ist ein zentraler Rechner in einem Computernetzwerk, der als Dienstleister fungiert. Er stellt den Anwendern z.B. Kursmaterialien, Datenbanken, Übungsaufgaben, Statistiken oder einfach nur Dateien zur Verfügung.

SGML (Standard Generalized Markup Language)
SGML ist eine Metasprache zur Definition von Dokumentenbeschreibungen. SGML wurde in den 80er-Jahren standardisiert und wird vor allem im Dokumentationswesen eingesetzt. HTML ist als Untermenge von SGML nicht so mächtig, dafür aber von allen gängigen Browsern lesbar.

Shockwave
Shockwave ist ein Dateiformat, in dem Multimedia-Dateien abgespeichert werden können, um im Browser gelesen zu werden. Macromedia hat dieses Format entwickelt, um die eigenen animierten Software-Produkte im WWW lesbar zu machen.

Site
Den Internetauftritt eines Unternehmens im WWW nennt man Website. Die Site ist die Summe aller Web-Dokumente, die diesen Internetauftritt beschreiben.

Styleguide
Im Styleguide werden die Regeln für die Gestaltung der Benutzerschnittstelle erfasst. Eine Multimedia-Produktionsgesellschaft erarbeitet jeweils einen Styleguide für ein bestimmtes Projekt und lässt ihn vom Auftraggeber gegenzeichnen.

Support
Support steht für Unterstützung oder Hilfeleistung. Der Ausdruck wird vor allem im EDV-Bereich verwendet und bezeichnet hier die Unterstützung der Anwender oder Benutzer bei Problemen mit Hard- oder Software.

Synchrone Kommunikation
Synchrone Kommunikation ist zeitgleich, erfolgt aber möglicherweise über räumliche Distanz. Beispiele für eine synchrone Kommunikation über räumliche Distanz hinweg sind Telefongespräche oder Videokonferenzen.

T

Tag
Ein Tag ist eine Formatierungsanweisung in HTML. <B> vor einem Wort und </B> hinter diesem Wort bewirkt, dass dieses Wort fett (B = Bold = fett) ausgegeben wird. In einem HTML-Dokument sieht das dann folgendermaßen aus:
<B>Dieser Satz wird fett ausgegeben.</B>

TCP/IP (Transmission Control Protocol/Internet Protocol)
TCP/IP ist als Netzwerkprotokoll eine Erfindung der UNIX-Welt. TCP/IP regelte ursprünglich den Austausch von Daten zwischen zwei oder mehr UNIX-Computern in einem Computernetzwerk. Heute wird TCP/IP auch in vielen anderen Netzwerken als Übertragungsprotokoll genutzt.

Telearbeit
Eine Form der Heimarbeit. Die Arbeitsleistung wird am vernetzten Computer zu Hause erbracht. Über das Netzwerk greift der Auftraggeber auf die Arbeitsleistung zu und verschickt neue Aufträge. Zusätzlich kommunizieren Auftraggeber und Telearbeiter über netzbasierte Kommunikationstools.

Telekommunikation
Telekommunikation bezeichnet den Austausch von Information mithilfe der Nachrichtentechnik.

Telelearning
Telelearning meint ganz generell das Lernen auf Distanz unter der Verwendung von Telekommunikationstechniken. Dabei kann sowohl synchron als auch asynchron kommuniziert werden. Beispiele für Telelearning sind Internet Based Training und Business-TV.

Teleteaching
Teleteaching meint Lernen auf Distanz mit meist geringer Lerner-Trainer-Interaktion, die vom Trainer gesteuert wird. Ein Beispiel ist das per Videokonferenztechnik realisierte Vertriebstraining oder das Business-TV.

Teletutoring
Teletutoring meint Lernen auf Distanz mit ausgewogener Lerner-Trainer-Interaktion und starker Interaktion der Lernenden untereinander. Der Trainer ist hier der Moderator, der Einzelne oder Gruppen beim Lernen auf Distanz unterstützt.

U

URL (Uniform Resource Locator)
Eine URL ist die eindeutige Adresse einer Ressource im Internet. Diese Ressource ist in der Regel ein Computer bzw. ein Verzeichnis oder eine Datei innerhalb des Dateisystems dieses Computers.

V

Verknüpfung
s. Link

Videokonferenz
Mithilfe eines Videokonferenzsystems kann ein Vortrag zeitgleich an verschiedenen Standorten übertragen werden. Die Teilnehmer verfolgen den Vortrag über einen Monitor und haben die Möglichkeit, mit dem Vortragenden zu sprechen, der sie über entsprechende Monitore gleichfalls sieht.

VR (Virtual Reality)
Bildet Objekte und Abläufe aus der Wirklichkeit durch aufwendige dreidimensionale Grafiken und Animationen möglichst realistisch nach. Durch Zuweisung spezieller Eigenschaften können sich die virtuellen Objekte wie Objekte aus der Wirklichkeit verhalten. Sie können begehbar (z.B. ein Architekturmodell) und interaktiv bedienbar sein (z.B. eine Maschine). Als computergestützte dreidimensionale Darstellungstechnik eignet sich der Einsatz von VR besonders im Bereich Produktdesign, Konstruktion und Marketing.

W

WBT (Web Based Training)
WBT oder auch webbasierte Lehr-/Lernumgebungen sind eine Variante des Telelearnings. Eine andere Bezeichnung ist Internet Based Training.

Whiteboard, shared
Mehrere entfernt an vernetzten Rechnern sitzende Teilnehmer einer Konferenz oder eines Seminars können mittels eines einfachen Malprogramms (ähnlich Microsoft Paintbrush) gemeinsam und zeitgleich eine Zeichnung, ein Tafelbild etc. entwickeln. Das entstandene bzw. entstehende Bild wird synchron auf allen angeschlossenen Monitoren ausgegeben. Shared Whitebo-

ard ist ein Bestandteil von Desktop-Konferenzsystemen (z.B. NetMeeting, Netscape Conference).

WWW (World Wide Web)
Das World Wide Web ist ein verteiltes Informationssystem auf Hypertext-Basis.

WWW-Browser
Die verschiedenen WWW-Browser, wie z.B. der Internet Explorer oder Netscape, interpretieren die im Web abgelegten HTML-Dokumente und stellen sie in benutzerfreundlicher Ansicht zur Verfügung.

X

XML (= Extended Markup Language)
XML bezeichnet den zukünftigen Standard im Internet bzw. WWW. Bereits heute werden zunehmend Daten und Dateien im XML-Format erzeugt und gespeichert und zur Laufzeit in HTML-Dateien konvertiert. Letztere lassen sich mit den herkömmlichen Browsern betrachten. Der größte Vorteil von XML ist die strikte Trennung von Layout und Information/Inhalt. Darüberhinaus können anwendungsspezifische Tags definiert werden.

Sachwortverzeichnis

MIX
Papier aus verantwortungsvollen Quellen
Paper from responsible sources
FSC® C105338

Printed by Books on Demand, Germany